U0364666

海外当代中国研究丛书

Overseas Studies on Contemporary China Series

丛书主编：魏海生

增长的迷思

海外学者论中国经济发展

周艳辉 主编

Overseas Academics on China's Economic Development

全国百佳出版社

中央编译出版社

CCTP

Central Compilation & Translation Press

总 序

近年来，随着中国的迅速崛起，海外中国问题研究急剧扩展，世界上到处都在述说着“中国故事”。2009 年，英国的中国问题研究专家马丁·雅克在他的《当中国统治世界：中国的崛起和西方世界的终结》一书中为我们描绘了“可能的未来景象”，提出“世界将按照中国概念重新塑造”；与此相反，2010 年，美国国际投资分析师麦嘉华、华尔街著名对冲基金经理查诺斯、哈佛大学经济学家罗戈夫等人纷纷发表文章认为，中国经济的泡沫即将破裂，中国甚至将走向崩溃。至此，关于中国的“统治说”与“崩溃说”在全球文化语境中各执一端、相互矛盾，这其中包含多少学理上的探究和现实中的策略尚待更进一步的讨论，然而，有一个事实不可否认：在当代全球体系下，“中国”已成为全球学者共同关注的热门词汇，“中国研究”正牵动着世界相关领域专家的问题意识。

正是在这样的背景下，中央编译局海外理论信息研究中心与中央编译出版社共同推出了《海外当代中国研究丛书》，力图让海外学者的视角、眼光更多地投射到我们的视界，使我们听到更多的来自世界的各种声音，而这种眼光与声音越真切清晰，越有利于我们的判断与辨析，同时也可以成为我们以多重向度理解自身的借镜。

当代世界的政治经济结构已深置于全球范围的互动关系中，各个领域的跨国化进程使本土与世界的关系显得愈加紧密而复杂，作为现代性的民族国家正在以某种有别于其传统功能的方式，全面介入当代世界的关系体系。而历史上两大阵营的关系模式，以及后来的三个世界模式、中心/边缘理论等都无法诠释当代世界的复杂图景，因此，从这个意义上讲，如何建构一个更为广阔开放的参照系，多向度地反观时代，主动寻求异质文明间的对话与精神资源，既是各国经历现代性进程中的共同命题，同时，作为现代性共同体，藉此过程辨清自身的方位也更显必要。康德曾用“先验幻象”的概念指涉一种先入为主的思维定势，作为学术研究的文化使命，我们也有责任对某种封闭的执信保持警惕。今年适逢中国共产党成立90周年，在国内外一片赞誉声中，中国领导人保持着清醒的头脑，充满着强烈的忧患意识。在庆祝中国共产党成立90周年大会上的讲话中，胡锦涛同志警示全党：世情、国情、党情正在发生深刻变化，执政考验、改革开放考验、市场经济考验、外部环境考验将是长期的、复杂的、严峻的。精神懈怠的危险，能力不足的危险，脱离群众的危险，消极腐败的危险，更加尖锐地摆在全党面前。面对“四种考验”、“四种危险”，中国共产党人需要更加理性地、更加包容地听取不同的声音，关注来自国内外各方学者的思想成果。这是一种开放的胸怀，更是一种自信的表现。海外学者对中国问题的研究无疑提供了这样一重思想话语与认识维度，使我们有可能在固有的视域之外窥到自身的盲点，有助于深化我们对自身所处国家的认识；另一方面，研究方法与研究范式上的差异，也有助于我们观察和掌握不同文明视角下的内在逻辑，从而更有效地思考自身相应的策略，同时，这种认识上的互补性也可导向多种精神资源共同面对和审理对于当代世界的多层意义的解读，进而与当代全球体系达成一种良性互馈。

从某种意义上说，《海外当代中国研究丛书》的编纂既是基于现实的需要，也是当今学术研究与社会现实之间的互文关系的表征：理论探讨已越来越深入地参与到复杂的现实问题之中，并将随着现实的变迁而更加全面地展开。在这套首批推出的丛书中，我们选取了如下四个主题："海外学者论中国政治发展"、"海外学者论中国经济发展"、"海外学者论中国模式"、"海外学者论中国共产党的建设"。显然，书中所涉及的都是当下中国最前沿也最具现实感的重大命题，它们延伸并跨越了过去时代的震荡与沉思，同时，又面临并深入到全球互动关系的新型结构中。无论相对于自身的历史变迁抑或全球化的世界体系，转型中的中国已呈现出既断裂又重叠、既竞争又融合的复杂图景，因此，对于中国社会政治、经济的发展模式，中国共产党作为执政党的政策组织及自我建设等这些我们一向耳熟能详的范畴都需要被重新审视和界定，从而在新的历史语境和世界秩序中加以关照。

可以说，《海外当代中国研究丛书》提供的是一个多角度的理论棱镜，所折射出的不仅是海外学者对于当下中国几个重要问题领域的观察与回应，同时，也从知识论、方法论的层面带来了多元化的问题线索和认识方式。丛书所选论著的诸位专家学者来自东西方不同的国度，分属于不同的思想派别，有着各自不同的经验背景和知识背景，所秉持的理念、意识也迥然有别。因此，其观点本身既包含着深刻的见地，也存在一定的局限；在观点与观点之间，既有共识，又有对立，既有交叉点，也有相悖处。事实上，这些又恰恰反映出问题对象的当下性与可讨论性。另一方面，在对同一问题的不同看法甚至相互抵牾的结论之间，也构成了一种对话关系，而对现实问题的理论阐发也的确需要经受这样的一种检验。就当代中国的发展轨迹与复杂结构而言，很难以某种单一固定的结论将问题进行整体性化约，因此，编选这套海外学者的学术论丛，我们着力呈现的正是这种丰富多元的论证角度和对问题的探寻过程，从而在比较宽阔的视域内发掘更多的可能性。将这些不同的研究成果并置于一个开放式结构中，既是对各种思想资源的审慎和包容，也力图为读者提供更多的参考与思维向度。

我们看到，由中国引发的世界回响仍在持续，我们的丛书也将逐步拓展领域，成为一个陆续编选、出版的系列，以期更加多元化、多层面地展现海外专家学者的研究成果和思考语境。另外，该丛书所选文章的观点均为作者观点的客观呈现，不代表丛书编者的认识倾向。

谨序。

魏海生

2011 年 7 月 5 日于北京

目　录 >>>>

能源问题

环境与粮食安全问题

◆ 科技与知识创新问题 ◆

◆ 前景 ◆

导　言　海外视阈下的中国经济发展研究

自改革开放以来，保持经济持续、稳定、快速发展，一直是中国政府的工作重心。在全球化不断发展的今天，中国经济发展的影响力已不再局限于国内，而是引起了其他国家的强烈关注。聚焦于学术界和理论界，我们也可以清楚地看到，中国经济持续发展的问题不仅在我国理论界受到前所未有的高度关注，也极大地吸引了海外中国研究学者的目光。近几年来，不断有海外学者从不同方面对此问题展开研究和著述。

相对于国内学者的研究而言，海外学者的研究因其使用的分析方法、理论框架以及资料数据的不同，而呈现出不同特点，其观点对于国内学者的研究来讲有借鉴意义。所以，将海外学者的相关观点介绍给国内学界是非常必要的。但遗憾的是，目前关于海外学者论述中国经济持续发展问题的译著仍屈指可数。因此，我们将近几年来海外学者在这一领域的研究成果集结成书，以便于国内学人能够深入分析、扩充材料、拓展视野以及更新思路。

本书根据我国经济可持续发展行动纲要提出的重点领域，收录了海外学者论述中国经济可持续发展问题的30余篇文章，分为6个部分。第一部分为总论，收录的文章从宏观的视角探讨了中国经济可持续发展战略。彼得·诺兰是英国剑桥大学发展学委员会主席，他在《处在十字路口的中国》的文章中指出，中国正面临着深层的经济、政治和社会挑战，社会和政治瓦解的可能性是存在的，因此，所有的政策努力都必须旨在避免这种灾难性的后果。该文认为，中国不可能把自己孤立于国际经济和政治的主要趋势之外，但是，不管是在生态、社会还是在国际关系上，盎格鲁—撒克逊的自由市场原教旨主义都没有为可持续的全球发展提供任何希望。要是中国“选择”“政府逃亡”的道路和自由市场原教旨主义，那么它就可能引起无法控制的紧张局势和社会解体。同时，它也不可能掉过头来回到毛泽东时代。所以，“政府的改进，而不是政府的逃亡，是中国体制改革唯一明智的目标”。这是中国体制生存“没有选择的选择”。与彼得·诺兰的全方位论述稍有不同，罗斯·加诺特的文章侧重于对中国改革开放27年来的成绩以及由此引发的经济和对外关系方面的转变进行总结，认为未来中国经济仍将继续快速增长，但是中国国内政治调整失败和中美关系调节失败可能中断这种增长。《中国的可持续发展之路》一文则重点分析了中国可持续发展道路面临的各种挑战和障碍，其中比较突出的是国家制定的政策和措施无法得到贯彻实施的问题，对此，该文作者提出了自己的政策建议。美国国际经济研究所高级研究员尼古拉斯·R. 拉迪在《中国：走向内需驱动型增长模式》一文中通过对两种经济增长模式的比较后指出，中国领导层决定转向内需驱动型增长模式的原因是，目前的投资和出口导向型增长导致资源利用效率低下，妨碍个人消费的增长，在增加就业方面所起的作用不明显，造成能源消耗增加和对环境的破坏，危及现代银行系统的建立以及可能会加剧美国等国家的贸易保护主义情绪。他认为，这种转型是可取的，但是会遇到许多困难，所以这会是个长期的过程。与拉迪的观点相近，中美经济与安全评论委员会首席经济学家托马斯·I. 帕利也是从转变经济增长模式的角度来探讨中国的可持续发展问题的，他在《中国发展模式的外部矛盾：出口导向型增长与全球经济萎缩的危险》的文章中认为，中国目前所实施的出口导向型增长模式是不可持续的，应该转向国内需求导向型的增长模式。美国麻省理工学院经济学教授奥利弗·布兰查德与意大利大学经济学教授弗兰西斯科·贾瓦茨合写的《重新平衡中国的发展：一种三管齐下的解决方案》的文章认为，针对中国经济发展中的种种不平衡现象，需要采取的解决方案应该包括降低储蓄特别是私人储蓄、增加公共服务的供给以及人民币升值三方面的内容，同时也要在财政和预算方面采取行动。麻省理工学院国际问题研究中心研究成员乔治·J. 吉尔博伊撰写的《中国奇迹背后的神话》一文考察和分析了近期中国经济发展背后的一些缺陷和不足，认为中国经济市场化的过程导致了两大没有预料到的严重后果。首先，中国政府实行的经济改革导致了如下结果，即中国工业领域充斥的是低效但又仍然庞大的国有企业、日益占据优势地位的外企以及无力在同等条件下与这两者竞争的民营企业。其次，中国现存政治体制下固有的商业风险导致在中国的经理人当中衍生出了一种“企业战略文化”，这种文化鼓励他们追求短期利益、地域分割以及经营的过度多元化。纵观第一部分的文章，我们可以看到，国外学者在探讨中国经济可持续发展问题时，具有以下特点：一是看重政府和国家在其中发挥的作用，二是认为中国内部的调整和改革是维持可持续发展的关键，三是在观察视角方面，国外学者也注重外部因素，例如中美关系的影响力。

对于中国经济持续发展而言，内部的稳定是基石，所以本书第二部分的中心议题是区域发展不平衡与贫富差距问题，其中牵涉到我国的社会保障制度和西部大开发战略。《西部大开发运动：思想形成、中央决策制定和各省的角色》一文指出，“西部大开发”很难在严格的意义上被认为是如下一种被准确筹划的行动计划：其形成和实施有着明确的行为者，并预设了一套完整而一致的目标与措施。它更适合被认为是一种软政策：包括了一连串零散而多样化的议程。从中我们至少可以确定五项独立的议程：追求平等、吸引国外投资、基础设施投资、解决民族事务、可持续发展。该文侧重的是对西部大开发战略本身的分析，而简·戈利所著《中国西部开发战略的先天条件与后天培育》一文则追溯了造成东西部发展不平衡的历史原因。简·戈利认为，东西部产业发展不平衡日益加剧的趋势是先天状况和后天培育共同导致的结果，而主观意向性的政策选择将对这种趋势产生重要的影响。鉴于中国政府历史上形成的区域发展政策主要是两极性政策体系和滴入式政策体系两种，结合当前西部开发的进程，他认为后者更适合于当前的发展态势。以上两篇关于地区发展不平衡问题的文章的一个共同点就是，突出了政府的政策选择这一带有主观意向性的因素在国家的区域发展战略中的作用。自改革开放以来，中国的减贫工作成效显著，但是，在城市地区，由于国有企业的破产、社会保障体系的不完善等原因，出现了一些“新”的贫困人口。因此，本部分收录了两篇关于城市贫困的文章，这两篇文章对这一问题都有着比较独特的分析和见解。《反思中国的不平等与贫困》一文作为对中国学者提出的相关论点的回应，对中国的社会政策提出了很多中肯的建议，认为中国在经济政策上过于关注效率，将公平问题完全交付给社会福利政策的做法需要改正。约翰·耐特的文章建立在大量的实证研究基础之上，以一份跨区域家庭调查为基础，将中国城市的贫困区分为三种类型：“收入和消费”贫困、“收入而非消费”贫困和“消费而非收入”贫困。而中国城市的大部分贫困属于收入高于贫困线，但消费却低于贫困线，这是因为近些年来中国社会保障（教育、医疗、住房等）和收入前景的不稳定性与日俱增，很多城市居民由此大量抑制消费。这不仅使城市出现新贫困问题，而且将使中国经济由于缺少内需而走向危机。中国政府应该针对三种不同贫困类型采取不同的政策措施，而不仅仅是单纯使用收入补贴这一种并非治本的办法。日本学者奥岛真一郎与内村铃木对1978年经济改革以来中国城市收入不平等的状况进行了总结，并着重对影响城市收入不平等的因素进行了分析。他们的研究发现，自1995年以来，教育日渐显著地成为加剧社会不平等的重要因素，教育机会不均等将成为一个影响中国发展的问题。

本书第三部分收录的文章围绕能源问题展开。能源问题不仅对中国，而且对世界各国都是一个日益紧迫的问题，所以，在本部分的文章中，我们可以看到国际方面的因素在其中发挥的重要作用。迈克尔·T.

克拉里在《中国的战略性能源困境》中指出，对中国而言，经济持续快速发展这一目标的实现必须得到能源供应方面的支持，因此中国政府必须在全球寻找新的能源供应方。但是，许多全球最丰富的能源供应来源已为西方能源公司所控制，这是中国面临的艰难困境。对境外石油的竞争而引起的争议将在中美关系中越来越突出，其重要性可能超过台湾问题和中美贸易逆差等问题。国际社会应该为渴求能源的中国在谈判桌上保留席位，中国发展清洁燃煤技术和开发替代性的能源如生物燃料、风能、太阳能和水能等的必要性也日益迫切。菲利普·安德鲁斯－斯皮德的文章则主要介绍了中国能源政策的形成与实施，尤其是节能措施在实施中面临的挑战。凯利·西姆斯·加拉格尔的研究则是以汽车工业为案例，分析了中国的能源政策没有实现跨越式发展的原因，即除了国内政策不力以及技术准备不充分外，一个重要的原因就是西方国家不愿意转让更先进的技术。海因里希·克雷夫特认为，中国当前的能源需求正在不可逆转地快速增长，这将给中国带来日益严重的能源安全问题。中国政府寻求能源安全的外交努力将对未来国际格局产生重要影响，西方国家可能用中国对进口能源的依赖牵制中国。查尔斯·E. 齐格勒认为，中国的发展日益受到能源的制约，这种情况已影响到中国的外交政策。种种迹象表明，中国将通过参与多边组织和其他论坛的方式与其他石油消费国进行合作，这将缓和中国外交政策中冲突性的一面。

谈论完能源问题，本书接下来关注的是环境与粮食安全问题。阿瑟·P. J. 莫尔的《转型期中国的环境与现代化：生态现代化的前沿》的文章从生态现代化所蕴含的四个方面——政治现代化、经济参与者和市场动力、公民社会以及国际一体化，分析了中国当代的生态现代化过程，指出中国现在进行的生态现代化有着不同于欧洲的模式，它所特有的一些环保政策与制度是欧洲所不具备的。阿拉斯戴尔·麦克比恩的文章指出了中国所存在的一系列环境问题及其严重性，突出分析了中国在环保方面的有关法律和政策，作者在此基础上提出了可能采取的措施，并强调只有中国人自己才能解决中国的环境问题。约翰·蔡尔德等撰写的《中国环保体系发展中的制度创新》一文探讨了从 1972 年到 2001 年间中国环保体系发展历程中的制度创新问题。文章主要从中国与美国和加拿大的对比中研究中国环保体系的制度化建设具有的个性特点，认为中国环保体系的发展经历了四个主要阶段，逐渐形成了法规、规范和认知三个制度支柱体系。埃里森·莫尔与阿德里亚·沃尔合写的《中国环保公众参与中的法律倡导》一文从法律倡导的角度出发，通过具体案例的研究，分析了中国公众参与环境保护的法律框架，公众参与环保在法律方面遇到的困难，以及法律代言人在环保进程中的作用。文章对于我们探讨如何从公众参与和法律保障方面解决环境问题有参考价值。德鲁·汤普森与陆小青合写的文章介绍了中国环境保护和卫生健康领域非政府组织的发展状况，描述了这些非政府组织与政府的关系在未来可能出现的前景，分析了非政府组织的发展对中国公民社会发展所具有的意义。杰瑞·马贝斯和杰妮弗·H. 马贝斯合著的《中国的环境问题与粮食安全》一文认为，中国的人口增长和社会经济变革直接影响了中国的粮食安全和粮食生产环境，中国政府认识到了这一问题，并采取了应对措施。尽管目前中国仍然能够养活自己，但从长期来看，如果中国不进行重大的政策调整，土地资源可能无法维持粮食生产。环境问题涉及群体广泛，影响直接，所以，公众在环保领域的参与也是广泛而直接的，这一点从本部分文章对公众参与尤其是非政府组织的重视中可见一斑。而在政府方面，相关法律的设立和执行是最重要的举措，本部分的文章也对此给予了充分的关注。

创新对于一个国家的可持续发展而言是必不可少的，解决旧问题和开辟新思路都与创新密切相关，本书第五部分的焦点议题就是科技与知识创新。西尔维娅·施瓦格·泽格与白瑞楠的文章分析了中国未来 15 年科技发展规划纲要的主要内容、目标与特征。中国的科研政策在极大程度上是由需求驱动的，因为它把发展科技当成一个多目的的工具，中国长期规划的总体目标在于解决社会和环境问题，同时保持经济的高速增长和发展。而中国面临的挑战之一是如何处理创新和现行的政治体系、教育和组织文化之间的冲突。凯瑟琳·A. 沃尔什的《中国的研发：高科技的梦想》一文，介绍了外国研发投资在中国的增长及其背后的动机、外国研发投资在中国经历的变化和可以从中吸取的经验教训，并且探究了它对亚太局势的影响，以及中国在利用外资研发投资时应注意的事项。埃里克·巴尔克在《中国的知识创新：历史遗产与制度变迁》一文中着重分析了中国的历史遗产与当代的价值观念对创新实践的影响，他认为，由中国传统知识积累的社会认识论所导致的一个很明显的问题，就是知识和权力的共生问题。这表现为中国知识分子对于知识的利用和对实践价值的关注，这些知识可使他们帮助中国统治阶级统治中国。不仅如此，其目的是保证稳定性与一致性，而不是为了对现存体制提出改革的问题。另一个问题就是中国的学习传统，这一传统就是注重对现存知识，尤其是对由过去的知识所衍生的知识进行传播、同化和改进。艾伦·沃尔夫所写的《中国向创新的转向》一文分析了中国的创新架构、行动蓝图、创新动力。保罗·欧文·克鲁克斯在广泛的经济背景下考察了中国的创新型经济发展战略，指出了中国在自主创新方面存在的一些结构性问题，并通过考察中国软件及其服务行业的现状，分析了中国创新型经济发展面临的局限及其与知识产权法规之间的关系。从以上几篇文章可以看到，这些国外学者基本上认同创新不是一个独立的进程，也不是一个单纯借鉴西方的过程，所以，他们都关注社会、文化、历史等因素对创新的影响。

本书最后一个部分的文章主要分析了中国经济未来发展可能遇到的问题和前景。C. W. 肯尼思·肯则预测，中国在 21 世纪早期将出现 10 个大都市经济圈，并结合中国经济发展的现状以及未来可能遇到的困难，进一步在宏观策略和实际政策方面就中国经济的区域化发展提出相关建议。美国著名左翼学者詹姆斯·彼得拉斯在《中国的过去、现在和未来：从半殖民地到世界大国》一文中认为，以美国为首的西方大国对中国的政策在未来 10 年中将迎来一次质变：为了防止全球贸易体系的重大危机、中国的社会动荡以及美国的严重衰退或中美的军事对抗，跨国公司将从局部控制中国转向通过发动一场全方位的经济进攻全面控制中国，包括控制银行和金融体系；控制关键的生产资料部门；控制中高端的国内消费市场；增加文化、娱乐、宣传和商业市场的份额。这样，中国成为一个“世界大国”的努力将会遭遇失败。相反，中国将变成帝国主义大国控制和争夺的对象，后者将利用政治精英、军队、学生等激烈争夺对中国的控制权，中国的国家性质和政权将被迫改变。这篇文章把中国的改革开放说成是资本主义化，并且预言中国将出现政治危机，这种说法明显失之偏颇，但是文中提出的一些问题值得我们警惕。何汉理在《对中国可能出现的危机的再思考》一文中针对中国最大的危机是否是经济危机、大规模的群体事件不可避免、中国的精英政治不稳固、中国的银行将崩溃、中国太依赖国际金融、中国的民族主义正在上升、中国的崛起将会导致军事冲突等问题发表了自己的看法，认为这些常见的看法有言过其实之处，但也指出有些危机在一定条件下确实有发生的可能性。彼得·伯特里尔认为中国未来的经济发展受制于国内外的综合因素，包括美国的对华态度和政策，而未来中国面临的最大挑战是能否完成经济的第二次转型：提高经济增长的质量。乔治·弗里德曼的文章认为，中国经济的高速增长阶段将结束，未来中国将进入调整阶段，由于调整要损害一些部门、地区和阶层的利益，这种调整的难度将极大。

全面审视本书，一方面因为所涉及的领域广泛，另一方面因为编者在收集资料和深入研究方面的能力所限，所以在文章的收录上也有遗憾之处。虽然想要在一本书的篇幅内将国外学者关于这一问题的所有论述纳入进来是不可能的，但本书在比较完整地呈现各方主要观点方面依旧存在不足，例如，关于粮食安全问题，该部分只收录了一篇文章，显然是不够的；关于贫困问题，本书收录的文章都是关于城市贫困情况的研究，这必然是不完整的；再例如，创新本不局限于科技创新，还有制度创新、理论创新等，而本书第五部分的内容却主要属于科技创新方面，所以将这一议题狭隘化了。因此，要进一步全面梳理国外学者关于中国经济持续发展问题的研究，还有很多工作需要做。所幸可持续发展问题是一个具有长期意义的问题，本书留下的不足和遗憾希望在以后的研究中得到完善和弥补，我们在此也恳切希望能得到各位前辈和老师的指正。最后，感谢中央编译局海外理论信息研究中心诸位同仁以及中央编译出版社贾宇琰编辑在本书的编辑和出版过程中给予的帮助。

周艳辉

2011 年 1 月

总论

countrysi
implemen
rural refo
the villag
the villag
of the vill
aims of u
various a
sanitation
democrac
maintaini
populace.
The ne
from the
state-own
under the

The Myth of Growth

处在十字路口的中国*

〔英〕彼得·诺兰

一、引　言

自从上世纪70年代末以来，中国经历了其历史上最显著的经济增长时期。然而，中国也面临着深层的经济、政治和社会挑战。这些挑战包括：大面积的贫困和快速增长的不平等；中国企业面临着来自全球商业革命的挑战；极度恶化的自然环境；政府能力的下降；国际关系中的综合挑战；普遍的腐败；中国与全球金融体系进行贴身对抗时面临的极端危险。中国的领导人正在努力同时解决全球化、转型和发展所带来的挑战。没有哪一个国家曾经面临过这样一系列的挑战。没有哪本教科书可以指导中国如何沿着这条道路前进。领导人的责任是巨大的，因为失败的代价将非常巨大。社会和政治瓦解的可能性是存在的。所有的政策努力都必须旨在避免这种灾难性的后果。在寻找前进道路的过程中，中国领导人既注意自己国家过去的教训，也注意其他国家的教训，以便找

---

* 本文来源于《中国经济与商业研究杂志》（*Journal of Chinese Economic and Business Studies*）2005年第1期。彼得·诺兰（Peter Nolan）是英国剑桥大学发展学委员会主席，长期研究中国问题以及发展中国家的出路。

到建设一个公正、稳定、繁荣和具有凝聚力的社会的道路。这种努力不仅对中国，而且对全世界都至关重要。

二、中国经济和政治稳定面临的挑战

（一）贫困与不平等

21 世纪初，在中国发展过程的几乎所有方面的背后存在的残酷现实是经济发展的“刘易斯模式”（刘易斯提出的一种关于人口流动的模式，认为发展中国家农业劳动人口过多，农村劳动力边际生产率甚至为零，大部分人几乎没有收入，因此在所得工资极低的情况下，农村人口也愿意向城市流动。——编者注），伴随这一模式的是劳动力供给过剩。中国有将近 13 亿的庞大人口，每年大约增加 1 500 万到 1 600 万人。将近 70% 的人口仍然生活在农村，农村的“剩余”劳动力大约是 1. 5 亿人。从上世纪 90 年代中期到 21 世纪初，农民的收入一直停滞不前，甚至有所下降。农民的收入分配变得更加不平等：农民收入分配的基尼系数从 1978 年的 0. 21 上升到 1998 年的 0. 4。在毛泽东时代之后的农村改革初期，中国的绝对贫困大量地减少。然而，今天中国官方的数据表明，大约有 5. 8 亿的农村居民（73% 的农村家庭）年收入低于 360 美元。

巨大的农村剩余劳动力为农民进城提供了强烈的刺激，并使巨大的压力落在非技能和低技能职业的从业人员身上。居住在城市的农民工多达 1. 5 亿，他们主要从事非技能劳动，每天收入是 1 到 2 美元。除了贫穷的民工，还有多达 4 000 万到 5 000 万的工人因为国企改革而失业。

与这些社会弱势群体一起，城市的新“中产阶层”也正在快速地形成。跨国公司的大量投资正在形成一批现代化的商业区和住宅区，它们远离大量穷人的环境而受到保护。中国私有化的特征是普遍的内部交易和腐败，最突出地体现在地方政府、银行和公有土地为了“发展”而进行配置这三者之间独特的三角关系之中。

（二）全球商业革命

自上世纪80年代以来，中国实施了旨在培养一批具有全球竞争力的公司的工业政策。在根本的意义上说，这些工业政策都失败了。中国正在成为“为世界的工场”（the workshop *for* the world）而不是“世界工场”（workshop *of* the world）。中国60%的工业出口都来自外资企业。中国出口的其他商品基本上要么是代工生产（OEM）的工业产品，要么就是相对全球大公司来说是低附加值、低技术和无品牌的工业产品（例如服装、鞋袜、家具和玩具）。虽然世界大公司正在雇用相对廉价、高技术的中国研究人员，迅速地在中国建立研发基地，但是，中国的本土公司在研发方面的投入却微乎其微。中国的主要公司在国外几乎不为人知。在名列世界500强的14家中国公司中，没有一家是在没有政府保护的情况下也真正具有全球竞争力的公司。所有这些公司都是国有企业，其经营受制于系统性的政府干预。

在国内，中国的工业政策遇到了大量的问题，包括政策前后不一致；错误性地追求“企业自主权”而不是多厂（multiplant）大公司；受保护的国内市场中存在大量贫困的消费者；跨地区并购存在制度性障碍；通过多元化经营追求更大的公司规模（这导致了“规模假象”）；党政官员持续干涉企业决策；大量的前国有企业工人带来很多“遗留成本”。

在国际上，中国的大公司面临着严峻的挑战。中国努力建立具有全球竞争力的大公司，这种努力与世界商业史上的革命性时代相一致，伴随着特有的密集性并购。一种前所未有的产业集中已经确立起来。一种真正的“法则”已经发挥作用。在高附加值、高技术和强品牌的市场领域中，少数大公司——“系统的整合者”——占据了一半以上的全球市场。集中的过程波及了整个价值链。“级联效应”（cascade effect）对一级供应商产生了巨大的压力，迫使它们发展全球性的主导地位，这是通过扩大研发和对全球生产网的投资来完成的。其结果是集中过程的快速发展，这一过程是在为系统整合者提供产品的全球层面的各行业中发生的。

资本主义走向产业集中趋势的全面展开，向发展中国家的大公司提出了一种全面的挑战。在 21 世纪初，由于“级联效应”产生的压力，存在于系统整合者及其供应链中的激烈的产业集中对中国公司和决策者而言都意味着一种综合挑战。他们不仅面临着追赶占主导地位的系统整合者的巨大困难，即“冰山”的可见部分，而且面临着追赶几乎控制了供应链的各个部分的强大公司的巨大困难，即隐藏在视野之外的“冰山”的不可见部分。成功的后发工业化国家，从 19 世纪末的美国到 20 世纪末的韩国，全都产生了一批具有全球竞争力的公司。中国是第一个没有完成这一点的成功的后发工业化国家。中国已经成为没有一批具有国际竞争力的大公司的第六大经济体。这在经济发展史上具有非常重要的意义。

（三）环境

中国环境反映出快速增长的庞大人口对中国已经脆弱的自然环境施加的巨大压力，而且这种影响被高速的工业发展大大地加剧了。对中国省级“绿色 GDP”的最新研究估计，当自然环境的破坏被考虑在内时，“真正增长”少得可以忽略不计。土壤受到严重侵蚀的地区已经扩大到占 38% 的国土。沙漠化地区正在以大约每年 2 500 平方公里的速度增加。在过去 40 年里，中国将近一半的森林已经被破坏。中国也存在“普遍的水污染”以及严重和正在加重的淡水短缺。

中国爆炸性的工业增长已经导致了能源密集型工业的高速扩张。到 20 世纪 90 年代中期，中国超过美国成为世界最大的煤炭生产国，将近占全球煤炭产量的 34%。中国是世界第二大二氧化碳排放国。如果中国追随美国的道路，允许汽车占据完全的主导地位，那么，世界的前景是令人恐慌的。要是中国坚持它当前的发展道路，在一定时期赶上今天的美国人均收入水平，并且如果中国使用类似的技术，那么中国的二氧化碳排放量将超过目前全世界所有排放量的五分之一。

（四）国家的能力和地位

自上世纪 80 年代以来，中国政府的专业能力已经大大地增加。然而，它需要远超过改进技术能力的综合再振兴。实质上，它需要扩大它的领地，以便承担市场无法提供的活动和重建自己的伦理基础。与从零开始建设一个强大有效的、满足发展要求的国家机器相比，重新振兴已经萎缩的国家机器可能会遇到更多的挑战。

1. 政府

中国是一个有着迫切发展需要的贫穷大国，这种发展需要只有政府行为才能满足。20 世纪 90 年代中期以后，中国政府实施了一系列的改革，试图增加它的财政力量。然而，中央政府的财政收入仍然只占 GDP 的 7%。中央政府财政收入在 GDP 中的比例不仅低于其他的发展中大国，而且甚至低于俄罗斯。国家财政力量的减少迫使它寻求急剧增加收入，这些收入来自人们在使用健康和教育服务时支付的各种费用。直到 20 世纪 90 年代末，财政预算分配只占实际教育费用的 46%。其他广泛的各种资金来源被动用起来为教育提供资金。在 20 世纪 80 年代末和 90 年代中期之间，穷人的教育状况极大地恶化。

在过去 50 年里，中国已经建立了令人印象深刻的农村保健体系，而且总体的保健成就非常显著，人均寿命达到 70 岁，婴儿死亡率下降到 3‰。1976 年以前，在人民公社发展的高峰期，大约 85% 的村庄建立了合作医疗体系，尽管常常是基本的医疗体系。当在 20 世纪 80 年代农村集体制度解体的时候，分担风险的财政基础在很大程度上被消除了。大约 90% 的人口没有被风险分担福利体系所覆盖。1999 年，政府的预算只提供了全部医疗费用的 11%，而 59% 的费用来自非预算支付。这些变化导致了这样一种医疗体系，它提供了极其不平等的获得医疗服务的机会。在总体医疗质量方面，中国在 191 个国家中位列第 61 位，但根据财政资助的公平性，则名列第 188 位。

2. 中国共产党

共产党的领导是中国现代化的基础。党与社会经济生活的所有方面都深入地缠结在一起。在20世纪80年代末和90年代初，邓小平不断地警告中国存在陷入动乱的危险。江泽民也要求党深刻认识和吸取世界上一些长期执政的共产党丧失政权的教训。

在最近的几年里，因腐败而被审判（包括在某些案件中被执行死刑）的党员级别已经上升到甚至包括全国人大副委员长的许多高级干部。大量腐败案件开始曝光的原因在于中国的领导人意识到了腐败所产生的威胁，并正在努力对其采取措施。

（五）国际关系

美国担心中国的崛起会在根本上改变世界经济和军事力量的平衡。美国一批有权势的利益集团相信与中国的严重冲突是不可避免的。基辛格警告说，美国外交政策中的鹰派把中国视为“一个道德上存在缺陷、不可避免的对手”。然而，美国关于怎样最好地“与中国对抗”的看法的最终轮廓并不清楚。

中国和美国的经济已经深深地交织在一起。美国消费者从中国爆炸性的低价出口商品中获得好处。美国公司和股东从中国吸收大量美国投资和进入中国低成本供应链的机会中获益匪浅。美国初级产品生产商受益于对中国的出口。美国政府从中国政府购买美国债券中获得好处，这最终有助于支撑美国个人消费的增长。正如美国在苏联、阿富汗和伊拉克所带来的“制度瓦解”那样，“中国的制度瓦解”对中国来说将是一场灾难，但也会对美国产生严重的经济影响。从这个角度来看，正是美国商业利益集团和大量的美国公民，支持中国共产党领导人维持国家“和平崛起”的努力，更不要说世界其他国家了。

（六）金融机构

在20世纪90年代末，特别是在亚洲金融危机之后，中央政府开始大规模“清理”金融机构。清理揭露了中国主要银行公司治理状况的令人震惊的证据。在 WTO 协定的条款下，中国金融公司将会面临逐步加剧的国际竞争。自从 20 世纪 80 年代以来，世界主要金融公司经历了一个前所未有的并购时期，产生了超级金融服务公司。这些金融公司迅速地在拉美和东欧占据了主导地位。如果中国本土的大金融公司不能实现自我改革，那么全球巨人很可能占据中国金融部门的最高位置。

中国面临着广泛的挑战，这些挑战威胁着整个社会、经济和政治体制。由于中国面对的挑战的数量和强度很大，因此在某个时候，“大火”极有可能会爆发，这场“大火”极有可能会与金融体系有关。在亚洲金融危机期间，中国处于一场重大的金融危机的边缘。中国采用了大胆和有效的政策，从而幸存了下来。如果中国要面对的是一场自 20 世纪 80 年代以来定期袭击发展中国家的全面金融危机，那么就很难维持整个体制的稳定。政治不稳定与金融危机的关系是长期存在的。

中国的政治经济已经抵达到一个十字路口。它将会走向何方？

（七）中国政治经济走向探寻之路

1. 走向“原始资本主义积累”？

许多人相信，除了遵循资本“原始”积累的残酷逻辑，中国别无选择。他们认为，中国将会变成一种“规范的”资本主义经济。的确，由于国有部门的产出已经只占国家产出的一半以下，中国已经在这条路上遥遥领先。他们认为，积累过程的残酷本性要求一个权威主义的政治体制。

一些拥护中国“原始资本主义积累”路径的人从早期资本主义工业化历史上的教训中寻找到了慰藉。在几乎所有的案例中，只有在早期资本主义积累的残酷阶段完成之后，才建立民主制度。明治时代的日本以及后来的中国台湾地区和韩国，这些例子都被用来支持中国经历长期的“原始资本主义积累”阶段的必然性。在所有例子中，一开始都存在过严厉的政治统治阶段，同时快速地以不变的实际工资把农村剩余劳动力吸收到城市的工厂中。一旦农村剩余劳动的供应枯竭，不熟练工人的实际工资就会开始增加。正是在此时，政治民主化的要求开始形成。

假如世界其他国家有充分的需求和就业弹性来吸收那些消化这个巨大的中国农村工人之海所必需的制造业出口，那么，中国农村剩余劳动力供应可能需要数十年才会枯竭。如果政治权威主义的主要原理是“刘易斯式”资本积累过程的存在，那么中国所面临的前景将是长期处于这样一种体制之下。问题是，就中国在与全球经济加速一体化中日益增加的不平等前景来说，这种体制在这么长的时期内是否会维持稳定。要是这种体制确实会幸存下来，那么它就可能构成一种长期和压迫性的晚近工业化模式。

2. 走向“民主与自由市场”?

许多人相信，中国持续和成功发展的根本条件是政府地位的急剧下降。他们之所以支持中国加入WTO，主要原因是要实现这个目的。许多有影响的国际学者和决策者相信，中国共产党应该放弃对政治权力的垄断。在最近几年，美国政府的中国政策顾问已经开始推动在中国实现“政权更迭”。

直接的现实是颠覆中国共产党将会使这个国家陷入社会和政治混乱。在毛泽东逝世后，中国改革计划的核心是这样一种信念：需要阻止中国政治经济的瓦解和国家陷入“大动乱”，因为这会“剥夺中国人的所有希望”。尽管外国直接投资价值5 000亿美元，但是中国政治经济体系的瓦解也是有可能的。

中国仍然是一个穷国。对中国来说，“负发展”将导致巨大的苦难。不管是苏联、南斯拉夫和阿根廷，还是印度尼西亚的制度的垮台，给那些国家的人民带来了灾难性的后果。中国政治经济的核心任务是从那些经验中学习并避免这样的结果。

在那些希望中国“政权更迭”的人中，广泛存在的观点认为中国可以“走上美国之路”。美国外交政策的基础是这样一个前提：包括中国在内的全世界应该而且会走上这条“自然的”发展之路。通过无数的渠道，强烈的外部压力已经施加到中国国内的意识形态上，以促进这种看法：美国是中国值得追求的未来政治经济体制。随着美国控制的全球性大众媒体按照 WTO 的协议而被允许渗透到中国，这样一些观点将会更有影响。

3. “退回到毛泽东主义”？

毛泽东主席领导中国共产党试图快速地消除社会不平等。这完全是想通过把人的生产力量从物质奖励中解放出来，从而改变人们的工作动机，克服经典的“雇主—代理人”问题（principal agent problem）。“为人民服务”是毛泽东思想体系的基础。毛主席想建立一个非资本主义的、人道的社会，这个社会为所有人提供实现自己人性潜力的机会。

从 20 世纪 50 年代中期到 70 年代中期，中国的国民生产总值（GNP）增长率高于大多数发展中国家。在正常的年代，人民群众享有高度的生活保障，人均寿命从 1949 年前的 36 岁增加到 1981 年的 71 岁。西方学者称赞这些成就，认为它们证明了在人均收入达到高水平之前，再分配政策能够使低收入国家满足高水平的“基本需要”。然而，中国试图完全压制市场力量，国家与世界经济和社会相隔离，彻底地限制不平等的方面，消除物质刺激和激进地限制文化自由，中国为此付出了很高的代价，而且也为狂热的、全国性的群众运动付出了很高的代价。

毛泽东主义的发展道路是许多中国人不希望返回的道路。中国不可能走回头路。它需要在追求极端的个人“消极”自由和极端的集体“积极”自由之间找到一条路线。

4. “利用过去服务现在”？

在寻求前进的道路上，中国领导人首先可以转向中国的历史来寻找灵感的源泉。这种丰富的历史能够为“探索前进的道路”、“从实践中获得真理”的道路提供思想营养，从而以务实的、探索性的和非意识形态性的方式制定政策来解决具体问题。

传统的中国政府坚定地鼓励市场，但不允许商业、金融利益集团和投机业控制政治和社会。不仅在直接的增长问题上，而且在广泛的社会稳定和凝聚力问题上，传统的中国政府都介入到市场失败的地方中来。在权力统治的大厦的背后是普遍的道德规范，而这种道德规范的基础是所有社会阶层为了维持社会团结、达到社会和政治稳定以及实现环境的可持续性而恪尽职守的必要性。当这些功能有效运转的时候，就产生了“巨大的和谐”、繁荣的经济和稳定的社会。当它们运转不佳的时候，就产生了“巨大的动乱”、经济的衰退和社会的混乱。

三、结　论

如果我们所说的“第三条道路”是指国家与市场之间的一种创造性的、共生的相互关系，那么我们可以说，中国2000多年来一直在走它自己的“第三条”道路。这是中国令人印象深刻的长期经济和社会发展的基础。中国的“第三条道路”是一种完整的哲学，把既激励又控制市场的具体方法与一种源于统治者、官员和老百姓的道德体系的深刻思想结合在了一起。当这个道德体系运转良好的时候，政府解决那些市场不能解决的实际问题的非意识形态行为就完善了这一哲学基础。

在最近数十年里，欧洲一直在探索它自己走向“第三条道路”的方法，然而，欧洲已经实现了工业化，并有着一个占主导地位的中产阶级。今天的中国正在完全不同的条件下探索自己的“第三条道路”。它在军事上要远远弱于美国。大部分的人口都是贫穷的农民或不熟练的农民工，而且中国仍然处在劳动力供给过剩的经济发展阶段。“全球化的中产阶级”只是人口的一小部分。由于国际资本在中国建立了完整的生产体系，并且占国家出口收入的一半以上，现代部门日益被国际资本控制，从而经济日益具有“依附性”。作为参与国际经济的代价，中国面临着把金融体制全面自由化的强大压力。中国的领导人正在这个独特的富有挑战的环境中努力建设一个文明的社会。

中国不可能把自己孤立于国际经济和政治的主要趋势之外。它不可能掉过头来回到毛泽东时代。体制的生存必然要求中国把市场当做发展进程的仆人，而不是当做它的主人。自由市场原教旨主义能够阻止“中国的金融危机”吗？它能够解决中国快速增长的社会不平等吗？它能解决中国农业经济的问题吗？它能使中国的大公司在“全球运动场”上进行竞争吗？它能使中国解决巨大的国际关系挑战吗？它能解决中国的环境危机吗？它能为中国建设一个具有社会凝聚力的社会提供道德基础吗？不管是在生态、社会还是在国际关系上，盎格鲁—撒克逊的自由市场原教旨主义都没有为可持续的全球发展提供任何希望。中国存在许多深刻的社会经济挑战，其中每一项挑战都需要对市场进行创造性的、非意识形态的国家干预，以解决许多市场不能独自解决的实际问题。

如果中国能够使全球市场经济之“蛇”和中国古代以及近代历史的“刺猬”联姻，那么它就会提供一条走向稳定、具有社会凝聚力的社会的前进之路。如果它的这种努力失败了，那么中国的整个政治经济体制就可能坍塌。这不仅对中国而且对整个全球政治经济而言都将是灾难性的。至少，中国可能会被指责进行长期、严厉的社会控制，来抑制高速发展的汹涌张力。如果中国希望今天的制度生存下去，那么它也就必须自信地利用自己的历史传统和其他国家的最优秀传统，采取“没有选择的选择”来重建社会凝聚力的伦理基础。

要是中国“选择”“政府逃亡”的道路和自由市场原教旨主义，那么它就可能产生无法控制的紧张局势和社会解体。国际金融公司竞争在中国的全面自由化和国际金融流动的全面自由化是最危险的领域，这种社会解体可能就发生在那里。金融系统的长须伸进到其他社会的部门。在这些社会部门中，金融系统的危机可能会点燃“可燃物”中的火苗。只有当以中国共产党为核心的中国政府今天能够像在过去最繁荣的时期那样，根本上改进它的效率水平并消除蔓延的腐败的时候，增强政府的作用并使政府更有效解决国家面临的正在加大的社会经济挑战这一“选择”才能取得成功。政府的改进，而不是政府的逃亡，是中国体制改革唯一明智的目标。这是中国体制生存“没有选择的选择”。

由于采取“没有选择的选择”，所以，中国自己的生存可能提供了一座灯塔，作为对美国主导的走向全球自由市场原教旨主义冲动的一种替代选择，从而促进全球的生存和可持续发展。这不仅是中国的十字路口，而且是整个世界的十字路口。

（吕增奎 摘译）

中国经济增长的可持续性及其影响*

〔澳〕罗斯·加诺特

一、改革时代

1978年召开的中国共产党十一届三中全会，是中国改革开放的新时代开始的标志。这是发生在现代世界经济史上具有决定性意义的变化之一。

在过去的27年中，中国的年均国内生产总值（GDP）以超过9%的增长率保持连续增长。近10年来，中国经济的年增长率有几次令人难以置信地超过了10%，因此也立即导致了政府加紧对投资的直接控制。中国的商品产量和服务业规模增加了10倍以上，按美元计算，对外贸易额增长了70倍。按照传统的国民收入和生产核算办法，中国的经济总量略大于澳大利亚与新西兰之和，如果将国民收入和生产核算中的GDP数据按现行的汇率转换为美元，中国经济将位居世界第四。根据国内购买力，中国已成为世界第二大经济体，其规模接近美国的2/3。

---

* 本文刊登于《澳大利亚国际事务杂志》（*Australian Journal of International Affairs*）2005年第4期。罗斯·加诺特（Ross Garnaut）是澳大利亚国立大学经济学教授。

2005 年，中国超过日本，成为世界第三大商品和服务输出国。在改革初期，中国还是一种拒绝资本主义国家投资的封闭的、内向型的经济，经过近些年的努力，中国吸收的外资已经超过美国，占流向发展中国家外资总额的一半。

如果中国经济按照改革时期的发展方式，继续保持过去 25 年来的增长率，五年之内它将成为世界最大的出口国。根据国内购买力，中国在 10 年内也将成为世界最大的商品生产和服务提供国。根据现行的国民收入和生产核算办法，将 GDP 按现行汇率转换成美元，在未来 25 年内，中国经济将跃居世界第一。

比经济领域发生的变化还要大的是中国人的思想观念的变化。随着物质商业活动的扩展，在中国进行跨国性思想传播与交流的可能性与机会有了实质性的增加。这一层面的变化为政治体制的稳定性带来了挑战。这样快速的变化对于一个曾经是落后而闭关自守的封建国家而言，不会是、也不可能是一个平稳发展、毫无痛苦的过程。这一转变进程中的每一个阶段都充满了挑战，前行的道路上有坎坷和曲折，有因为起始路线选择错误而导致的失败。

二、历史性的考察

把近来中国经济发展的成就纳入历史视野中考察将会大有裨益。中国经济在过去的 1/4 世纪中的强势增长，已经让中国有可能重新回到 2200 多年前秦帝国第一次统一中国后、中国大部分时间所占据的世界最强大的经济大国的地位上去。按照古代世界观，国家的政治稳定和统治清明更多地反映在人口增长方面，而不是体现在大多数人口生活水平的不断提高，而中国在大部分时期都是世界上人口最多的政治共同体。据我们所知，中国自 2000 年以前的汉代开始，在其境内和首都生活的人口与同时期罗马的人口相同。汉代中国人民的生活水平与总的经济产出与尤利乌斯·凯撒统治以来的一至二世纪的罗马帝国鼎盛时期的水平相当。

自19世纪初期以来，随着现代资本主义的兴起和工业革命的出现，中国开始落后于西欧和北美。同时，19世纪60年代，随着中国的东部近邻日本通过明治维新使自己紧跟充满活力的西方现代化进程，中国也落后于日本了。在这一时期，中国的世界第一大产品生产国的地位开始被英国取代，其衰落的标志是19世纪40年代第一次鸦片战争的失败和割让香港。

三、增长的内因

在过去的半个多世纪中，许多东亚国家经济发展的经验告诉我们，持续、快速的经济增长既不是“奇迹”，甚至也不是什么异常现象。当诸多条件兼备时，经济的持续、快速增长就自然出现了。“二战”后十年的日本、中国的台湾和香港地区具备了这些条件；20世纪60年代的韩国和新加坡具备了这些条件；在随后的几十年里，其他几个东南亚国家的经济发展中也具备了这些条件。

这些条件之一就是存在一个强有力的、高效率的国家，以保证有一个稳定的市场交易环境。这一条件对于那些具有中央集权的历史、关注大多数人利益的社会共同体来说，是极其有利的。快速的经济增长会对现有的政治秩序以及收入与财富分配原则造成冲击。为了保持可持续性发展，如下观点必须在现有国家政体中得到广泛接受，即经济的快速增长即使不是国家政策的首要目标，也是其核心目标。同时，可持续的快速增长需要将市场广泛地作为资源配置和收入分配的主要手段，并且需要一种能够接受这一做法的意识形态体系。如果这些条件在贫穷国家能够缓慢却日益加快地实现的话，快速的、国际导向的经济增长就会在这些国家生根发芽。如果人力和其他资本的积累将某国的经济带到了贴近全球生产力发展水平的边缘，这种增长将会是持续性的。

经济快速增长的直接条件还包括高储蓄率和投资率，以及与国际商品、服务、资本和技术市场的深层次结合等。同东亚其他国家一样，中国的人口结构使得潜在劳动力与总人口的比率很高，并且不断增长。这一点对于中国的发展曾经极为重要，也必将有助于其未来的发展。如果一个国家的经济处于发展速度很快的区域，这会是极有裨益的，因为这样有利于及时调整、加深与国际市场的结合，也易于接受支持高速发展的意识形态和政策框架体系。在中国快速增长初期的实际情况中，不平衡的资源特点也成为有利条件。相对于土地和资本，超乎寻常的高比率劳动力资源使中国可以通过开放对外贸易而增加收益，同时也激发了从国际经济体系中引进短缺资源的动机。如果这种不平衡表现为相对富余的劳动力，就会特别有利于中国的发展。因为从快速增长的对外贸易中获得的高收益，自然会增加对劳动力的需求，这首先表现为就业机会的增加，然后是工资的上涨，这种情况在中国市场化进程中广泛地存在。

如果世界上经济发达国家与新兴国家之间的平均收入存在巨大的差距，将会有助于为后者提供经济快速增长的机会。20 世纪后半期，日本和一些新兴工业化国家经济的成长之所以要比那些早期发展起来的国家快得多，就是因为这些国家与那些在同一时期生产力更先进的国家之间存在着巨大差距。如果其他条件相同，后来者会比先行者发展得更加迅速，因为在这些国家，用国际性的新技术取代原有技术会带来更大的收益，这些收益足以支撑经济的快速增长。

中国经过 20 世纪 70 年代后期的政治重新定位后，在某种程度上具备了经济快速增长的全部必需条件。

在过去的 20 多年中，中国许多基本制度发生变化的速度和程度使改革的发起者以及国内外的分析家都感到惊讶。20 世纪 80 年代早期，经过几年时间，家庭联产承包责任制取代了人民公社制度；20 世纪 80 年代中期，在农村地区，乡镇企业在旧的人民公社的废墟上崛起，成为农村经济保持活力的主要根源；在过去的 10 年中，私有成分快速扩张。

中国的体制转变也受到邻近的本国香港地区、台湾地区和东南亚的成功的华裔商业人士的帮助。这些华裔商人在中国内地实行改革开放之后，积极参与投资并把自己的生活同中国的新发展联系在一起。

中国经济增长的过程中也伴随着一些不利情况。这体现在国际贸易中就是：成功的经济增长却使贸易顺差反过来不利于中国自身（石油、金属和其他日用品进口价格上涨，纺织品出口价格下跌），并促使贸易伙伴作出贸易保护主义的反应。中国存在的明显的地域差别也是一个巨大的不利条件：在经济增长过程中会出现收入和财富差距加大的趋势，将经济增长视为首要目标需要政治上的支持，而这一趋势增加了维持这种支持的困难。

由大型国有企业主导的中央计划经济体制在很大程度上也是不利的。在东欧和苏联，没有哪个实行中央计划经济的国家不是在经历了漫长的调整过程后才实现了向市场经济的转型，而其生产通常会在这样的调整过程中有大幅度的下跌。

四、增长的风险

中国在改革时期也面临着接连不断的挑战，每一个挑战都可能阻碍发展进程。我可以在这些持续存在的重要挑战中列举一些纯粹经济类的挑战：诸如金融系统的薄弱以及与此相关的对于效率低下的国有企业过多的资金配置问题；全国范围内经济发展的地区差异问题，这导致贫穷的内陆省份通常比沿海省份发展要缓慢得多；与国家农业制度的不完备密切相关的系列问题，以及其他有关农村经济的问题；同人与人之间收入差距加大相关的问题；周期性的宏观经济不稳定，这表现为国际收支的不平衡和国内市场交换价格的波动；国际贸易伙伴在针对中国快速增长的出口进行主动调适方面所表现出的重重顾虑。

总体上来说，虽然中国经济发展面临艰难险阻，但从根本上讲，这些问题并不像中国在改革的头 27 年中曾经战胜的那些问题那样困难。中国经济快速增长的可持续性面对的更大挑战，来自对国内与国际政治转变的质疑，这一问题是伴随着改革时代大规模经济变革而必然产生的。

中国过去1/4世纪的政治秩序是建立在中国共产党持续占据领导地位的基础上的。毛泽东去世后，中国共产党的指导思想和执政方式发生了转变。基层领导的选举和监控方面有了重大的民主化进步。但是更广泛的社会团体参与政治、影响高层领导人任命和政策方向的机会的缺失，市场经济的扩张和国际化对政治前景产生的影响以及受到良好教育和有稳定高收入阶层自信心的持续增长，都将产生更多的参与国家的行政管理的要求而对中国政府形成压力。

这一点并不是近一两年的当务之急。但是它是中国在跻身世界高收入国家行列之前必须完成的一个基本的适应性转变。如果此项调整失败，这意味着将失去以经济增长目标为核心的国内稳定，这一目标是改革的出发点。

中国经济持续增长的另一个大的威胁，是与作为21世纪初期唯一的超级大国——美国的关系走向破裂，而最坏的情况就是与其发生战争。北京、华盛顿和台北在台湾问题上的不当举措，都可能导致最坏的结果。美国对中东和中亚地区的关注以及它在这一地区采取的外交和军事行动、中国在阿富汗问题上对美国的支持、中美在“反恐战争”中的广泛合作以及对朝鲜半岛紧张局势的协作处理，都暂时地缓解了中美之间存在的影响经济发展的风险。

五、中国会赶上美国吗？

邓小平在20世纪80年代提出的蓝图一旦实现，中国人民就会不再满足于此。在过去的1/4世纪，没有任何迹象表明中国人民对物质进一步的渴望在任何时刻会比他们的香港和台湾同胞以及其他国家的人民要小。同时，在改革时期，也没有任何迹象表明，在任何方面，中国人积极参与现代经济的能力不如那些最发达国家的人民。

中国经济在当代快速增长的自然结果是，中国的生产力和生活水平同世界上那些生产力最强的国家相近。在一代人的时间内，或稍后的时间里，当中国同美国的人均产值相当的时候，中国的人口规模将保证中国经济成为世界上最强大的经济。

预计中国过去27年来的高增长率在未来的任何时刻会有所减慢是没有理由的。事实上，有诸多理由可以预期在下一个10年，中国经济的平均增长率还会高于过去。这些理由包括现有的非同寻常的高储蓄率、中国与世界最富有的国家间的巨大差距所带来的生产力增长的良机、未来10年有利的人口状况（工作适龄人口比率的增长），以及其他一些有利于生产力持续快速增长的因素的存在。

除非出现大的国内政治危机（宏观政治结构为适应社会和经济变化而进行的适应性调整不断失败，而不能保持政治的连贯性）或国际政治风险（与美国发生战争），中国经济的整体规模无论按何种方法来衡量都会在一代人的时间内赶上美国。中国人民的平均生活水平要赶上美国的速度可能会稍慢一些，或许需要再有一代人或更多的时间。

欧盟所包括的欧洲区域在21世纪初期的经济规模同美国相当，但是在人口和人均产量的增长方面却缓慢得多。在未来的几十年里，还不清楚欧洲是否会走向更加紧密的联合，以及是否会更加高效地实现政治一体化。如果是那样，欧盟作为世界上四个共同体中比其余三个规模大得多的共同体，在全球经济中将占有至为重要的分量。但是它的经济规模相对于美国将会逐渐衰减，最主要的原因是对来自不同文化与种族移民的不开放态度影响了人口规模。

20世纪90年代，印度通过自己的外向型经济改革，从和缓低速向适度高速增长模式转变。展望21世纪中期，印度可能会成为第四大经济中心，随后，首先赶上欧洲，然后依靠其自身发展过程的可持续性赶上美国，最后赶上中国。

六、中国发展对世界体系及澳大利亚的影响

1989年，苏联以及以其为中心建立起来的国际体系解体，美国重新

回到了它在“二战”后所占据的、在全球经济和战略事务中非同寻常的支配地位。1992 年建立的欧盟或许可以挑战美国的影响，但是欧洲内部在大多数问题上都存在着分歧，这意味着此种挑战还没有发生，而在将来也不可能发生。

中国的增长至少意味着在 20 世纪晚期和 21 世纪早期，美国占压倒优势的支配地位可能会是暂时性的。美国政界认识到并认真考虑这一事实的意义还需一个较长的过程。

不论中国在全球经济的发展中扮演什么样的角色，它在未来亚太地区经济发展走向上都会是一个领导力量，其地位无疑会在澳大利亚之上，而澳大利亚在经济上与中国形成了独特的互补性。我们可以说，澳大利亚的繁荣发展取决于中国经济快速增长的可持续性。

（崔存明　王报换 摘译）

中国的可持续发展之路*

〔美〕辛西娅·W. 卡恩　〔美〕迈克尔·C. 卡恩 等

中国和世界正处于关键的十字路口。随着中国经济的快速发展，资源消耗以及随之产生的废物也大幅增长，这难道是大多数发展中国家和发达国家可持续发展的模式吗？中国作为重要的新兴大国不能沿着其他许多国家不断重复的“先污染后治理”的路线走。为了取得长期的经济增长，中国必须找到一条可持续发展之路。中国的目标是成功实现经济、社会和环境的和谐发展。这个目标正是“三方利益兼顾”原则在可持续发展道路中的反映，这一发展道路认为经济、社会和环境构成了一个相互促进的系统。根据这一思路，中国作了全面的努力，以实现可持续发展。根据中共中央的精神，中国的可持续发展计划必须满足人民日益增长的物质需要、提高人民的生活水平、建立公平公正的社会收入分配系统，同时要确保社会和谐、环境清洁和资源受到保护。本文所关注的是中国实现可持续发展所面临的一些问题，以及中国为实现这一目标所采取的政策和行动，最后对中国未来的可持续发展之路提出一些建议。

---

* 本文来源于《中国的环境与可持续发展的挑战》（*China's Environment and the Challenge of Sustainable Development*，2005）一书第8章。辛西娅·W. 卡恩（Cynthia W. Cann）和迈克尔·C. 卡恩（Michael C. Cann）执教于斯克兰顿大学（University of Scranton）。

一、中国实现可持续发展面临的挑战

中国的环境恶化很严重，加上庞大的人口和前所未有的经济发展，这些都对中国走向可持续发展形成了重大障碍。经济发展引发了中国新兴中产阶层对生活消费品的需求，与此同时也引发了快速增长的能源需求。这些经济发展所带来的威胁不仅会进一步恶化中国的环境，而且会导致另一个重大的问题，即中国将如何养活自己。下面的内容涉及中国致力于实现可持续发展所面临的一些挑战。

（一）水资源问题

中国面临着严重的水资源问题，包括水污染、水资源的分布不均和洪涝灾害问题。根据世界资源研究所（WRI）的数据，中国的大多数生活和工业废水没有经过处理就直接被排放到水系中。1996 年，只有 5% 的生活废水和 17% 的工业废水经过处理，此后的状况改进不大。中国几乎有一半的饮用水受到人畜粪便污染。此外，由于中国是世界上合成氮肥的第一大消耗国，其农业用地的大量化肥养料也流入江河中。

中国七条最大的河流——淮河、海河、辽河、松花江、长江、珠江和黄河，都受到了严重的污染。在这些河流一半以上的受监测区域中，其水质都是五级（五级在中国水质等级中是最低的等级）或比五级还差。中国 5 000 公里以上流程的主要河流污染程度严重，以至于有 80% 的流域不适合鱼类生存。黄河由于受到铬、镉以及其他有毒物质的严重污染，大部分已经不适于人类饮用和灌溉。

沿海地区的废物排放和近海石油的开采正在污染海岸线。在与中国接界的四个海域中，东海的污染最严重，其一半以上海域的水质是四级或者更差。从 1999 年到 2001 年，在这些海域中发生的赤潮以 5 倍数增长（2001 年发生了 77 次）。据估计，海洋灾害造成的直接损失有 100 亿元人民币。虽然赤潮的成因还不明确，但许多科学家认为沿海地区使用杀虫剂和氮肥造成的污染是潜在的因素。

虽然中国水资源总量居世界第二，但人均占有量只有世界平均水平的33%。中国面临着水资源的严重缺乏，特别是北方地区，它的农业占全国的66%，而水资源供给的80%却在南方，主要在长江流域。

中国的粮食生产严重依赖水资源，大约80%的粮食产自水浇地，这一数据在美国是20%，在印度则是60%。由于灌溉是决定农业生产的主要因素，从1982年到2000年，黄河每年有2/3的时间因此干涸。由于地表水污染严重，中国过分地依赖地下水。中国北方的蓄水层被消耗的速度要快于它能得到补给的速度。海河流域的水位线下降了50至90米，许多城市，如天津和济南发生了严重的地表沉降。

中国水资源使用效率很低。有估计认为中国用来灌溉的水资源的60%由于种种原因而损失掉了，比如从渠道和田地中蒸发掉，以及由于年久失修的供水设施而损失掉。持续快速的经济发展和工业化使中国对水资源的需求增加，比如在2000年至2005年之间中国北方的城市用水需求估计将增加85%。中国也长期受到洪水的困扰。2003年7月的洪水影响了中国南方、东部和中部的1亿人口。对长江流域和黄河流域森林的过度采伐加剧了洪水的发生。从20世纪80年代起，这些流域由于无节制的采伐，森林覆盖率减少了30%。

（二）空气问题

中国被认为是世界上空气污染最严重的地区之一。根据世界卫生组织的资料，全球污染最严重的十个城市中，中国占七个。空气污染引发的后果是，中国人遭受着呼吸系统疾病（肺癌、肺心病和支气管炎）高发病率的痛苦。在一些工业化地区，妇女的肺癌发病率是全世界有记录以来最高的。大量燃煤所释放的二氧化硫产生的酸雨影响到中国土地总面积的30%，中部和西南部地区受影响最重，其土地的PH值低到只有3.7。燃煤产生了大量微尘，在北方尤其严重。导致公路拥堵的小汽车、卡车和公共汽车的增加速度比道路的建设速度快得多，也是导致空气问题的因素之一。

（三）土壤问题

由于土壤的侵蚀和经济发展，从1949年以来，中国失去了1/5的农业土地。虽然中国与美国的可放牧土地面积相仿，但是从1961年至今，中国的牲畜总头数增加了三倍，中国现有牲畜总头数为4亿头，相比之下美国仅有9 700万头。过度放牧和过度开垦加速了中国西北地区的沙漠化。在深冬和早春时节，沙尘暴横扫中国的许多城市，比如北京和天津。

（四）能源问题

中国始于20世纪80年代的快速经济增长，也伴随着能源需求的加倍增加。按照当前每年315%的能源消费增长率，中国的能源需求在近20年内将再增加一倍。

煤占中国能源总需求量的65%到70%，这一比例在下一个10年不会有明显的改变。中国的煤储量充足，占世界已探明储量的12%。有分析认为，按照现在的消耗速度，中国的煤储量可以维持100到200年。幸运的是，这些储量中的大部分煤含硫量低于1%。然而，大多数火力发电厂缺乏对污染的有效控制。此外，有相当多的煤是在家庭和工厂中使用的，其产生的废气直接排放到空气中。所以空气中聚集的二氧化硫含量很高，正如前述，中国因此受到酸雨的困扰。而且，重要的煤储量大多数分布在中国的北方地区，如何把这些煤运输到人口多的工业化地区本身就是一个大问题，更不要说开采与加工过程带来的土地破坏和产生废物等问题了。

相同能量单位的煤产生的二氧化碳是沼气的2倍，比燃油多1/3，因此是导致全球变暖的主要因素。虽然根据人均标准，中国每人每年排放的二氧化碳少于1吨（相比之下，美国的数字是超过5吨），但是中国每年排放的二氧化碳占全球总量的12%，仅次于美国的25%。由于全球变暖会导致海平面上升，中国的沿海城市将会受到严重影响。例如，海平面上升 1 米，将会淹没 1/3 个上海。

由于中国对于电和汽车需求的快速增长，中国在下一个 30 年里温室气体的排放量将等于其余发达国家的总和。

来自中国国家统计局的最新数字显示，那种认为煤的使用量已减少的鼓舞人心的报告是没有根据的。2002 年中国煤的实际消耗比上年上升了 7.6%。从 2005 年到 2010 年间，中国煤的消耗将会由于水电站项目，如三峡大坝的投入使用而有所下降，但这可能只是暂时的下降。

20 世纪 80 年代，中国是石油输出国组织之外的最大石油出口国，而到了 90 年代，中国 30% 的石油需要进口。虽然更多地依靠石油来发电会减少温室气体的排放，但是中国的领导人也不愿意看到中国更多地依靠外国的石油。

（五）交通运输问题

机动车使用的快速增加导致的能源需求和污染问题也将加大中国可持续发展所面临的挑战。从 1984 年到 1994 年，中国的机动车数量增长了三倍，达到 940 万辆。中国对小汽车的需求以每年 20% 至 30% 的速度增长。在下一个 10 年内，数以百万计增加的小汽车不仅会使现在已经很严重的空气污染问题加重，而且由此增加的公路和停车场会占用更多的农田，而加重中国的食物供给问题。1996 年，中国宣布汽车工业将成为一个拉动增长的产业。针对这一情况，一些科学家签署了一个白皮书，从影响未来粮食生产的角度，强烈反对这一政策。他们主张城市轻轨、公共汽车和自行车组成的公共交通系统才是中国交通发展的方向。然而，上海却反其道而行之，最近宣布禁止在主要街道上行驶自行车，以此来为汽车让路。

（六）人口问题

从 1950 年到 1985 年，中国的人口实际上增加了一倍，超过 10 亿，这是一个其他国家没有达到过的里程碑式的数字。为了阻止人口快速增长的趋势，1979 年中国发起了一对夫妇一个孩子的政策。根据中国人口信息研究中心的数据，从 1979 年以来，中国的人口增加了 3. 15 亿，到 2003 年达到 12. 9 亿。预计中国人口在 2040 年左右将达到 15 至 16 亿之间，然后开始逐渐下降。这种过度的人口增长，伴随着生活水平的提高，将严重地影响到住房、食品和交通，也必然引起污染的加重。

此外，中国是一个快速老龄化的社会。传统习惯上，中国的家庭成员要照顾老年人。但由于中国社会把这一重担落在了独生子女身上，这一习惯将会受到严峻的考验。

（七）粮食问题

中国面临着如何养活不断增长的人口这一严峻考验。虽然中国与美国的面积相仿，但是由于中国国土的大部分都是山区或沙漠，因此只有 1/10 适宜耕种。如前所述，1949 年以来，中国已经损失了约 1/5 的耕地。这一趋势由于过度放牧、过度开垦以及公路、停车场和住房的增加，仍在继续加大。中国人民生活水平的提高，对肉类、家禽、鸡蛋、牛奶、黄油和冰淇淋的需求大幅上升。现在美国人均消耗的谷物是 800 公斤，而中国是 300 公斤。中国对动物产品需求的增长，将会大幅度增加人均谷物的消耗量（因为动物以谷物为饲料），这将给中国的粮食资源和本来已经负担过重的水资源增加额外的压力。虽然人类每天需要的饮用水是 4 升，但对于那些依赖动物产品为食品者，他们每天用来保证食品供给所需的用水量则是 2 000 升到 4 000 升。美国农业部的数字显示，从 1999 年到 2003 年，中国每年收获的谷物、玉米、大麦、高粱、燕麦和水稻从 4. 11 亿吨下降到 3. 78 亿吨。

人为排放温室气体导致的全球变暖也加重了中国粮食和水资源的短缺。中国的主要大河都发源于喜马拉雅山脉，在那里，雨水和融化的雪水为下游的河流提供了共同的水源。温度升高所导致的降雨增加以及伴随发生的降雪减少就会导致雨季的洪水增加，以及在旱季提供水源的高山积雪的减少。这样，中国小麦和水稻的生产就会受到严重影响。

二、中国可持续发展的进展

随着中国的持续发展，经济增长的奇迹可能正在环保方面朝着比人们原本认为的更加积极的方向转变。

《21 世纪议程》是一个广泛的行动计划，旨在解决世界范围内的环保与发展问题。根据《21 世纪议程》，中国制订了战略性的计划、政策、目标、任务和行动计划，包括经济、社会和环境诸领域中的转变和发展。

除了《21 世纪议程》，中共中央制定的《国民经济和社会发展第十个五年规划（2001—2005)》也强调了可持续发展。中共中央鼓励每个省和地区都形成一个以可持续发展为根本主题的“十五规划”。

中国在与可持续发展相关的许多领域取得了进步。为了减轻实现可持续发展的负担，中国欢迎来自国际社会的投入。1992 年，中国国务院成立了中国环境与发展国际合作委员会，旨在进一步加强中国与国际社会在环保与发展领域的合作与交流。

中国政府为可持续发展提供了主要的资金来源。例如，2002 年 8 月，作为“十五规划”的内容之一，中国投入 100 亿元来加强可持续发展方面的科学和技术研究。

三、中国实现可持续发展的障碍

虽然中国在实行可持续发展的许多方面取得了进步，但也不是所有努力都进展顺利。中国制定了许多把国家引向可持续发展的计划，但是只有少数计划得到了贯彻和完全落实。黑龙江省就是一个很好的例子。黑龙江省从 1999 年就率先实施湿地保护计划，成为第一个禁止开发湿地的省份。然而，当人们提出一个更艰巨的、通过建立一个法律框架来鼓励该省实行可持续发展的计划时，其贯彻却出现了问题。

位于中国东北部的黑龙江省与俄罗斯接壤，有40多万平方公里土地。该省承担着中央政府规定的发展和开发乌苏里江流域的任务。然而，有观点认为这一地区的开发不能以损害生态系统为代价。省政府采取了科学研究的方法，同来自不同国家的专家进行合作。合作小组撰写了一份以可持续发展方式开发乌苏里江流域的计划。这个计划有趣的一个方面是，它涉及从黑龙江省越过边界，以同样的方式开发属于俄罗斯的一块地区。黑龙江试图通过设立法律框架来建立一个“利用带”（use zoning），该法律框架将计划利用的、共同开放的土地划分出来，但限制其使用。虽然已经存在这样的计划，但这样的一个法律框架却没有形成。

合作小组在努力保护环境的同时也试图实现与该项目相关的政治目标，它在这一过程中遇到了许多障碍。这其中的障碍包括跨越国界合作的官方障碍，新政策与中俄两国现行政策存在的冲突，可持续发展带来的压力，官方、环境规划者和外国顾问之间彼此竞争的利益，以及地方政府支持不足等。正如大多数的努力一样，当地人民的支持对于任何一个目标的实现都是至关重要的。

当前，黑龙江的保护湿地的项目仍在继续，相关法规也再一次在制订中。此外，亚洲发展银行向一家加拿大环境开发公司提供资金，用于将松花江沿岸的沼泽地恢复到原来状态。虽然这一项目的进展并没有像开始计划的那样顺利，但无论如何，还是取得了一定的进步。

四、中国可持续发展的未来

我们是否正在超出地球的承载能力？我们是否在耗尽地球的资源？废物的产生速度是否比地球能够吸收这些废物并将之转换回资源的速度要快得多？一些学者提出了一种生态足迹（ecological footprint）的概念，将之作为衡量我们行动的可持续性的方式。我们说的生态足迹是把人类消耗的资源与产生的废物计算在内，在此基础上，计算出提供这些资源以及将废物转换成资源所需要的生态生产空间（productive space）。

研究显示，1997 年中国内地的生态足迹是每人 1.2 公顷，与其相比，美国是 10.3，中国香港地区是 6.1，英国是 5.2，日本是 4.3，韩国是 3.4，印度是 0.8。据评估，全球的生态生产空间是每人 1.7 公顷。显然，上述国家和地区除中国和印度外，其生态足迹都超过了这一平均值。然而，由于中国有如此庞大的人口，而其邻国印度每人的生态生产空间只有 0.8 公顷，因此，实际上中国总体的生态足迹超过了印度。由于生态足迹是经济发展的直接指数，因此，在中国保持其发展的快速步伐时，中国和全世界都必须关注中国的生态足迹。要让中国生态足迹保持在原有水平，并实现可持续的增长，需要注意以下几个方面：

（1）中国必须继续严格控制人口。

（2）中国的发展必须积极实践三种利益兼顾原则，使社会和环境利益等于或者高于经济利益。

（3）中国必须执行和加强严格的污染控制标准。尤为重要的是，中国必须从源头上加强对污染的预防和对资源与能源的保护。清洁生产必须在全国范围内落实。使用可再生能源应该成为国家的优先发展方向。

（4）中国必须鼓励使用公共交通而不是私人汽车。在必须使用小汽车和卡车的情况下，必须严格规定耗油量标准和污染标准。

（5）国家环保总局必须有更多的财政支持和政治影响力。主要负责贯彻执行环境法规的地方环保局应该获得更大的罚款权力。罚款也必须增加，从而可以用经济手段来制止污染。

（6）必须允许甚至鼓励像“自然之友”这样提倡环境保护的非政府组织数量的增加和影响力的加强。

（7）中国应该在推动联合国“可持续发展教育十年（2005—2015）”活动中身先士卒。环保意识必须灌输到全国人民的思想中，3R（Reduce，Reuse，Recgde，即减少、再利用、再生）必须成为一种生活方式。此外，中国必须在人力资本的教育和发展上投资。1998—1999 年中国的教育投资只占GDP的2.2%，比任何一个发展中国家都低。由于贫富差距加大，中国面临着社会不安定的风险。对所有人提供教育机会，会减少这一风险，增加通过创新而实现增长和可持续发展的可能性。

（8）中国必须重视保护耕地，增加耕地及水资源的产出能力，以及重新造林。

（9）中国必须进行全面的成本核算，争取把环境和社会成本也纳入到传统的成本核算系统。此外，中国应该取消资助那些制造污染和消耗能源的经济行为，并通过税收对之加以限制。同时，对于那些从源头上注意资源和能源节约以及防止污染的行为加以经济鼓励。

（崔存明 摘译）

中国：走向内需驱动型增长模式*

〔美〕尼古拉斯·R. 拉迪

2004 年 12 月，中国高层领导人同意从根本上改变国家的增长战略。他们批准了国家经济增长模式的转型——新的经济将更多地依赖于国内消费，以取代以前的投资和出口导向型发展模式。

中国所宣称的转变是使中国经济增长模式从依靠投资和全球贸易顺差驱动转向较多依靠消费来推动，这是值得称赞的。它使中国经济更可能保持其近年来持续增长的势头，同时还可以更快地创造就业机会，改善收入分配，或至少减缓日益增长的收入不平等，以及控制它近年来能源消耗的超量增长。它也将有助于减少全球经济的不平衡。

但是，时至今日，中国的政策过于温和，尚不能改变其经济增长的根本动力，结果是，中国的顺差在继续激增，并且在美国不出现经济萧条的情况下，这种状况看来可能会一直持续到 2007 年。中国也没有实现它若干关键的国内经济目标。

---

* 本文刊登于《国际经济政策略览》（*Policy Briefs in International Economics*）2006 年第 10 期。尼古拉斯·R. 拉迪（Nicholas R. Lardy）是美国国际经济研究所高级研究员，曾著有《中国未完成的经济革命》（*China's Unfinished Economic Revolution*）、《世界经济中的中国》（*China in the World Economy*）等书。

一、中国经济增长的源泉

近30年里，中国的经济增长在世界上是最快的，实际年增长率已经达到10%。既然取得了如此吸引人的长期成功，那么中国的领导层为什么还要考虑转向一种新的增长模式呢？

在所有的经济中，产量的扩张是消费、投资、商品和服务净出口的增长之和。扩张性投资在中国的经济增长中起着主要的且越来越重要的作用：投资在经济改革的头10年左右，平均占GDP的36%，在1993年以及2004年、2005年投资已经超过GDP的42%，其水平高于中国的东亚邻居们在其高速增长期的历史纪录。国民储蓄率在2005年已经破纪录地占到了GDP的50%。它的增加又进一步刺激了投资增长。

在整个改革时期，消费在绝对数量上一直保持着高速增长，但是过去10年内，与投资的重要性相比，它作为经济增长源泉的重要性减小了。20世纪80年代家庭消费平均占GDP的一半稍多一点，90年代该份额下降到46%。2000年以后的下降更剧烈，到2005年仅占GDP的38%，在世界各主要经济体中是最低的。同年美国的家庭消费占GDP的70%，英国为60%，印度为61%。

正是由于这种需求结构的不断变化，2001—2005年资本投资的增长占中国经济增长的一半多，比例之高国际罕见。

在最近几年里，商品和服务净出口成了一个主要的经济增长源，这在近10年里是第一次。2005年的商品和服务净出口在中国GDP支出中增长一倍，达1 250亿美元，占经济增长的1/4。2006年可能会达到1 850亿美元，增加额占经济增长的1/5。

二、反思中国的经济增长战略

中国领导层在2004年12月的年度中央经济工作会议上的决议反映

出他们认为从长远来看，中国的经济增长方式是不可持续的。这并不意味着领导层想要明显放慢经济增长速度，他们是希望能够从根本上改变需求结构，提高投资效率。简言之，他们相信，中国经济只有较多依赖家庭消费的增长，较少依赖中国公司的投资浪潮和对外贸易的激增，它的快速增长才是可持续的。

最高领导层作此决策的依据可归纳为以下几个方面：首先，越来越明显，投资驱动型增长（或有时也被叫做粗放型增长方式）会导致资源利用效率低下。几乎所有的衡量标准都表明，随着投资增长的加速，中国的资源利用效率降低了。多要素生产率增长（multifactor productivity growth）（在所有的经济中都是经济扩张的重要推动者）在经济改革的最初 15 年里，平均每年大约为 4%。这个比例在国际上还是比较高的，但从 1993 年起该比例下降到 3%。也就是说，随着投资在 GDP 中的份额的上升，生产率提高对 GDP 增长的贡献下降了。用马丁·沃尔夫（Martin Wolf）——《金融时报》首席经济评论员的话来说，近年来中国经济令人吃惊之处不是常常如别人所说的那样：它增长得多么快；而是，如果把用于投资的巨额产出考虑在内，它的增长是多么慢。

要素生产率增长的缓慢，部分是由于过度投资和大量重要工业中生产力过剩的出现。1996 年中国的钢产量达到 1 亿吨，首次超过美国和日本成为世界第一大钢产国。这个产业持续快速发展。国家发改委的报告指出：2005 年钢产量达到 3.5 亿吨，生产能力却超过 4.7 亿吨，过剩 1.2 亿吨。

由于生产过剩，钢价格在 2005 年底比前一年下降 1/4，比 3 月份的波峰价格下降 1/3。价格下降明显影响了钢材工业的获利能力。2000—2004 年中国的投资急速增长，对钢材的需求量也快速增加，钢材工业的利润从 1999 年的不到 50 亿元飞涨到 2005 年的 1 270 亿元。但是由于生产力过剩的出现，利润增长乏力。2003 年钢铁公司的利润增长 1 倍，2004 年又增长了 80%，但是 2005 年仅增长 1%。与 2005 年同期相比，2006 年前半年利润下降 20%。根据北京的一家证券公司估计，全年利润可能会下降50%。但是2001—2005年这5年之内，钢材工业共投资约6 500亿人民币，其中只有不到2/5的款项来自税后利润。今年钢材工业的利润如此大幅下降将会损害一些钢铁公司清偿其债务的能力。

领导层决定放弃粗放型经济发展模式的第二个因素是他们认识到，这种模式已经妨碍了个人消费的增长。如果中国家庭消费在GDP中的份额能够保持在1990年的水平，而不是下降10%还多，那么其消费数额要比2005年的实际消费高出30%。2004年中国人均GDP是印度的2.5倍。但是由于中国家庭消费在GDP中的份额过低，人均消费仅比印度高2/3。经济发展的最终目的是改善人的福利，如果用这个标准来衡量，中国可能已经远远落后了。

第三，与消费增长缓慢相连的是，中国的粗放型经济在增加就业上所起的作用也很不明显。1978—1993年间，就业的年增长率为2.5%；1993—2004年，投资占GDP的份额要远大于20世纪80年代，但是就业增长速度却放慢了，仅为1%多一点。90年代出现的资本密集型增长方式是导致工作机会增加较慢的原因。因为比起生产消费型商品的轻工业，在钢铁等生产投资型商品的工业里，单位资本雇用的工人要少得多，更不用说与服务业相比了。

中国领导层希望转向更依靠消费驱动的增长模式的另一个原因是迅速增长的能源消耗和对环境的破坏。按照投资驱动型经济的要求，机器和设备的生产，以及生产机器和设备所需要的投入的增长，都要远远快于消费型商品生产的增长。投资型产品生产的快速增长又反过来使能源需求不成比例地增长。中国的GDP增长能源弹性系数（energy elasticity）（生产出1额外单位的产品所需要的能源单位数）的平均值在上世纪80年代和90年代很低，仅为0.6。这使得生产1单位的GDP所需要的能源数大幅减少。但这个比率在过去5年里增加了1倍。其显著增长的重要原因可能在于资本密集型增长方式。

因为中国能源的2/3都来自煤，资本密集型发展模式导致能源需求激增。2005年煤的消耗超过了20亿吨，几乎是美国的2倍，尽管中国的经济规模只有美国的1/6。中国国家环保总局的报告指出，2000—2005年，中国没有按计划把二氧化硫的排放量下降10%，即下降0.18亿吨，反而在2005年增加到0.255亿吨，比预定目标高出42%。

推动中国领导层寻求经济增长模式转型的第五个因素不太被注意，但也相当重要。过去6年里中国一直致力于发展一个商业导向的银行系统，但是近年来过度依赖投资的经济增长模式已经危及这个进程。

过度投资于某些部门会导致生产力过剩和价格下降，从而会导致新一轮坏账浪潮，进而会破坏国有银行在过去几年里重整财务的成果，也会使许多实力要弱许多的商业银行破产。发改委在2006年全国人民代表大会的报告中承认：在一些行业中生产力过剩的负面效果已经开始出现。这些行业的产品价格下降，存货增加，公司收益缩水，损失加大，潜在的金融危险增大。刚才所讨论的钢材工业就是一个例子。

银行系统的坏账在过去几年里没有继续增加并不意味着万事大吉，因为中国正处于加速发展阶段，公司收益一直在增加。然而，在以后几年里，随着经济增长速度放慢，银行系统的困境可能会出现。在一些产业里，生产力过剩如此巨大，它们偿还贷款的能力值得怀疑——即使是在一个持续繁荣的宏观经济环境里。

影响中国领导层决策的最后一个因素是过分依赖净出口的扩张，就是日益增加的顺差，可能增加中国的重要出口市场——比如美国等国家的保护主义情绪。中国的中央银行中国人民银行，在其报告中明确承认，过分的顺差“会逐步增加贸易摩擦”。

总之，由于多种原因，中国高层政治领导及其经济顾问机构在2004年下半年达成了共识：中国的长期持续增长要求对其根本的增长策略进行重大修正。

三、对全球经济的影响

中国新的增长战略如果实现的话，不仅会对中国产生积极影响，也将对全球经济产生积极影响。中国经常项目顺差在近年内激增。2006 年中国的经常项目顺差将首次超过日本，居世界首位。想成功地转向较多地依赖国内消费驱动的经济模式，需要降低国民储蓄率。储蓄率的降低又会减少中国的经常项目顺差。这个调整需要由中国货币的升值来推动，因为升值将会减轻由消费需求增加而带来的通货膨胀压力。

四、促进消费驱动型发展的政策

首先，提高作为经济发展源泉的国内需求，需要家庭和/或政府消费的增长相对于投资和净出口而言要有增加。降低个人所得税或增加政府的消费支出（也就是政府的非投资性费用）是促进消费的基础。同时，转向消费驱动型增长模式也需要对其汇率政策实行重大改变。在目前形势下，一个更具弹性的汇率机制肯定会导致人民币的增值，同时也有利于减少净出口，并且会增加政府提高利率的灵活性。后者又是降低近年来投资高速增加的先决条件。改变公司税收政策也有助于重新平衡中国经济增长源泉。

在许多经济中，政府可以通过财政刺激——比如对家庭收入减税——来增加个人消费。但是，这个方法在中国的适用性有限，因为中国家庭的直接税征收的起点相对较低，而政府的减税政策也不果敢。

财政扩张的另一形式是以支出为基础的。如果减税不能明显增加个人消费，政府可以增加自己的预算支出来增加内需。由于投资水平已经相当高，在许多产业中还出现了生产力过剩，所以政府需要增加的是其非投资性支出，尤其是在健康、教育、福利和养老方面。可有作为的余地很大，因为中国各级政府在这个项目上的花销只占 GDP 的 3.5%。

政府本身大约直接承担了所有投资的 5%。而且，政府预算也分拨出数量可观的资金，叫做“资本转移”，这部分资金是用于资助投资支出的。2003 年的资金转移是所有固定投资的 10%。近年来资本转移并未减少，所以政府直接和间接投资费用可能共占 GDP 的 7%—8%。政府减少直接投资并削减资本转移，将会释放资源以增加政府的非投资性消费。那将会为需求结构的重新平衡作出相当大的贡献。

增加家庭消费，也能为实现经济转型作出相当大的贡献。而增加家庭消费又需要降低家庭储蓄率，后者自上世纪 80 年代之后就一直上升，到 2000 年以后甚至达到家庭税后收入的 25%。

想要分析家庭储蓄率下降的可能性，必须先分析家庭储蓄的动机。很明显的一个动机就是为了预防和应对生活中的意外情况，例如疾病、失业或人身伤害。政府和企业日益削减它们提供的资助，使得这些支出成为个人责任。例如，在城市，只有一半人享有基本的医疗保险。在农村，只有不到 1/5 的人享有自 2002 年开始试行的合作医疗保险项目。结果，个人支出的医疗费用在全部医疗费用中所占的比重从 1978 年的大约 20% 增加到 2003 年的超过 55%。

2005 年中国职工总数中只有 14% 享有失业保险，拥有工伤补偿的比例甚至更低，只有 11%。因此绝大部分工人不得不进行储蓄，而不是依靠保险，来补偿可能的由于失业、伤害而带来的收入中断。

家庭储蓄的另一个重要原因是为退休和孩子教育作准备。因为基本的政府养老项目极为有限，政府的教育支出也很有限。2005 年养老金方案覆盖了 1.312 亿工人（只占被雇用总人数的 17%）与 0.437 亿的退休人员。而且，如果一个工人想要在退休时享受任何利益，他必须至少工作 15 年。同时，在基本的养老金方案中，所提供的养老金仅相当于当地平均工资的 20%，而与一个工人的终身收入无关。

尽管在过去 10 年里中国官员一直在重申改善社会保障网络的目标，但养老金体系覆盖面的增加速度仍然极慢，在 2000—2005 年加入这个体系的被雇用者的数量仅增加了 2.8%。以此速度，距离普遍实现养老金制度还遥遥无期。

家庭储蓄也是为教育支出作准备。国民教育费用的支出有相当大一部分是由家庭承担的，因为政府在教育上的支出仅占 GDP 的 2%。2004 年，城镇家庭人均教育支出达 560 元，占全部消费支出的 8%。初级教育费用是一个巨大的经济负担，对较为贫困的农村家庭尤其如此。

所以，政府财政对于卫生保健、失业救济、工伤补偿的投入增加，有望能够降低家庭的预防性储蓄。如果家庭自信政府能够提供较多的此类服务，它们自然会减少自己的储蓄，也就是增加它们税后收入的消费份额。政府在教育服务和老年扶助上的类似投入，能够降低与生命周期事件有关的储蓄，例如孩子教育和退休储蓄。

因此，如果中国想要实现这种经济转型，可能需要从增加政府的消费支出开始，但是要通过改变家庭的消费和储蓄决定来增加。

对中国而言，支持经济转型的第三个因素是汇率政策。理由是，中国事实上的固定汇率体系是限制货币政策独立性的关键因素。尽管中国的中央银行在使自己免受大宗外资流入之害方面已经取得了一些成功，但它不愿意增加国内利率，因为害怕如此一来这些流入资金就会变得数目过大而无法控制。国内通货不断膨胀的2002—2003 年，固定的名义上的国内贷款利率导致贷款实际利率急剧下降，乃至最后成为负值。这刺激了向银行寻求贷款的需求的激增，以及由此而生的集资剧增。

一个较有弹性的汇率政策，可以使中央银行在制定国内利率上有较大的灵活性，以通过提高借贷利率来减缓投资过热，从而缓和整体经济循环。那将会降低平均投资率。缩减投资率是向更多依赖消费驱动的发展模式转变的根本政策。否则，消费需求的增加会导致通货膨胀。

最后，公司税收政策应当在重新平衡中国经济增长资源方面发挥重大作用。从 1998 年到 2006 年上半年，中国工业企业的利润从占 GDP 的不到 2% 飞增到 9% 。尽管这些利润还需要交纳 33% 的企业所得税，2006 年上半年工业企业所获得的税后留存收益还是达到了 GDP 的 5.8% 。而且，工业公司拥有占 GDP 6%—7% 的折旧基金。

但是，国企中的这部分资金，除了用于再投资外，不会去优先考虑别的获利渠道。因为如果不去再投资，就只能把这部分资金存入银行。考虑到相关的通货膨胀量，公司存款的真正税后收益率是负值。因此，从一个国企管理者的角度来考虑，重新把留存收益和折旧基金进行投资是理性的——即便它们的预期收益率也略有负值。

近年来由于利润和折旧基金占 GDP 的份额日益上升，在中国的公司部门内，留存收益已经成为投资资金的重要来源，助长了投资的日益增加。

在许多年里，政府都一直要求国企向其所有者（国家）上交红利。这个政策一方面能降低投资增长，或至少会约束投资需求，同时另一方面，政府可以得到用于提高政府供应的社会服务的额外资金。如果国企要把它们税后收入的1/2 作为红利上交的话，数目会达到2006 年上半年 GDP 的 1.3%。政府还可以通过减少折旧基金得到更多红利。

五、实现经济转型任重道远

中国采取措施实现这种经济转型的力度会有多大?

早在2004 年的中央经济工作会议之前，政府提出了通过减少农业税来增加农业收入的计划。免除农业税后，2006 年又把个人所得税的征收起点定在月工资收入 1 600 元，这主要是针对城镇工薪阶层的。中央政府已经鼓励地方政府增加城镇居民的最低工资，以求增加低工资者收入的消费。

然而，所有这些举动的力度都不大。农民的农业税负担在 2004 年减少了 234 亿元，在 2005 年又减少了 220 亿元。但是，234 亿元只占农村消费支出的 1% 或只占 2004 年 GDP 的 0.1%。更重要的是，农业税的减少又被别的摊在农村居民头上的税所抵消了。

同样，降低个人所得税也不是一种非常有力的政策手段。2005 年个人所得税收益是 2100 亿元，仅占 GDP 的 1.1%。中国的征税起点大概是美国的 1/10，即使将征税起点提高一倍，削减作用也很不起眼。国家税务局 2005 年的一份报告指出，提高征税起点在 2006 年会减少所得税 280 亿元。但是根据估计它约只占 GDP 的 0.13%，数额极其微小。

最后，在 2006 年 7 月 1 日实施的提高最低工资的举措也不可能对家庭消费支出有相当大的积极效果。原因有两个：首先，在制定最低工资上，中国劳动和社会保障部在2003年制定的有关最低工资的规章给了地方政府相当大的回旋余地。所以在绝大部分行政区，最低工资仅是当地平均工资的1/5—1/4。其次，能够享受最低工资的工人比例相当低，例如在北京，2002年享受最低工资的工人人数仅占工人总数的2.4%。

更主要的是，过去10年的数据表明，中国的最低工资计划对家庭消费所起的作用有限。其间，北京的最低工资增加了一倍多——从1996年的270元人民币升至2006年的640元人民币。在其他城市也有类似上涨。但是这一时期家庭消费在GDP中所占的份额却明显下降。

消费方面，在2006年春季召开的一年一度的人代会上，政府宣布在许多社会计划中增加费用。这一努力的引人注目之处是温家宝总理提出的建设“社会主义新农村”计划。2006年政府已经作出了增加粮食生产者补贴的预算，这将会提高中国最贫困的农民的收入；也有扩大农村合作医疗体系覆盖面的预算。还宣布到2007年将取消农村初级教育收费。别的社会计划也开始启动。

但是这些计划中的预算支出的增加是远远不够的，粮食补贴只有10亿人民币，农村合作医疗体系的扩大也很有限，仅是想在2010年覆盖农村人口的40%，每年政府仅为这个计划人均拨款215美元。只有在农村免费初等教育方面的预算——5年2 200亿人民币的数目是庞大的。但是2006年农村预算支出仅仅增长14%，从近年的增长速度来看，这个增加并不明显，仅与2006年上半年名义国内生产总值增长持平。而且与多年来的惯例不同，在2006年的全国人民代表大会上，财政部长并没有提供出社会计划预算总支出的数额。

所以，不清楚2006年政府的社会开支预算会不会比2005年较2004年的增长率——宣称是18%——要高。

最后，2005年7月中国政府开始了一项关于汇率的改革，其内容有以下几点：人民币对美元汇率上调2.1%；宣布人民币可以在每天的交易中有0.3%的波动，它的价值将会日益由市场供求决定；人民币汇率将不再盯住美元，而是参考一篮子货币。这些改革能够形成一个较有弹性的汇率，因而也会给中国人民银行调整利率以较大的灵活性。

但是，到现在为止，这些改革并没有真正产生较大的灵活性。人民币交易每天 0. 3% 的波动仅仅是理论性的，政府对外汇市场的大量干预仍在阻止货币实现较大升值。从 2005 年 7 月到 12 月，政府每月平均收购 190 亿美元，几乎与该年头 6 个月的干预步调一致。2006 年平均市场干预又略有上升：前半年平均是 204 亿美元。这直接与中国人民银行宣布的新汇率体系相抵触，后者强调市场地位的提高，汇率由供求决定。结果，过去 5 年里，在“新”的汇率体系内，人民币对美元的汇率上升还不到 2%；最后，也没有什么迹象表明他们参考了一篮子货币。简言之，中国汇率制度仍试图紧紧盯住美元，在增加货币政策独立性上，并没有给政府提任何有用的帮助。

2003 年以来消费者贷款下降很明显，这个重要的变化表明，向消费驱动型发展模式的转型将是困难的，至少在短期内是困难的。从 20 世纪 90 年代晚期银行开始首次借钱给消费者起，家庭年借贷净额从 1998 年的 300 亿人民币迅速增长到 2003 年的 5 100 亿人民币。2003 年底，家庭贷款已经占到全部银行贷款总数的 10%。但是，2004 年家庭贷款迅速下降到 4 350 亿人民币，2005 年下降到 2 000 亿人民币，低于 2000 年的水平。

总之，迄今为止的各种迹象都表明，中国向一种较多依赖消费驱动的发展模式的转变可能会被推迟较长时间。

（张玲 摘译）

中国发展模式的外部矛盾：出口导向型增长与全球经济萎缩的危险*

〔美〕托马斯·I. 帕利

一、中国当前发展战略的局限性：相互对立的学说

在过去的20年，中国创造了经济发展的奇迹。近5年，中国的国内生产总值（GDP）和出口增长十分迅速。即使是在全球经济衰退的2001年，中国仍保持着令人瞩目的高增长率。就在中国经济在2003年和2004年连续两年保持超过9%的增长率的同时，关于中国经济发展可持续性的讨论开始了。人们担心高速的增长是由投资泡沫和方向错误的政府投资所驱动的，其结果就是中国面临着日益增长的通货膨胀以及当泡沫破裂时极具破坏性的经济硬着陆。

本文提供了另一种关于中国发展模式的解释。该解释认为中国当前的发展模式是不稳定的。然而，它并不认为这是由投资过热和过度增长所引起的；相反，这种不稳定起因于中国对全球经济的外部冲击。中国

---

* 本文来源于《当代中国杂志》（*Journal of Contemporary China*）2006年2月号。托马斯·I. 帕利（Thomas I. Palley）是中美经济与安全评论委员会首席经济学家。

模式有诱发全球经济衰退的危险，而这最终也会伤及中国自身。

通常，关于中国发展模式存在两种貌似对立的学说。传统的观点被称作“内部矛盾说”，它强调投资过热和固定汇率所引发的通货膨胀。这是美联储主席格林斯潘以及莫里斯·戈尔斯坦和尼古拉斯·拉迪等经济学家的观点；另一种学说是所谓的“外部矛盾说”，它来源于全球凯恩斯理论，强调中国的出口导向型模式会造成通货紧缩的后果。两种学说都认为中国经济如果不进行政策调整，就有硬着陆的风险，它们只是在导致硬着陆的诱因上观点不同。事实上，这两种观点在很大程度上是互补的。在外部矛盾说看来，当借方无法及时还款而中国经济萎缩时，出口的下降很可能会导致国内金融不稳定；同样，内部矛盾说认为投资过热主要集中在出口部门。然而，这两种学说依赖于不同的危机诱发机制。

二、对当前中国增长模式的解释

中国近年来的经济发展轨迹是一种表面上的成功。广泛地说，中国增长模式的目标是减少中央计划经济的规模，并增加以市场为导向的私有部分的规模。1979 年的改革始于农业部门。从那时起，由于政府对经济的控制逐渐放开，私有经济的规模进一步发展壮大，同时相伴的还有国有企业的部分私有化。与以市场为中心的经济活动的展开同时出现的是明确的内部和外部的资本积累战略。外部资本积累依赖于外国直接投资和出口导向型增长，内部的资本积累依赖于国有银行对国有企业的信贷支持和对基础设施的投资。

外国投资主要是由跨国公司进行的，在引进了资金的同时也引进了高技术。外资企业的建立和运作在引进资金和技术的同时，还创造了就业机会。更重要的是它成为了一种自助型的发展模式，解决了中国资本短缺的问题。工业化要求从发达国家引入资本，从历史的角度考察，这会给增长带来收支平衡方面的限制，引起外国资本主导的债务不断增加，而这终究会使该国暴露在金融风险之下，因为债务的数额会随着汇率的波动而变化。中国以外商直接投资为主的发展模式绕过了这个金融问题。

除了支持工业化，外国直接投资还带来了出口收入，因为多国企业在中国生产的相当多的产品最终被出口。出口收入提供了外汇和收支平衡，这反过来也增强了外国投资者的信心。出口型生产一直是中国出口导向型增长战略的一个核心要素。在缺乏一个发达的国内消费市场的前提下，中国依赖国外市场、尤其是美国市场来为中国工厂生产的商品提供需求。

外国直接投资还给中国带来了高科技和资本，其与中国的低工资劳动力相结合就使中国成为全球低成本制造业的领头羊。在出口增长的刺激下，国外的多国企业也非常愿意继续在中国建立新的工厂。表面上，这形成了一种反常现象，就贸易顺差而言，低收入的中国居然成了高收入的美国的贷方，而一般来说，应该是富裕一方向贫穷一方出借。然而，这种情况是有其逻辑可循的。出口和贸易顺差是中国为了获得跨国公司在中国进行投资所付出的代价。对于中国政府来说，这是值得冒险的交易，中国获得了生产能力、高技术和就业。贸易顺差所带来的外汇也为国家面对变幻无常的世界经济提供了保护。

结果是，虽然外国投资与中国固定资产的增长没有多大关系，但在中国增长模式中起着特殊的杠杆作用。许多中国固定资产的积累是公共设施的建设，这种建设会带来社会效益。而外国投资产生了市场效益，转让了技术知识，带来了出口收入。而且，这不需要向国外借债。

上述的外部积累战略得到了内部战略的配合，而内部战略就是国有银行对国有企业的信贷支持。国有银行被用来对大型工业和基础设施进行投资，甚至是支持亏损的国有企业。这支撑了国内的累积总需求，也避免了由国有企业垮台而带来的大规模的失业。

国家拥有银行系统的事实意味着国家可能通过上述这些方式运用银行资金。缺少其他的金融组织和投资机构意味着中国的储蓄者不得不支持这种国家投资。

三、内部矛盾说

上文所讲的发展模式一直运转得非常好，然而，最近也出现了对这种模式的长期有效性的怀疑。尤其是，人们担心中国的高增长率不会持久，担心它是被资产价格泡沫和过量的国家投资所驱动的。另外，中国当前数量巨大的经常项目账户和资本账户加上固定汇率，导致货币供应量的持续增长。这是因为中国的中央银行必须保持资产折现力以防止汇率升值。结果，货币政策与投资的快速增长高度配合。这种情况的危害是，将带来更多的投资、资产价格进一步增长以及加速通货膨胀。这些最终将导致经济硬着陆。

这种观点可称之为内部矛盾说。它认为中国当前的发展战略由于中国经济的内部问题会陷入困境。内部矛盾说集中关注银行体制和腐败的问题，以及由于汇率低估而造成的国内的通货膨胀。

关于银行体制，内部矛盾说集中关注受国家支配的银行贷款及非市场化的贷款标准等问题。第一，这种贷款由于缺少商业监督，因此常与腐败联系在一起。第二，缺乏商业借贷标准导致资源分配不当，某些部门投资过度而其他的部门则缺少投资。如果资源按市场原则被分配，资源就会被导向那些最短缺的或者回报最高的部门。当裙带关系支配分配方案时，存在短缺和瓶颈的部门仍然会建设不足，而生产过剩的部门仍然会持续重复建设。从宏观经济的角度来看，这意味着中国经济同时存在通货膨胀和通货紧缩的可能，在存在瓶颈的部门会膨胀，而在生产过剩的部门会出现紧缩。第三，非商业化的信贷分配方式意味着中国的银行系统充满坏账，面临破产。许多所谓的由银行贷款支持的投资是没有产出的，许多贷款只是资助国有企业的运转花费。

内部矛盾说认为由被低估的固定汇率导致的通货膨胀也是一个问题。这是典型的开放的经济货币主义。维持低汇率要求货币管理部门出售本国货币，这将扩大会导致国内通货膨胀的国内货币供应，以及伴随着更高的通货膨胀而来的经济扭曲。

中国的政策制定者部分接受了这种观点，开始制定减缓增长、减少通货膨胀压力的政策。于是，国家和地方政府被指令减少基础设施投资，银行被命令缩减贷款规模，储备金的要求被提出以限制银行系统的资金流动，对市场开放的防御行为也被用来减少资金流动。2004 年 10 月，官方的利率提高了四分之一点。通过廉价卖出某些股票，一些使银行系统部分私有化的措施正在实施。这将增加中国政府的外汇，同时希望引入外商能够带来新的管理措施，从而使银行转向以商业利益为导向。然而，还没有针对被低估的汇率采取措施。

持内部矛盾说的人坚持认为以上的局部改革是不够的，需要更多基本性改革来避免硬着陆。公司能够向其他的没有被管制的资金借款，中央政府在控制地方政府投资方面也有困难，因此行政上的借贷控制是不够的。银行系统的部分私有化也不足以根除现有的管理方式，或结束政治性借贷。最终，不能重估汇率意味着，由贸易顺差和资本流动引起的货币供应增长将会持续地产生通货膨胀压力。

四、基础性的矛盾或高代价的摩擦?

内在矛盾说是有其合理性的。然而，关键是这些问题究竟是构成了中国发展模式中的一个“基础性的矛盾”，还是仅仅是“高代价的摩擦”？本文认为它们是高代价的摩擦，而非基础性的矛盾。也就是说，它们给中国经济增加了大量成本，假如这些问题能解决的话，中国的情况将会更好。然而，无法解决这些问题也不必然导致硬着陆。

当前信贷的不当分配的结果是对资源的非优化使用。但是，只要中国维持现存的资金控制方式，这种体制就能继续。这是因为中国的储户没有别的地方存钱，这种国内金融系统的封闭性保护了银行的运转。只要这种封闭性的体制仍然存在，坏账问题就能通过中央银行周期性的重新注资得到解决。

以目前形势来看，金融体制依然是稳定的，尽管效率较低。只有当资金控制措施被取消，或向外部竞争开放时，这一体制才有可能变得不稳定。

关于被低估的汇率和当前的贸易顺差，内部矛盾说强调，维持低汇率加快了通货膨胀的危险。这种分析代表了一种货币主义的思考。通货膨胀的危险确实存在，但货币供给扩大和通货膨胀之间的联系是受长期的和不确定的各种滞后现象影响的。更重要的是，通货膨胀可以通过要求银行增加储备金或肃清公开市场的交易得到压制，此时，中央银行卖出债券并从金融系统吸纳剩余货币。如果通货膨胀只是唯一与汇率低估有联系的问题，那将会是一个严重的、但不是基础性的系统矛盾。

五、外部矛盾说：出口导向型增长的局限

前面提出的内部矛盾说是经不起推敲的。虽然当前的中国增长模式存在大量内在的低效的情况，但这些低效与其说是矛盾，不如说是高代价的摩擦。即使不纠正它们，中国经济也不会因此而崩溃，只是所创造的效益会减少而已。如果说汇率低估的唯一代价是并不过度的通货膨胀，那么可以肯定的是中国的政策制定者应该被告知坚持低汇率，因为被低估的汇率可以产生其他的效益。

这就引导出了“外部矛盾说”，它坚持认为中国当前的战略是有缺陷的，因为它过于依赖出口导向型增长，而这种增长的动力主要依赖美国市场。产生外部矛盾的原因是，中国成了全球工厂，迫使美国产生大量的贸易赤字。另外，中国也对欧盟的制造业产生了压力。

总之，就业和投资的影响使美国经济有在一轮无效的扩张后步入衰退的危险。如果发生了这种情况，将会对中国经济乃至全球经济产生反作用，因为美国仍是世界经济起飞的引擎。这也是中国要以内部需求战略取代出口导向战略的主要原因。

中国的经济统计数据清楚地证明了这种出口导向型增长的存在，中国的 GDP 在 2000 年至 2003 年间以年均 9.2% 的速度增长，而同期的出口增长幅度高达 22.9%。更重要的是，当 2004 年中国的 GDP 增长 9.5% 时，出口增长飙升至 35.4%。出口导向型增长最关键的特点就在于严重依赖于国外市场的需求，出口的增长明显比 GDP 的增长快，证明出口在需求当中的比重已经愈来愈重要。而且，出口增长数据的飙升并不是在一个比较低的起始水平上。更严重的是，出口需求都是来自于中国经济系统之外，从而构成了对中国经济的一种需求注入。

潜在的矛盾仍然通过美国的贸易赤字表现出来，要解决这个矛盾毫无疑问需要中国的帮助。因为中国是这一贸易赤字最大的贡献者，占有非欧佩克国家贸易赤字中的 30%。而且这一比重仍在不断增长。这意味着没有中国的合作，这个问题是难以得到解决的。

当前，中国的不利冲击并没有使美国经济出轨，因为美国家庭仍然在举债消费。所以中国仍能在美国经济缓慢复苏的情况下持续增长。然而，美国的贸易赤字、美国制造业基础的被侵蚀、美国家庭债务的增加以及就业机会的微弱增长，都在破坏着美国经济的结构性力量。尽管美国经济看起来还很强大，但有理由相信，它在变得越来越脆弱。美国的复苏依靠的是人们对资产的乐观的预期，尤其是房地产，从而使人们仍有信心进行消费信贷。由于贸易赤字，这种消费并没有对就业的增加产生强劲的推动，而负债的情形在增加。危险在于美国的经济可能会停滞，悬于消费者头上的债务可能使经济又陷于衰退。由于私人举债的利息已经极低，而且也没有新的资金注入，美国已经没有资源实现由消费贷款来驱动复苏。相反，债务负担将会加重衰退。假如资产贬值，衰退会因为家庭财产的被侵蚀及房地产持有者的负资产而恶化。

这对于中国的政策制定者来说是一种难于理解的情形，因为美国经济衰退对于中国的损害是间接的。中国的贸易顺差被视为一种成功的标志，对于中国式的增长模式也是至关重要的。现在，中国的政策制定者需要转变思想，并且认识到贸易顺差对中国模式来说是一种缺点。如果美国出现由消费而驱动的衰退，中国也会面临患上经济肺炎的危险。而且，由于全球经济仍依赖美国市场，美国的衰退将会损害全球经济，也终究会影响中国经济，因为全球经济的衰退将使中国的出口需求减少。

六、超越出口导向型增长：发展中国经济的内需

中国作为世界出口仓库带来了各种矛盾，解决这些矛盾的方法就在于塑造一个充满活力的中国内部市场，以此支撑国内需求导向型增长。这需要改善那些限制国内需求增长的各种制度、机制和经济关系。这是一项艰巨的任务，传统的经济发展模式没有认识到这一点，传统的视点往往关注经济的供给方面。发展经济的需求部分对于成为一个发达的经济国家非常重要，这也常常容易被忽视。

从当前的模式转向新的模式需要一个短期和长期的战略。短期战略必须注意这样的事实，中国给全球经济带来了通货紧缩的压力，如果不予以纠正，就可能导致全球经济的衰退。长期战略是使中国从出口导向型增长转向国内需求导向型增长。

短期战略：汇率重估

目前，中国最重要的短期战略就是要重估其汇率，应该升值 15% 至 40% 。这应该是一个总体性的解决方案的一部分，其他的东亚经济体如日本、韩国、新加坡、马来西亚及中国台湾地区也应该升值汇率。协调合作是最重要的，因为许多国家对这一问题的产生都有责任，如果只是一国进行调整，不会产生多大作用，还会损害该国的经济。这是因为该国的出口竞争力下降后，出口就会转移到其他继续维持低汇率的国家，这对于解决美国贸易赤字问题的作用不是很大。

汇率的重估会给中国增加成本，导致中国的出口需求的下降。那么，为什么中国必须作出这种调整呢？原因就在于中国不这么做将会加重美国的经济紧缩，这也就会损害中国的利益，而预先采取措施的话，其成本会低很多。更重要的是，现在是作出这一调整的有利时机，这对

中国也非常有利。首先，中国相对美国有大量的收支顺差，这意味着中国在进行汇率调整的时候，不会陷入支付危机；其次，重估汇率能帮助中国处理当前通货膨胀的威胁，因为通货膨胀在经济和政治两方面都是潜在的威胁；最后，重估汇率会提升中国的贸易条件，使其进口更便宜。这对中国的普通消费者是有利的。它也会减少中国的进口费用，部分地弥补因重估汇率而造成的出口方面的损失。

除了升值东亚货币外，世界需要建立一个新的类似于布雷顿森林体系的可控制的全球汇率体系。单单提高汇率不会对美国经济的可持续性复苏产生多大作用。如果这么做是为了保留美国的工厂和促进制造业的投资，那么这个新的汇率必须能够维持相当长的时间。如果投资者觉得这种汇率在近期就可能变化的话，他们不会改变他们的投资计划。投资和生产也就不会回到美国，复苏仍然非常乏力。由于没有认识到这一点，美国的政策制定者们应该遭到批评。由于上世纪 90 年代固定汇率出现了问题，他们现在推行浮动汇率。在全球一体化的背景下，这种政策不利于贸易和金融的流动，一种新的可控制的汇率价格体系亟待建立。

长期战略：国内需求导向型增长

至于长期战略，中国的发展政策需要进行巨大的调整。传统的经济学理论和政策都将注意力放在供给的扩张上。这是出口导向型增长模式的重点，它强调具有国际竞争力和依赖出口市场（这些都是那些发展中国家的政策制定者所无法控制的），以便提供需要和吸纳生产的增长。在过去的 15 年中，中国一直遵循着这一模式，通过吸引外资来增加出口供应并依赖出口市场的需求。现在中国必须开始发展自己的国内需求了。

这是一个充满困难的挑战。这是传统经济学很少强调的一个方面，因为发展经济学的主流无视需求的一方。他们假定政策制定者只要专注于供给方就行了，需求会随之而来。结果是，几乎没有人注意到发展需求方的挑战。但是，是否成功地发展起需求是发展中国家和发达国家的显著差别。

凯恩斯主义经济学确实考虑到了需求，但这是基于成熟的市场经济模式上的，在那里，需求的产生过程是已经完成的。对于凯恩斯主义者来说，需求短缺能够被政府的政策所治愈，如：调低利息和税收，这会刺激私人的需求，甚至是政府的直接消费。在一个已完成的需求产生过程中，这些政策对于暂时性的困难来说是有效的。对于发展中国家来说，困难恰恰在于如何建立这种需求。按照凯恩斯主义者的政策，发展中国家去刺激私人需求，可能会造成政府财政赤字的增加并促使产生一个过于庞大的政府部门。政府需求的增长会增加需求，但也会增加赤字，也无助于产生市场效益，而市场效益是建立可持续的需求的基础。

中国的挑战是发展可持续的非通胀的国内市场购买力。这意味着既要关注投资分配过程也要关注收入分配过程。前者对保证资源的高效分配、获取足够的投资回报和增长生产能力是非常关键的。后者则于对保证国内需求能够消化增加的产出是非常关键的。如果要发展一个有活力的消费市场，收入必须掌握在中国的消费者手中。挑战在于如何将收入以一种既有效率又公平的方式进行分配，使之能够保持对经济的刺激；同时也必须与总产出一致，以避免通货膨胀。

改革投资分配过程

中国的投资消费严重依赖于外商投资与国有银行系统的公共投资。银行系统已经被证明是低效的。由于许多资金的分配都是取决于非市场因素，投资常常不能获取足够的市场回报，因此中国的银行被大量的坏账所困扰。从宏观的角度来看，不能利用市场信号意味着投资无法突破瓶颈，还可能会加重生产能力过剩的问题。这是因为政治上得到支持的部门继续得到投资支持，即使它们的生产能力已经过剩，而不被重视的部门则无法获得资金的支持，即使它们存在瓶颈。

银行系统的改革是改进中国资本分配过程的关键，建立有效的消费信贷和抵押市场也是非常必要的，因为它们能支持家庭部分需求的产生。成功的银行部门改革将会通过改进投资分配过程而提高生产力和产出。同时，通过加强住宅消费等需求，将会刺激新的投资消费以满足那些增长的需求。

中国银行系统的私有化是改革的关键，而且有的私有化已在进行。中国模式是一种部分的私有化，只是出售小额的股份。其希望给银行系统注入私有部门的管理技巧以转变银行业，使它们的贷款能够建立在借方的信用的基础上。卖掉国有银行的部分股份会给国家带来可观的财产，而国家持有多数股份意味着中国政府也能够从银行利润的提高中获益。

但是，这种战略也是有风险的。首先，国外的投资者会被阻止进行某些必要的借贷和组织方面的改革措施，因为他们只是少数股份的持有者。其次，银行系统的改革也使政府财政的改革成为必然。因为，在目前，银行系统被用来为失败的国企提供补助以及指导资金投向政治上得到支持的客户。如果银行按照商业的借贷来进行操作，这些补助将不再存在。政府仍可以使用银行系统，但只是用来进行支出和收税。如果中国不能改革其公共财政，那么银行系统的改革也会被破坏。

最后，随着中国对其银行和财政系统进行现代化，中国必须也同时形成一种能够实施有效财政政策的结构。如果想让金融市场能够促进需求的产生，它必须是稳定的、没有腐败的并且值得投资者信任。它也必须便利于政府推行反周期的经济稳定性政策。中国必须：（1）深化债券市场，允许控制短期利率的、公开的市场货币运作；（2）透明和公正的中央银行贴现窗口政策；（3）透明有效的会计要求和谨慎的管制；（4）实行数量控制的政策工具，如利润要求、资金流动的储备金要求，这些都能减弱金融市场的正向循环趋势。

收入分配：加强工会和实行最低工资

银行和金融市场改革是国内需求导向型增长战略的必要组成部分。然而，更大的挑战是发展合适的家庭收入分配系统，这个系统也能够支持国内消费市场。投资消费是需求的一个重要来源，但由投资带来的产出必须找到买家，否则投资会终止。同样，公共部门的投资也是需求的重要来源，但私人部门的产出和收入必须随之增长，否则政府部门将会占支配地位，从而带来不利的后果。

拥有13亿人口的中国有一个巨大而富有潜力的国内市场。挑战在于使收入的分配以非集中化的公正的方式进行，即以无损于劳动和生产的激励机制的方式进行。传统的观点认为，市场会自动地解决这一问题，劳动者会获得工资，所有的收入都会被消费，这样新的需求就产生了。而且，以干预和提高工资来增加需求将会导致失业，因为这会使劳动力价格过高。

这一传统的思路与凯恩斯经济学形成了对比，凯恩斯经济学认为经济问题就是一种确保总需求与总产量一致的问题。而且，总需求的水平受到收入分配的影响，破坏收入分配会降低总需求，因为高收入家庭会倾向进行更多的储蓄。从凯恩斯主义的观点来看，市场力量不会自动产生一个合适的总需求水平。需求可能因为经济活动参与者缺乏信心而降低，因为它会使投资和消费支出都减少。需求太低的另一个原因是因为收入分配被过度扭曲，收入趋向被高收入群体所拥有。

收入分配对于总需求以及充分就业的重要性意味着劳动力市场是至关重要的。劳动力市场决定工资，而工资对收入分配和总需求产生影响。从凯恩斯主义的观点来看，问题是劳动者的议价能力可能被极度扭曲而导致工资太低。这个问题在发展中国家尤为尖锐，工会是一种矫正议价能力不平衡的重要机制，能够帮助达成合理的收入分配。

按照新古典主义经济学的描述，工会可以纠正与非平衡的议价能力相关的市场失灵，而不是对市场的扭曲。从这一点来看，工会是纠正劳动力市场失灵的良好途径，因为工会以非集中的方式设定工资。虽然工资的设定是由集中的讨价还价来进行的，但在效益好的公司仍可以比在效益差的公司得到更高的工资。这与政府以法令的方式规定工资形成鲜明的对比。

这就建议中国最优先的应该是加强工会系统的地位。正如中国正在改革公司治理结构和财政体制，改革也必须包含以工会为中心的劳动力市场改革，因为这对于以市场为中心建立一个消费者社会是必需的。除了西欧，只有美国、加拿大、日本、韩国、澳大利亚和新西兰成功地完成了向发达市场经济的转变。在所有的情况下，这种转变都是与有效建立国内工会同步的。

鼓励加强工会建设必须得到能有效实施的最低工资立法的支持。中国是一个大陆经济体，地区间的差别非常严重，发展水平参差不齐。这就意味着需要一个精确的最低工资体制，最低工资的设定必须基于不同的地区，并且考虑到不同地区间生活成本的差异。随着时间的推移，发展不断加快，落后地区也会赶上，这种设定就可以调整，最终的目标就是一个统一的全国最低工资。

最后，这种以提高工资为目标的劳动力市场改革应该与能够为家庭提供保险的社会安全网配套。这会增加家庭的信任和安全感，这样就会减少预防性储蓄的需要，鼓励家庭进行更多的消费。

适度地提升工资

这里涉及一个成本的问题。只要中国遵循出口导向型的增长战略，生产成本就极为重要。出口导向型增长的机制着眼于国际市场，这就迫使各国努力降低成本以获得竞争优势，这些给降低工资带来了系统性压力，这些压力对于保证出口导向型增长的可行性是必需的。国内需求导向型增长模式可以消除这些压力。现在，更高的工资成为需求的根源，也会增强就业市场的活力。资本仍需赚取一个适度的回报，并且吸引新的投资，但适度地提升工资会增强这个系统，而不是削弱它。

七、总　结

中国当前的发展模式面临一个外部的约束，有可能会导致中国和世界经济的硬着陆。中国已成为一个全球性的制造商，致使它的出口导向型增长战略难以为继。中国依赖美国市场，但它的出口规模在破坏美国的制造业，并且冒着令美国经济陷入衰退的危险，美国经济的衰退也意味着扣响了中国和全球经济衰退的扳机。

中国应该从出口导向型增长转向国内需求导向型增长。这意味着要着眼于培养经济的需求方面，而不仅仅是供给方面。当务之急是让货币升值以避免阻止美国经济的扩张。从长期看，中国必须提高工资和提升收入分配。在一个出口导向型增长系统中，更高的工资意味着破坏增长。在一个国内需求导向型系统中，这都不是问题。挑战在于以一种有效率的非集中的方式来增加工资，这就要求加强工会的力量。

（程仁桃 编译）

重新平衡中国的发展：一种三管齐下的解决方案*

〔美〕奥利弗·布兰查德　〔意〕弗兰西斯科·贾瓦茨

一、引　言

2005 年 7 月 21 日，中国启动了重新平衡本国经济的进程。随着时间的推移，新的汇率机制将会降低向出口部门投资的动机。这对于中国而言是正确的一步，因为越来越多的迹象表明，中国经济已经过度地偏向面向出口市场的制造业，以至于国内的资源配置出现了扭曲：过多的资金投向制造业，而投入本国服务业特别是医疗服务方面的资金严重不足。

中国政府宣布将在所有的农业省份取消全国性的人头税，并且正在考虑降低这些省份的某些地方性税收。免费的初等教育以及某些免费的基本医疗服务已经开始被提供给所有的农村家庭。这些政策是正确的，原因有二：其一，中国农产品价格紧跟国际市场价格，因此人民币升值将会带来以人民币计算的粮食价格的相应下降，其结果将会降低农民收

---

* 本文来源于中国社会科学院世界经济与政治研究所与布莱克威尔出版公司合作出版的《中国与世界经济》杂志 2006 年 7—8 月号。奥利弗·布兰查德（Olivier Blanchard）是美国麻省理工学院经济学教授，弗兰西斯科·贾瓦茨（Francesco Giavazzi）是意大利大学经济学教授。

入。其二，人民币大幅度升值可能导致中国经济陷入衰退，或者至少是增长率显著下滑。因此，使用财政政策来支撑国内需求显然是合乎时宜的。因此，将扩张性财政政策的重点放在农业省份，无论是从收入分配的视角还是从宏观经济的视角来看都是正确的方案。

二、迄今为止的战略

（一）储蓄和出口

自20世纪90年代早期以来的中国经济战略，部分是深思熟虑的政策选择的结果，部分是历史的偶然。它具有两大特征：一是高储蓄和高资本积累；二是出口导向的增长。

（二）失衡

在中国经济增长的同时，出现了一系列的社会性和经济性失衡。主要体现为：省际不平衡增长；不同熟练程度劳动力之间的不平衡增长；部门之间的不平衡增长；社会保障网络被极大地削弱，投资的扭曲配置，不断扩大的宏观经济失衡。

三、改革的方向

虽然出现了一定程度的失衡，中国的经济增长依然取得了非凡的成就，因此在变动政策时应该小心谨慎。对到目前为止所采取的经济发展战略的修正，应该更多地采取弹性调整而非剧烈变动的形式。我们认为改革有三个主要方向：（1）提高居民抵御风险的能力。在当前这一阶段，中国居民面临着退休带来的严重风险、医疗支出的风险以及教育的风险。（2）降低或者重新配置投资。对制造业的投资太高，而服务业尤其是公共服务部门接受的投资太低。这意味着应该大幅提高在医疗和教育部门的公共投资，特别是在对此需求更加迫切的农业省份。(3) 允许人民币升值以减少贸易盈余（其深层含义是，降低储蓄率）。

单方面讲，以上三个方向都是值得追求的。问题在于，如何将它们很好地结合起来。我们将分两步来展开下文。首先，我们将分析每一项改革的动机和效应，讨论如果这些改革只是被单独实施的话，这对于中国的宏观经济失衡而言意味着什么。其次，我们将讨论如何把这三项改革最好地组合起来。

（一）私人储蓄

中国43%的私人储蓄率是非常高的，这一点在我们意识到以下问题时尤其如此。在一个世代交叠的经济体中，总储蓄率是年轻人的储蓄和老年人的负储蓄相加的净值。这就意味着年轻人的储蓄率必定比43%更高，到底高多少呢？答案大致取决于经济增长率以及个人平均寿命。

在标准的新古典主义增长模型中，"黄金准则"储蓄率指的是能够使稳态消费最大化的储蓄率，它等于资本在国内生产总值（GDP）中所占份额。以这一标准来判断，43%的储蓄率可能太高。但是中国肯定尚未达到稳态增长，这也许能够解释转型过程中较高的储蓄率产生的原因。生命周期理论能够在多大程度上解释储蓄率，而其他理论又能在多大程度上解释储蓄率？我们从家庭储蓄、企业储蓄和政府储蓄分类进行分析是很有必要的，企业储蓄几乎占到中国储蓄率的一半，但是最突出的显然是家庭储蓄。

随着国有企业在经济中的比重下降，公共退休体系在很大程度上已经瓦解。大部分退休带来的风险，特别是与预期寿命相关的风险，现在开始为居民所承担。从上世纪90年代开始，医疗服务和教育的供给已经日益建立在一种收费体系的基础之上。其他导致高私人储蓄率的因素大多和薄弱的金融市场有关。银行也缺乏一种信贷文化，而且银行的从业者还不习惯承受风险。因此，有一些居民为买房而储蓄，有一些居民为开公司而储蓄。

提供退休保险和医疗保险显而易见是必要的。在这两个领域中，针对个体风险的存在，自我保障是一种昂贵且非常不完善的解决方案。任何想要使风险在人群中分摊的措施都将提高福利水平。对于培育抵押贷款市场，或者更多地按照项目贷款而非抵押品贷款而言，相似的论证同样成立。

部分保险能够由市场提供，为此最急需的就是法律体系的一系列改革。例如，在抵押贷款的情况下，银行需要能够更容易地取得抵押品的所有权，否则银行就不会提供贷款。在医疗服务领域，私人保险能够在某种程度上使风险分散和多元化，但是享受医疗服务的渠道的改善（特别是针对农村居民而言）几乎不能完全指望私人部门。

然而，以上所有措施都包含一种重要的宏观经济意义。它们将会降低私人储蓄率，同时同等程度地增加消费。在其他条件不变的前提下，这也可能导致经济过热以及（或者）资本积累的下降。

（二）医疗服务、税收和赤字

在我们先前列举的发展失衡中，其中之一就是服务业尤其是医疗服务的份额出乎寻常地低。有证据表明，在上世纪 90 年代，医疗服务在人均收入中所占的比例并没有上升，在农业省份中该指标甚至出现了显著下降，农村的人均医疗人员指数和人均病床指数均出现了绝对下降。农村地区的婴儿死亡率相对于城市地区也有所恶化。

在医疗服务不充足的背后，可能存在三个因素。第一个因素是医疗保险的缺乏。它一方面导致人们通过储蓄来实现自我保障，另一方面会导致人们购买更少的医疗服务。第二个因素是收入分配。在向以收费为基础的医疗体系的转变过程中，医疗服务对于很多人而言开始变得过于昂贵，以至于他们负担不起。第三个因素是医疗服务的供给不充足，特别是农村地区。随着乡镇企业的私有化，以及它们更多地关注利润而非社会保障，农村地区大部分的医疗服务基础设施已经解体。

这意味着以扩大医疗服务部门为目标的改革必须同时关注需求和供

给。在需求方面，我们已经讨论了引入一个医疗保险体系。在供给方面，从建设新的医院和诊所，到鼓励更多的人到农村地区从医，国家需要在医疗服务方面投入更多的公共开支。

我们必须承认，由于我们对医疗服务、特别是中国的医疗服务所知有限，因此很难提出更富针对性的政策建议。我们也认识到，某些论证对于其他公共投资领域（诸如教育）而言也同样适用。然而，当我们试图讨论为上述开支提供融资的财政问题时，这显然与宏观经济有关。以医疗服务为例，要扩大对医疗服务的供给，相应增加的政府开支应该通过举债还是通过征税来融资？这里有三种相关意见。

第一种以公共财政的标准原则为基础。如果支出在未来对人们有益，那么就应该通过举债而非征税来融资，在这种方式下，（用来支付债务利息而需要的）税收流（stream of taxes）能够更好地和收益流（stream of benefits）相配比。这正是所谓的公共财政的“黄金准则”。

第二种以实现内部平衡的需求为基础。在努力避免经济过热和维持宏观经济平衡的过程中，我们应该重视财政政策以及在征税和举债中作出的选择。一个相关的例子就是，在亚洲金融危机后中国的农村地区启动了电气化项目。和今天的医疗服务一样，进行电气化是必要的。当时，总需求降低，因为很多亚洲国家的货币大幅贬值，但是中国政府坚持人民币不贬值。因此通过赤字来为电气化项目融资是正确的政策。这就意味着政府应该根据环境的变化来决定到底是主要通过征税来融资还是主要通过举债来融资。

第三种意见以债务机制为基础。当中国经济的增长率远远高于中国政府需要支付的贷款利率时（这正是当前中国所面临的现实），很多关于债务机制的典型忧虑就不复存在。如果增长率能够始终高于利率，政府就能降低税收，并且可以不再考虑重新提高税收，因为债务和国内生产总值的比率持续为正，但是不会出现爆炸性增长。如果增长率最终下降到低于利率的水平（这种情况很可能发生），那么随着时间的流逝，更大的赤字只会导致债务出现小幅增长，以及长期债务负担的小幅上升。换句话说，现在更大的赤字只需要有限增加未来的最终税收。也就是说，如果赤字从宏观经济的立场来看是合理的，那么中国政府就应该毫不犹豫地使用赤字政策。

（三）人民币升值

2005 年 7 月 22 日中国停止人民币盯住美元的政策。在新的汇率机制——管理浮动汇率制之下，人民币能够以美元平价为中心在一个较小的区间内波动。在这一区间内，汇率将根据“市场的供给与需求”而波动，同时接受中国人民银行的干预。新机制的核心要素明显在于中心平价的决定。

央行宣称，在每一工作日的交易结束后，它将宣布银行间外汇市场上美元的收盘价，并且将其作为下一个工作日美元与人民币交易的中心平价。从原则上讲，如果存在对人民币的过度需求，而且干预有限的话，人民币汇率每天将达到其浮动区间的上限。该机制将转变为月度重新定值幅度为 6% 的爬行盯住制。由于中国人民银行并未排除这一可能结果，这就意味着它是汇率可能变动的最大幅度。这一可能性本身就会给人民币带来升值压力，其结果就是外汇储备的积累甚至可能超过固定汇率制下的外汇储备积累。最后中国政府也许会发现，让人民币自由浮动将是一件较容易的事情。

最后升值的幅度会有多大呢？2004 年中国人民银行积累了 2 000 亿美元的外汇储备。其中一半与贸易和外国直接投资（FDI）有关：500 亿来自贸易盈余，500 亿来自外国直接投资；剩下的 1 000 亿主要是预期人民币升值的投机资本，即组合投资、汇款和再投资利润。

在浮动汇率制下，这种单方向的投资资本流入将会消失。在自由浮动机制下，中国人民银行不会继续累积外汇储备，人民币需要重新定值来减少贸易盈余和外国直接投资的流入。升值幅度会有多大？我们对此很难判断。出口对汇率的适应性可能较低，事实上没有人知道它到底是多少。升值最可能导致的结果之一是中国相对于其他国家特别是巴基斯坦、埃及等在出口方面竞争力的丧失。在任何情况下，大幅升值的可能性都不能被排除。

为了减轻人民币升值压力，中国人民银行应该做两件事情：一是应该非对称地解除资本管制，也就是说，只解除对资本流出的管制，保留对资本流入的管制。二是继续积累外汇储备。这样做有一个潜在的理由：通过抑制升值，外汇储备的积累将会导致更大的出口，以及更高的从实践中学习的能力和劳动生产率增长。一旦人民币最终升值，外汇储备存量所发生的资本损失可能低于从更高的劳动生产率增长中所获得的产出收益。在这种情况下，进一步积累外汇储备至少在一段时间内是明智的。但条件是否成熟，显然很难评价。

现在转为分析人民币升值的宏观经济效应，效应很可能是双重的。就升值将损害中国的竞争力而言，出口将会下降，出口部门也将缩减。在缺乏配套措施的前提下，出口的下降并不会带来经济体中其他领域内的需求增加。升值对于贸易条款产生的积极效应（这是中国人民银行在解释实施新的汇率机制的理由时所使用的一项论据）很可能是有限的。为了维持内部平衡，人民币升值必须辅之以内部需求的上升。这就使得我们回到了上文中所讨论的储蓄问题上来。降低风险和降低储蓄不仅就福利方面的理由来看是合理的，正如上文中所讨论的那样，而且它作为伴随人民币升值的适宜政策也是合理的。

是否还存在其他方法，既能降低制造业出口，又能够避免人民币升值对于农民收入和不平等的不良影响？从原则上而言答案是肯定的，这些方法值得我们去探索。

四、试验性的政策组合

我们建议实施如下的政策组合：（1）消除造成高预防性储蓄率的某些不完善因素。相关措施包括设计一套更加有效的退休制度、医疗保险的供给、私人保险市场的培育、更加完善的产权制度（使得银行更多地对项目而非对抵押品发放贷款)。这些措施不仅能够直接地提升福利水平，而且能够逐步降低储蓄。(2) 允许人民币升值，从而使得更多的资源调离出口部门。逐步解除对资本流出的管制以及取消对外国直接投资的税收优惠，这将有利于缓解人民币的升值压力。其他手段也能发挥作用。例如，引入污染税将会降低投资于出口部门的动机，同时不会对农民收入产生负面影响。污染税的税率越高，需要人民币升值来重新配置资源的幅度就越小，升值对于城乡差距的负面影响也就越小。(3) 增加医疗服务和其他公共服务的提供。应该重点瞄准农村地区，因为升值将会造成收入从农村到城市的再分配。当然，最优先考虑的是避免从中央下拨到农业省份的资金因为贪污腐败而不见踪影。当然，这三项政策还需要合理搭配。

(马列展　魏华 摘译)

中国奇迹背后的神话*

〔美〕乔治·J. 吉尔博伊

中国作为一个全球贸易大国的突然崛起所引起的反响是奇特的，掺杂着敬佩与担忧。对中国经济发展繁荣前景的非理性热情促使投资者们急匆匆地去购买中国企业的股权，而很少知道这些企业究竟是怎样运作的。与此同时，对中国成就和潜力的过高估计又助长了种种担忧，说中国必将打破全球贸易和科技力量的平衡，最终会在经济、科技和军事上成为美国的威胁。这些反应都是错误的，他们忽视了中国经济奇迹背后的缺陷，也忽视了美国从中国参与全球经济的特殊方式上所获得的战略利益。

实际上，中美两国正在发展着美国战略长期以来梦寐以求的那种经济关系。中国正在参与美国半个多世纪以来一直在努力建立的自由而又有规则的全球经济体系。但是经济市场化的过程导致了两大没有预料到的严重后果。首先，中国政府实行的经济改革非常有利于国有企业，给予它们各种优惠和便利政策以获取资金、技术和进入市场。改革也有利于外国投资者，导致外国公司在中国工业出口中占有巨大份额，在中国

---

* 本文来源于美国《外交》(*Foreign Affairs*) 杂志 2004 年 7—8 月号。乔治·J. 吉尔博伊 (George J. Gilboy) 是麻省理工学院国际问题研究中心研究成员。

国内市场也赢得了有利的位置。结果是，中国工业领域充斥的是低效但又仍然庞大的国有企业、日益占据优势地位的外企以及无力在同等条件下与这两者竞争的民营企业。

其次，中国现存政治体制下固有的商业风险导致在中国的经理人当中衍生出了一种“企业战略文化”，这种文化鼓励他们追求短期利益、地域分割以及经营的过度多元化，多数中国企业都侧重于发展与官僚体系中各级官员们的私人关系以谋取特权，而不是在企业之间建立起横向网络联结，也不在技术发展和推广方面进行长远投资。中国企业依然严重依赖国外的技术和关键性元件，这些严重制约了它为单方面利益而支配其科技和贸易力量的能力。克服这些弱点的最好希望在于中国对其相关体制进行改革。而美国的政策也不应沦为短视的贸易保护主义，这样会损害目前两国关系发展的有利趋势，而应该采取一种“战略性接触”的政策。

一

最近有关中美贸易的争论忽略了以下事实，即与中国的经贸关系大体上是有利于美国的。自 1978 年中国改革开放以来，从中国进口廉价的产品为美国消费者节省了大约 1 000 亿美元。美国的波音、福特、摩托罗拉等企业通过从中国这样成本更低的国家购买零部件，每年也可以节省数亿美元的生产成本，从而提高了它们的全球竞争力，也有利于它们在本国开发新的高附加值产品。

中国不仅仅是一个出口国，它的进口额在东北亚地区也是最大的。中国用于国内消费的进口额从 20 世纪 90 年代中期的 400 亿美元上升到 2003 年的 1 870 亿美元。如果不考虑进口加工再出口贸易，中国在 2003 年有 50 亿美元的贸易赤字。在电子和制造业等高科技领域，中国 10 年来每年的贸易赤字平均数是 120 亿美元。与日、韩等美国在亚洲的其他贸易伙伴不同，中国对美国产品和投资是敞开大门的。虽然近几年美国对华出口不太景气，但是在过去的 10 年内美国对华出口额增加了 3 倍，仅在去年一年内就增长了 28%（同年美国出口总额仅增长 5%）。特别是，中国是美国高科技产品的一个主要市场。

中国允许外国公司投资于中国的国内市场，其规模之大在亚洲是前所未有的。自 1978 年以来，中国吸收了 5 000 亿美元的外国直接投资，是日本于 1945—2000 年间吸收外国直接投资总额的 10 倍。由于其对外国直接投资的开放，中国不能像日韩在经济高速发展时期所做的那样，保护本国市场使之只面向本国企业。相反，中国允许包括美国公司在内的外企为它们的产品和服务在中国开拓新的市场，特别是在诸如飞机、软件、工业设计、机械设备、半导体和集成电路等产品附加值比较高的领域。

由于经济开放和需要大量进口，中国可以在全球贸易与金融等多个领域成为美国的盟友。而且，中国已经表现了按世贸组织规则行事的意愿。中国现在是建立区域贸易和投资机制的倡导者，包括与东盟建立自由贸易区，以及与澳大利亚签订双边自由贸易协定。

外贸和经济发展已经促使中国在商业法规方面作了改进，注意更多地征求消费者的意见，逐渐减少官僚作风以及遵守有关安全和环保的国际标准。

二

尽管如此，美国政界和商界的领导人还是担心，中国在世界出口贸易比重的日益增长，将预示着东北亚地区另一个经济超级大国的崛起。然而，这些担心是没有根据的，这有以下三个原因：第一，中国的高科技和工业产品的出口是由外国公司而不是中国企业在主导。第二，中国企业严重依赖从美国和其他工业发达国家进口的设计、关键元件以及生产设备等。第三，中国企业几乎没有采取有效措施去吸收消化和推广它们进口的技术，从而使得它们不可能迅速成为全球工业中的有力竞争者。

我们通过仔细观察中国的出口状况——以生产企业的类型为标准——来对中国的经济增长作一个透视。去年，外资企业占中国出口总额的55%。从这个角度看，中国不同于那些具有代表性的亚洲国家和地区的成功经验。在20世纪70年代中期，外资企业只占台湾制造业出口的20%；在1974—1978年间的韩国，外资企业只占其制造业出口的25%；在泰国，外资企业的出口份额从20世纪70年代的18%下降到20世纪80年代中期的6%。

在中国，外资企业在高科技工业产品的出口方面占的主导优势更加明显。尽管在过去的10年内，中国机械工业的出口额增长了20倍（去年为830亿美元），但外资企业在其中所占的比重从35%上升到79%；电脑设备的出口额从1993年的7.16亿美元上升到2003年的410亿美元，外资企业在其中所占的比重从73%上升到92%；电子和电信产品的出口额增加了7倍（2003年为890亿美元），其中外资企业的比重从45%上升到74%。这种情形几乎存在于中国所有的高科技工业部门。

数据统计还显示出另外一种趋势，即中国对国外投资的依赖日益加深，以及外资企业和中国本国企业之间的差距日益扩大。1990年以来，中国允许另外一种外国直接投资模式出现即从中外合资转向外国独资。现在，外商独资企业占在中国的外国直接投资总额的65%，而且它们主导了中国高科技产品的出口。与合资企业相比，独资企业更不愿意向中国企业转让技术，而且独资企业也没有像外资企业那样受合同约束而必须与中国合作者分享技术。为了占据中国市场的更大份额，它们极力对自己的技术保密。

三

中国企业落后于外资企业的一个关键原因是它们没有在科学技术发展方面作长期投资。开发技术是一个困难而又不确定的过程。大量的资金投入或者现有的科技力量的集聚都不一定能确保成功。为了开发商业上可行的产品和服务，企业必须获取新知识、了解把握市场动向、对变化多端的消费需求迅速作出反应。那些与科研机构、金融家、股东、供应商以及客户保持紧密联系的企业在获取、转化新技术以及将其商业化方面就享有优势。那种水平的网络联结是获取知识、资本、产品和人才的基本渠道。

然而，中国现有的某些体制却抑制了中国企业间的横向网络联结，相反强化了垂直联系。尽管市场改革已经给中国经济带来了新的规则，在没有制衡机制以及直接监督的前提下，中共官员在界定和实施那些规则方面还有广泛的决定权。特别是在地方上，政府能够，而且经常为了追求特定的地方利益而操纵经济政策。这样常常导致全国工业企业的地区分割以及重复投资带来的浪费。

为了应对这些不确定性，在过去的20年里，中国企业发展出了一种特殊的企业战略文化。首先，针对政府的特殊政策，中国企业往往注重从政府官员那儿获得特殊待遇即进入市场或取得资源的特殊渠道，免受一些规则的制约以及一些官员的盘剥。其次，为了使特殊利益最大化，以及为了避免与别的企业及其背后支持者纠缠不清，许多中国企业之间不愿意进行合作，特别是跨地区或跨行政区域的合作。再次，它们往往置短期收益于长远投资之上。最后，中国企业为了减轻同行之间的恶性价格竞争——这是由过剩的生产能力和重复投资造成的带来的损失而倾向于生产和经营的过度多样化。

考虑到中国目前的政治结构和商业环境，上述企业战略文化是合理而实用的。但是，这种文化削弱了中国企业的竞争力，还有可能损害中国经济，使其走下坡路。大多数中国企业注重短期收益，而不去提高开发新技术的能力。十多年来，它们用于研发方面的投入还不到其销售总额的1%。

注重短期收益也影响了中国企业对技术的进口。中国企业倾向于通过购买国外的生产设备来引进技术，通常是购买诸如装配线这样的整套设备。在整个20世纪八九十年代，硬件设施占中国技术进口的80%以上，而用于获得专利使用权许可、售后服务以及咨询方面的费用则分别只占9%、5%和3%。

虽然中国近几年来开始引进“软技术”——主要是用于购买专利以利用好进口的设备，但含在这些设备里面的知识技术必须先消化、吸收和掌握即技术“本土化”，而后才能为国内创新打下坚实有效的基础。中国企业在这方面的能力还是比较薄弱的。中国大中型企业在技术本土化方面的资金投入还不到其进口设备总开支的10%。中国企业的这种情形也与上世纪七八十年代的日本、韩国在追赶西方发达国家时的支出模式不同。这些国家的企业往往用两倍或者三倍于购买设备的钱来吸收包含在设备中的技术并使其本土化。中国企业在国内也没有发展出强有力的技术供应网络。2002年，中国企业用于购买国内技术的开支还不到其科技方面总预算包括进口技术、维修现有设备以及用于研发方面的开支的1%。

企业间的合作和横向网络联结也很稀缺，使得中国企业在相对孤立的情况下进行研发。2000年的一次全国性的研发调查统计显示，在中国企业总共27亿美元的研发支出费用中，用于企业内部的支出，只有2%用于与大学的合作项目，与国内其他企业的合作费用还不到。这些研究所的任务本来是推广技术，为企业服务的。但现在的情况是，很多研究所正在成为企业的竞争对手。2003年世界银行的一份报告指出，中国很多科研机构为了自身的经济利益，已经把很多研究成果用于大规模生产和销售，而不是通过专利去推广这些技术。

考虑到挑战竞争对手及其地方保护者所要承担的政治风险，很少有中国企业在别的省份进行投资或与别的省份的企业进行联合。强烈的地方政治背景使一个地区的经济与其他地区的经济割裂开来，这有助于解释为什么中国企业往往规模比较小以及整个国家的工业企业是分割的。受地方保护主义危害最大的行业是制药业、机电、电子和运输业。其中，国企和民营企业受害最深，外资企业受害最小。

为了获得短期收益而又要避免发展区域间产品供应链所导致的困难，中国企业往往走过度多样化经营之路，其结果对企业本身也是破坏性的。很多中国最著名的企业在转向经营一些辅助性商业方面都是不成功的。

总之，中国的相关体制以及地方企业的企业战略选择都制约了中国企业开发新产品和新服务的能力。在整个20世纪90年代，新产品在中国企业销售总额中所占的比重比较低，大概为10%。这一比重在经合组织国家的工业企业中占到35%—40%。在这方面，中国甚至还落后于一些发展中国家。由于重复投资、区域分割以及企业间的联系松散，甚至那些开发出新产品的中国企业也经常发现自身正处于恶性的价格竞争之中，这使得它们不能从它们的技术创新当中获取高额回报。

因此，与其把中国视为亚洲又一个经济和科技上的"巨人"，不如把它视为一个正在出现的"正常"的工业强国，就像巴西和印度一样。由于政治文化和工业企业文化的相互影响，21世纪中国的科技和经济图景就像是一个无网络节点似的图案——有一些在科技方面比较成功的企业作为点缀。中国要成为科技和经济的超级大国，首先要在国内打好一个制度方面的基础。如果不对相关体制加以改革，中国吸收、发展和推广科技的能力仍将受到限制。大多数中国企业仍将在全球工业生产链条的低级环节上为了微薄的利润而相互竞争。

四

考虑到中国威胁全球经济平衡的潜力所受到的各种制约，美国应该抵制各种保护主义政策。相反，在认识到中国工业发展进程所带来的机遇和挑战的情况下，美国应该采取一种与中国战略性接触的政策。该政策的目的是，在维护美国科技、经济和政治的领导权的同时，帮助中国变得更加繁荣稳定，并使之融入全球经济体系中去。但美国必须接受以下事实，中国是一个正在发展的国家，它不可能在所有方面都符合发达国家制定的共同标准。

维持这种战略性接触有助于巩固和加强美国从现存中美关系中所获得的收益，确保中国持续繁荣和稳定，以及鼓励中国按全球贸易规则行事。

中国要成为一个科技和经济大国所面临的一个困境是，在中国释放使其成为一个全球有力竞争者的潜力以前，中国必须实行相关的体制改革，而不是简单地使市场更加自由开放，或者吸引更多的投资。而中国的体制改革从长远来说有利于中美双方。

（曾爱平 摘译）

海外当代中国研究丛书

Overseas Studies on Contemporary China Series

区域发展不平衡与贫富差距问题

The Myth of Growth

西部大开发运动：思想形成、中央决策制定和各省的角色*

〔德〕黑克·霍贝格

“西部大开发”政策是江泽民在1999年下半年提出的。这项中国内陆地区的社会经济发展战略旨在缩小内陆和富裕沿海地区的差距，但是我们进一步审视这一政策就会发现，它并不像看起来那么现实。很多因素形成了这一政策，因而很难在这些因素之间建立某种因果联系。待办事务的激增和发展优先权的不时变动，产生了一系列不同的目标和措施。在这项政策的实施过程中，它的地理边界不断变动，中央和地方的角色也不断改变。

一、思想形成

20世纪80年代后半期邓小平提出区域发展的“两个大局”战略。沿海地区首先得到中央支持；一旦它们达到足够发展水平，内陆地区会得到同样的支持。通过这种地区间变动发展优先权和相互服从的逻辑，

---

* 本文来源于英国《中国季刊》2004年6月号。黑克·霍贝格是（Heike Holbig）是德国亚洲事务研究所研究员。

邓小平表明中央政府将承担保障全国协调发展的重任。

来自内陆各省的压力也是邓小平形成上述战略的一个因素。20 世纪 80 年代中期，由于中央给予沿海地区发展优先权，内陆地区感到自己处于劣势，四川、云南、贵州的地方官员和学者成立了“西南部开发战略研究论坛”。西藏和广西后来也加入进来，这个论坛设法加强内陆地区各省之间的商业联系以弥补外资的不足。同时，它游说中央政府改变地区发展重点，认识到具有丰富资源和众多少数民族的西南部在经济、社会和政治上的重要性。1999 年西北各省推动的“开发西北”运动与此相似。

1992 年著名的邓小平“南巡”，再次确定了“经济改革和对外开放”政策的地位，邓小平更详细地重申了两个阶段的地区发展战略。一方面，他希望在给沿海地区更多支持的时候，内陆地区要保持耐心和服从中央政府；另一方面，他首次加上了一个时间表（尽管是试验性的），提出世纪末重点解决内陆地区的发展问题。

随着世纪之交的临近，来自各方的压力增强，内陆地区的发展问题凸显出来，成为 21 世纪中国发展战略的重要部分。

二、学术界的贡献

长期以来，关于区域发展的争论基本上主要分为两派。一些学者支持“梯度推移理论”（ladder – step theory），另一些学者反对它。“梯度推移理论”认为，中国作为一个发展中国家，应该把稀缺资源集中到沿海地区，沿海由于先天条件上的比较优势，最应该迅速攀上技术和经济进步的阶梯。由沿海地区首先引入的新技术会逐渐地推广到内陆，这样就会一步一步地刺激内陆地区的发展。这个理论预测，沿海与内陆的差距会随着不同地区经济增长率的逐渐接近而缩小。很明显，这个理论的中国版本与邓小平的区域发展战略非常一致，很好地证明了沿海地区“先富起来”的正当性。

虽然“梯度推移理论”在20世纪80年代成为学术界的主流，但它也引起了一系列反对它的理论。“反梯度推移理论”认为，前者在应用到中国时被误解了，因为这种理论所宣称的地区区别实际上是以海上贸易条件（这自然有利于沿海地区）所造成的差距为根据的。然而，把这种贸易造成的差距直接解读为一种由技术上发达、欠发达和不发达地区所构成的区域阶层结构（这是梯度推移理论的假设前提）是不合理的。实际上，西部地区资源丰富，某些地区甚至属于中国技术上最发达的地区。

反梯度推移理论家们进一步论证说，“梯度推移理论”不仅仅在理论上被误解，而且它暗含了对西部地区的整体性歧视。通过将先进技术优先引导到沿海地区，经济落后地区无法获得发展机会而被宣判为将永远处于落后地位。为了改变这种政策歧视，他们提议，无论一个地区达到哪个技术阶段，如果它需要经济发展并具备必要的发展条件，它都应该可以使用先进的技术来支持它的发展。20世纪90年代前期，在政治上对这个问题的认识开始加强，因为社会科学家所提出的统计数据表明沿海地区的增长实际上并没有扩展到内陆地区，预期的“涓滴效应”(trickle - down effect)① 没有实现。相反，统计资料显示，东西部差距明显扩大，导致了东西部之间经济增长率、收入和社会发展差距日益增大。

在众多来自学术界的声音中，胡鞍钢（清华大学国情研究中心主任）的作用在创造一个对“西部大开发”运动更有利的学术环境和形成有关的政治性言论方面是最突出的。胡鞍钢不仅仅在他的著作中，还在大量的会议和制定政策的会议上阐述他的意见和提议。毫不奇怪，可以在内陆各省的代表中发现很多他的支持者。另一方面，他的“西部大开发”政策的蓝图在中央决策者看来也是可以接受的，因为在他的分析

① 由赫希曼（Hirshman）（世界著名的发展经济学家）提出，如果一个国家的经济增长率先在某个区域发生，那么它就会对其他区域产生有利的作用。

中，中央党政机关在区域发展中要发挥特殊作用。他强调有坚固财政实力的中央政府的领导角色：应平衡区域利益和介入市场失败导致的社会不平等，胡鞍钢强烈呼吁建立一个强有力的、智慧的中央政府，这确实影响了中央的决策者。

三、加入 WTO 的挑战和机遇

1999 年 6 月 9 日，江泽民在中央扶贫开发工作会议上指出，加速中西部地区发展作为党和国家一项重大的战略任务应摆到更加突出的位置。

在中国，加入世界贸易组织（WTO）被看做是对国内经济各部门的严峻挑战。当时的各种著述认为，国内市场的开放最终会把所有的行业置于国际竞争之中，尤其会对农业和境况不佳的国有重工业形成强烈的冲击。非常明显，在此情况下，入世后这些工业主要所在的内陆地区将会遭受最严重的影响。面对工业衰落的危机和中国内陆大部分农村人口的贫困，领导层处于各省要求提供可行性应对战略的巨大压力之下。

同时，入世也被期望将产生巨大的机遇。龙永图在一篇关于西部大开发政策的学术著作中说："如果允许西部向世界开放，西部会形成足够的发展预期来吸引国际生产要素的流入，从而通过全球信息交换提高西部的整体水平。"

就像 2000 年夏季之前出版的许多官方论述和文件所说，外资狂热症占据着西部大开发政策的早期议程，导致了中西部各省争夺优惠待遇的激烈竞争。

四、目标与存在的问题

西部大开发战略的实施计划包括四个领域的措施：基础设施建设，生态保护，产业结构调整，科技、教育和人力资源的发展。2000 年 1 月之前，西部开发办公室提出了一个更详细的草图，增加“加强改革和对外开放”作为第五点。相关政策文件表明，这一议程可以被理解为一种“一石二鸟”的宏观经济战略。它预期着中央对大型基础设施项目的投入将促进西部地区与整个国家社会经济体系的一体化。

2002 年 2 月，国家发展计划委员会和国务院西部地区开发领导小组办公室完成了他们的“十五期间西部开发的总体规划”，其中他们提供了表述明确的指导方针、战略目标和政策措施。

这些文件提出了大量的经济的、社会的、生态的、政治的和意识形态的目标。但是这些目标之间某些潜在的冲突可能会在“西部大开发”政策的实施过程中恶化。这包括国家投资与市场主导的经济增长之间的冲突，大规模的基础设施建设与生态保护目标之间的冲突，强制性的地区经济发展与维持社会与政治稳定之间的冲突。目前为止，政策文件中还没有具体指出如何解决这些冲突。

“西部大开发”的区域划分从一开始就不清楚。依据邓小平的“两个大局”战略，沿海地区现在应该从属于“内陆地区”的利益，但是没有明确指明哪些省份属于内陆。看一下 20 世纪 90 年代后半期的正式的学术论述，中西部同时被提到有权享受新发展战略的好处，包括了 20 个省级行政区。

中央预算的财政紧缩可能是这个大数目不能维持的主要原因。另外，从资源配置的发展视角来看，把一个大蛋糕平均分给 19（或 20）个省也是不合理的。这样，2000 年上半年，西部大开发政策仅仅限制在狭义上讲的西部地区。中部变成了东西部之间的“桥梁”——这导致中部人大代表的强烈不满，因为这表示，他们暂时将得不到中央的任何资金和优惠待遇。

高层领导强调“西部大开发”政策的两个特殊目标。首先，强调生态方面，包括以“跨地区”方式解决问题的需要。其次，强化与少数民族地区有关的政治因素。如果少数民族不能获得更好的经济发展机会，那么社会和谐、政治稳定与国家安全将受到威胁。这样，西南部和西北部由于少数民族主要集中于此，地位自然提升起来。而中部地区，尽管同样遭受生态破坏，却被排除在外。

2002 年的经济增长数据清楚地表明这个政策使部分中国新西部地区获利：包含在西部大开发政策之内的各省的经济增长率开始有显著提高，根据国家统计局有关 2002 年国内生产总值的数据，除新疆和云南外，其他 10 个西部省份的经济增长率平均为 12.4%，比沿海省份浙江的 12.3% 还要高。但是，中部地区却成了这一场地区交易过程中的失利方，它们的平均增长率仅为 9.6%。

由上可以清楚地看到中央和各省的互动是国家决策过程内在的一部分。

结　论

“西部大开发”很难在严格的意义上被认为是如下一种被准确筹划的行动计划：其形成和实施有着明确的行为者，并预设了一套完整而一致的目标与措施。它更适合被认为是一种软政策：包括了一连串零散而多样化的议程，从中我们至少可以确定五项独立的议程：追求平等、吸引国外投资、基础设施投资、解决民族事务、可持续发展。

从中央党政机关的角度来看，这个政策是一个机会，也是一个责任。尤其是对于胡锦涛新一代领导层来说，它不仅提供了一个拓宽他们的地区权力基点的令人欢迎的机会，也是一个提升其合法性的机会。新领导层可以把西部大开发理解为一场大规模的政治运动，而不只是“十五”规划中所勾勒的特殊领域中的发展项目，这场运动包含着如下具有吸引力的含义：负责任的中央政府、社会和经济的平衡发展以及民族的统一和现代化。

（张丽萍 摘译）

中国西部开发战略的先天条件与后天培育问题*

〔澳〕简·戈利

一、引　言

在过去的十年中，有大量的文章把中国区域差异加剧的内在原因归咎于地理的、历史的、政治的和经济的等多方面因素。本文在充分考虑这些因素的同时，把关注的焦点转向探索中国西部省份的产业发展前景方面。这些省份的发展前景取决于两个方面，一是决定产业空间布局的市场影响力的状况，另一个是政府培育或者抵消这类影响力的能力。由于西部开发战略正处于起步阶段，所以对于其已经产生了什么样的影响做出一个详细的经验主义定论可能为时尚早。因而，本文着重关注北京的决策者们所面临的挑战，同时利用这一战略实施早期的事实，来对这一战略的发展态势、欠缺点以及可能被误导之处加以提示和建议。

我们对“西部”仍按传统的划分法来界定，它包括新疆、西藏和宁夏三个民族自治区，还有贵州、青海、云南、四川、甘肃五省，以及直

---

* 本文来源于《中国经济与商业研究杂志》（*Journal of Chinese Economic and Business Studies*）2007 年 7 月号。简·戈利（Jane Golley）是澳大利亚国立大学经济与商业系教授。

辖市重庆。

长期以来人们认为，产业发展不平衡是市场经济条件下经济发展不可避免的自然现象。米尔达尔曾描述过，“历史的偶然性”可能导致产业化在某个地方成功，而在其他地方失败。这一现象可能会引发“循环积累效应”，导致一个国家内部各地区之间的收入不平等不但不减少，反而增加。中国经济改革前20年的经验证明了这一观点。20年中，发展最快的是山东、江苏、浙江、福建和广东五个省，产业集聚是这个过程的主要特点。截至2004年，中国各省份人均GDP的水平相差悬殊，从上海的55 307元到贵州的4 215元；除中部三个传统上富裕的直辖市之外，上述东南五省位居最高层次上。与此同时，新疆是人均GDP唯一超过全国平均水平的西部省份，而其他七个最贫困省份均在西部，其人均GDP都在8 000元（1 000美元）以下。到2004年，东部地区人均GDP是西部地区的2.5倍。

米尔达尔清醒地意识到，市场影响力的本性并不能加快产业集聚和造成地区不平衡的无限加重。更确切地说，由于对周边地区产品和原材料需求的增长，以及由于集中生产所带来的成本上升，将会使产业中心的增长动力最终扩散到其他地区，使这些地区在与中心区的竞争中获得成功。赫希曼同样阐述了快速工业化地区的收益是如何通过技术更新、增加（原材料等的）输入和进行投资等方式，逐渐向本国内其他欠发达地区进行滴入式转移的。基于这些观点，“新”经济的地理模式证明了理论上所说的，在市场经济中经济发展与区域不平衡之间呈“倒U”型关系的观点，从长远来看，产业的扩散将导致收入的集聚。

区域经济学家长期关注政府的政策将如何对区域发展模式产生影响。尽管有大量可供选择的政策类别，在此我们集中讨论其中的两个主要类型的政策。

第一类是两极化政策，它们是非常明确地对特定的欠发达地区实行鼓励产业发展的措施。例如，通过把新投资集中在限定的中心地区，就有可能创造规模联动效应，以保证这些地区实现自我的可持续增长。这类投资可以通过国有企业的行为加以引导，或者在国家的掌控下得以实现，也可能通过对投资者的工资进行补贴的方式，鼓励其向指定地区的实业公司进行投资而得以实现。两极化政策的其他方式还包括：政府拨款、（政策扶持性的）软贷款、减税和为了促进指定地区经济中的特别门类发展而提供的补贴。这些两极化政策的具体形式，都需要政府在或者是地区、或者是产业中做“挑选优胜者”式的选择。

第二类是滴入式政策。这类政策可以被看成是对于促进特定地区发展、更具战略意义的措施。对电讯、交通和公共设施等基础设施进行投资就属此类政策最明显的范例。国家承担全国运输系统的开支，特别是对连接发达和欠发达省份运输系统的投入，减少了欠发达地区在这一方面的投入。同时，与这些基础设施相联系的后续项目的成本，如与区域间商业活动有关的信息、销售和维护成本，也可以通过由国家来扩展电信网络，提供计算机和互联网的使用权，组建跨地区贸易组织等方式，得到节省。减少跨区域的行政行为和其他跨区域贸易的非关税壁垒、促进区域间的贸易合作等措施，同样可能减少远距离经营的成本。在教育方面的投入是这类政策中另一种关键性的内容，正如米尔达尔指出的，滴入式政策的扩散效果不仅要通过改善交通状况来加强，而且也要通过恰当的传播方式、高水平的教育以及活跃的思想与价值观念的交流来加强。

毛泽东和邓小平时代流传下来两个政策体系，一个是在不发达的中西部地区大力促进效率高度低下产业的发展的区域战略，这是理想化的两极化政策的代表；另一个战略是极力推进相对富裕的沿海地区的发展，以滴入式经济学的方式带动国内其他地区的发展。这也为当代领导人留下了任务：改变区域间存在的严重不平衡状况。在新世纪来临之时，西部省份不仅是中国最贫困、工业化最低的省份，还是改革和市场化程度最低的省份。中央政府应该如何在最大程度上挖掘西部的发展潜力？在现阶段的选择又该是什么呢？

这些问题没有现成的答案。然而作为优先的选择，有足够的证据表明，从中长期的眼光来看，滴入式政策比两极化政策会效果更好。第一，依靠强大的国家指令来决定产业发展模式，背离近 30 年市场改革的思维走向。因为这 30 年的改革，就是中央政府对经济控制权做出具有重要意义的下放的过程。第二，面对幅员辽阔的西部地区，中央政府不可能在产业选址和选项上做到准确和高效，实现“双赢”。第三，中央政府利用产权国有、补贴和国家指令方式促进产业发展的能力，越来越受到中国融入全球经济，特别是加入 WTO 后所承担的国际义务的限制。从根本上说，两极化的政策在中国改革和发展进程中看起来是一种退步的方法。相反，滴入式政策从根本上是依靠市场来决定该生产什么、在哪儿生产，而不是想方设法使欠发达地区更有吸引力，来吸引企业建厂生产。简而言之，滴入式政策培育市场体系，两极化政策抵制市场。很难想象出一个理由来说明后者更适合中国在 21 世纪的经济发展。下面探讨中央政府当前正在具体实施的政策。

二、西部开发战略

这一部分根据中央政府迄今为止在财政支持、基础设施建设、教育、合作措施和产业政策诸方面对西部所做的努力，来展示中央政府的西部开发政策的特点。

（一）财政支持

1978 年至 2003 年之间，东西部地区在国有单位的基建投资份额方面区域差距很大。沿海开发战略可以通过东部地区的基建投资份额所占的比例反映出来，1978 年是 40%，到 1994 年达到最高值是 55%。这一比例是通过损害中西部利益的情况下达到的，例如 1994 年中部和西部基建投资份额所占的比例就低，分别是 22% 和 14%。自 1996 年以来，西部的比例稳步上升，在 2002 年达到 20%。虽然 2003 年回落到 18%，但还是标志着西部地区有所改善，这说明西部的份额已经恢复到 1978

年、对沿海实施倾斜政策以前的水平。

2000 年至 2003 年之间，国家对西部的财政拨款的份额从 23% 增加到 29%。然而，实际上这个时期来源于其他融资渠道的资金量都在下降。由于国家财政拨款作为投资来源所占的份额下滑，由 2000 年的 11% 下降到 2003 年的 9%，而同时应该引起重视的是进入西部的非国有来源的资金逐渐增加。令人遗憾的是，2005 年世界银行的一份报告显示非西部的省份继续成为这些市场驱动性资金的主要获得者。如果中央政府真心致力于开发西部，就需要把充分的资金直接投向西部，至少在其他来源的资金开始跟进之前应该这么办。不断努力改革国内资本市场同消除资金向西部流动的障碍，二者同样重要。

（二）基础设施建设

每一个关于西部地区政策的文献都强调加强基础设施建设的必要性。这显然是地区产业能力和竞争力的一个基本要素，也是一项非常有效的滴入式政策。毫无疑问，在过去六年中，西部基础设施建设有了长足发展，但是分配给本地区的资金的份额却没有考虑到其特定的需求倾向。例如，2002 年西部获得的用于交通基本建设、邮政和电讯的投资份额只有 14%，这一比例同 1996 年和 2000 年一样，2004 年有所改变，增加到 19%。这一切显然是以牺牲中部而不是东部地区为代价的。就竭尽全力扩大基本建设投资而言，考虑人口因素，西部地区所获得的资本份额仅仅是一个平均水平，这并没有特别体现区域开发策略中要努力加强最贫困地区基础设施建设的意图来。

（三）教育

毫无疑问西部人口的平均受教育水平比国内其他地区低。2000 年西部开发战略的启动阶段，东部地区每 10 万人中就有 5 682 人受过大专以上水平教育，相比之下，西部则只有 2 938 人。平均数字掩盖了省级间的实际差距，北京的实际数字是 16 843 人，西藏仅有 1 262 人。东部和中部初中毕业人口比例比西部高，而只受过小学教育或没有受过教育的东部人口比例则最低（比例高于中西部）。显然，中央政府当前面临的艰巨任务是提高西部教育水平。需要提醒的是当前分配给西部的教育资金不足。2000 年，东部地区获得了全国教育资金总投入的 57%，中部地区为 27%，西部仅占 17%。2003 年的比例分别是 57%、26% 和 18%，这些数据表明，从区域优先的思路上看，教育资金的投入比例并没有变化，西部地区没有被放在优先位置上。由于西部地区对政府资金相对高的依赖性和在教育水平和收入方面的明显不平等，所以政府有必要大规模增加向西部直接投入资金的份额。

（四）合作模式

国务院发展研究中心高级研究员李善同，曾和她的合作者详细描绘了四个正在形成的“经济联合带”：珠江经济带、长江经济带、陇海—兰新经济带、北京—天津—呼和浩特—包头—银川经济带。除了海南、福建、西藏、黑龙江、吉林和辽宁几省，这四个经济带把中国大陆的省份连接起来。他们相信这将会是中国各省份之间地区合作的新模式。经济联合带由跨地区的、地理上相连接的经济地区构成，它们拥有方便的运输系统、互为补充的经济结构和协作型经济关系。四个经济带的建设将会积极促进省级合作，由此开发西部最落后地区的发展潜力，因而可以防止地区间不平衡差距的进一步加大。目前正在实行中的合作计划有：“西电东送”、“西部蔬菜向东部配送”、“西部烟草向东部调配”、“西部劳动力向东部输出”。

表面看来，这些合作办法好像正是属于滴入式类型的区域政策，它提供了减少跨省界贸易的交易成本的途径。然而关键的是，这种合作是省份间自愿的、多方受益的。如果这种合作成为典范，那么中央政府的政策就有助于市场的充分发展。如果相反，政府的对其支持力度开始下降，这种地区合作就不可能长期维持。

（五）产业政策

《西部开发总体规划》的另一个主要目标是“提高市场竞争力”。但是，大量事实说明政府的规划过多地参与了确定发展哪些产业将会具有竞争力和在哪些地区发展，而且事实还说明国有产权是实现目标的重要机制（尽管这听起来很不协调）。政府好像是尝试“挑选优胜者”，这是一个经常与发展中的国家相联系的术语。

包括“西气东输”和“西电东送”在内的“西部开发战略”中的“五大工程”引起了专家们的讨论。有专家指出，由于西部自己不能生产，“五大工程”的40%左右的投资用于向国内其他地区购买设备和原料。他们的结论是，在利用这“五大工程”来促进未来产业发展方面，西部地区更像是捐助人，而非受益人。

目前在建设中的青海钾肥厂是西部开发的首批十项工程中唯一的工业项目，是青海2000年开始建设的重点项目。在青海，鼓励企业的核心产业与当地资源优势相联系。这些企业的整体经营是国有化的，要拓展到西部其他地方有一定困难。

2004年蒂姆·奥克斯的文章《创建南部贵州和国有电力的发电基地》指出：“中国维持国有发电企业的现状，将依靠体现公共政策意图的价格体系，而不是市场规则。”

很可能最有意义的经验来自于新疆生产建设兵团。2002年，新疆建设兵团的产值占全区GDP的13%。这种巨型国有企业集团直接在国务院领导下，是两极型政策成功的最典型代表。

本部分所涉及的一些现象虽然并不是最突出的例子，但总体而言反映了政府地区发展政策的特点。

三、1999 年至 2003 年的产业发展状况

产业发展开始滴入式地从东部扩展到全国其他地区的一个象征，就是东部工业产出比例开始随时间增长而下降。然而，最近的事实显示东部省份产业集聚的过程还没有出现势头减弱的迹象。

事实上在所有的分支部门中东部地区的产出份额呈现上升的趋势。从 1999 年到 2003 年，东部的工业产出从占全国总量的 67% 增长到 72%，在 25 个分支部门中除了 4 个以外，全部实现了正增长。相比之下，广东省的情况则是一个特例，1999 年至 2003 年，广东省的工业产出量总体上增长幅度很小，25 个部门中有 16 个部门的产量是下降的。广东（还有上海）的企业走出本省（市）发展，可能是产业逐渐向边远省份扩散的良好开端。

然而，西部仍然不是这个过程的受益者。西部各省 20 世纪 90 年代在工业产出份额上经历了持续损失之后，1999 年至 2003 年，又经历了更大的损失。这些累计的损失牵涉除四川以外（四川有 13 个部门比例上升）西部各省的大部分工业部门。另外，与东南各省所取得的巨大成就相比，西部没有一个省在某个部门工业产出的份额方面增加了两个以上的百分点。到 2003 年，西部仅占全国工业产出量的 9%，而东部占 68%。东部主导的工业主要部门（除 5 个部门外）的产量占全国总数的比例都超过 50%，而西部的产量低于 25%（石油、天然气开采和烟草加工除外）。西部地区工业产出量过低，影响了它的重要性，然而却很少有迹象表明这种情形将会发生转变。

四、结　论

中国共产党当前实施的多方面和长期的区域开发战略，是由政治、经济和社会等多方面因素所推动的，其中产业发展仅仅是其中的一个方

面。即便就此一方面而言，目前也不可能断言西部开发战略已经成功与否。因此，本文就前面所述观点作出如下结论。

理论上认为，市场经济条件下产业发展的空间模式预示，工业首先在某些地区集聚（随之而来的是地区收入不平衡），然后这种集聚逐渐减弱，经济增长的收益将会以滴入式经济学的方式向国内的其他地区扩散。工业从最初工业的中心扩展到更加遥远的地方，扩散的最关键原因是为了利用那里丰富的自然资源和低廉的生产成本。自由主义经济学家主张最好把这个过程留给市场，然而试图通过采用多种区域政策来培育这个滴入式扩散过程的并非仅有一个中国政府；同时，政府的各种努力被证明不具有可持续性，或者不成功的也并非只是个案。

就可持续性而言，中国中央政府的早期投资最大限度地引发了西部地区的经济的自我持续增长，但是这种持续性不是由国有工业企业促成的，而是由不断成长的非国有部门来形成的，因为这些非国有部门知道什么样的资源和技术是当地人民、中国的企业家和外国资源需要的对象。在这一前沿问题上，上述有关当前区域战略的论据可以提示我们三个关键点。第一，相对而言，中央政府的对西部的原始投资还不够充足。如果中央政府真切地希望提高西部生活水平，就应该向那里直接投入更高比例的国有资金。第二，其他渠道来源的资金与战略目标也不相匹配：2003 年这一地区只获得了投入到中国的外资中的 1.7%，这距离发展的前沿相差甚远。第三，中央政府的举措到目前为止似乎在努力控制市场（通过国家所有制和对特定部门的“激励”方式），而不是培育市场。很难有理由相信，这些两极化政策会激励民营企业家跟进，特别是当市场的影响力指向相反方向的时候。

就可行性而言，滴入性政策已经被证明是最有成效的方法，它可以促进国内外企业为了获得相对廉价的劳动力和其他优惠条件，重新部署其在西部的发展计划。本文已经对这类政策进行了实例分析，如跨省合作措施、努力降低运输成本、减少跨地区商贸与合作的壁垒、提高西部人民的教育水平等。这些对于将西部变成一个对未来工业生产具有吸引力的地区具有重要作用。只要中央选择采取扶持而不是反对市场力量的政策，到2050年出现一个“繁荣和先进的新西部”将不成问题。

（高咏梅　崔存明 摘译）

反思中国的不平等与贫困*

〔英〕大卫·皮亚肖德

中国与英国有许多共同点。至少在某种不完全的意义上，两国政府在其目标上都是提倡社会主义的。在过去的20年里，两个国家一直都在进行实质性的经济自由化。两国都长期而持续地关注不平等与贫困问题。当然它们之间也存在着巨大的差异。拥有超过10亿人口的中国与英国形成了巨大反差。英国人的平均收入水平远远高于中国人。中国仍然还是农村和农业经济占主导，而英国已经城市化和工业化，其服务业提供的就业比制造业和农业要多。

随着1997年新的工党政府的上台，对于贫困和不平等问题的关心一直在不断恢复和加强。无情的经济自由主义是撒切尔夫人的保守党政府所主张的，这一分裂的时期已经结束，取而代之的是对社会公正的关注以及为所有社会成员提供机会。最特别的是，布莱尔首相确立了在一代人的时间内消除儿童贫困的目标，而实现这一目标的政策也在制定过程中。人们的特殊利益与普遍利益都获得了提高，就业的好处的提高已经促进人们从依赖社会福利转变为为薪水而工作。那些造成长期贫困的

---

* 本文来源于《中国的社会政策改革：国内外的不同观点》（*Social Policy Reform in China: Views from Home and Abroad*, 2003）一书，该书是牛津大学圣安东尼学院东亚研究中心举行的关于中国社会政策的研讨会的论文集。大卫·皮亚肖德（David Piachaud）是伦敦经济学院教授。

问题，如少女怀孕和低水平的教育，也一直在得到解决。

在这种情况下，英国对贫困与不平等问题不断加强的关注有着许多具有重要意义的特点。第一，很清楚，贫困是相对地根据其低于平均收入水平的某一比例而被界定的，最常用的界定标准就是平均收入的一半或者中间收入的60%。第二，对长期贫困的发生机制的关注日益增加。持续的贫困比起短期内的低收入应得到更严重的关注。第三，人们不断认识到了各种社会问题之间的相互关系。贫困是与低水平的教育、不良的健康状况、无工作、糟糕的物质环境以及其他许多社会不利因素联系在一起的。与此同时，低水平的教育、不良的健康状况、无工作也会导致贫困。因此，改善发展环境并不是一件只需一种政策手段的简单事情，它需要覆盖很多领域的改变。第四，人们认可有必要增加社会性投入，并认为这应该优先于减少税收。这与撒切尔夫人执政的时期形成了对比，当时公共福利事业的规模被视为一个主要问题。第五，出现了一种从强调削减贫困到努力预防贫困的转变。解决儿童贫困问题既是削减贫困，又是预防贫困，因为儿童时的贫困经历极有可能会导致其稍后在成年时期的贫困。

当然，尽管政策提议数目很大，但关于这些政策所要达到的目标仍有相当多的疑惑。贫困在多大程度上优先于不平等问题的解决？其目标是要提高收入的平等还是要提高机会的平等？对于这些问题没有一致的答案。

英国的政策制定者和政策分析家所面临的许多问题在本质上（如果在规模上不同的话）是与在中国产生的问题相似的。

文章的下面部分将围绕关信平在其重要而富有启发性的文章《适合于解决中国社会不平等与贫困问题的政策》中所提出的论证、讨论与政策议题而进行。

一、反贫困的计划

20世纪80年代中期，中国反贫困的计划旨在提高地区性的经济增长，而不是去直接地帮助单个的贫困家庭；旨在加强经济生产能力，而不只是提供社会救济。这种从重视削减贫困到重视预防贫困的转变是很值得称赞的，也是许多国家社会福利政策改革所具有的特点。从消极的劳动力市场政策到积极的劳动力市场政策的一般性转变就是这种变化的迹象之一。同样的迹象就是人们认识到社会地位，尤其是那些最贫困的人的社会地位，取决于经济状况。与由不断增加的就业和工资所导致的额外收入相比，可用于社会救济的钱在数量上是很少的。

中国最近 10 年（2001—2010）的反贫困行动具有三个主要特点：第一，把更多的资源投入到最贫困的省和县；第二，主要帮助集体和家庭提高生产；第三，更加重视社会工程。

这样一个计划比起更一般的贫困救济来有着显而易见的好处。但是英国的经验也表明，可能还是会存在一些问题。首先，在确定合适的"援助目标"方面可能会出现困难，而准确地确定援助目标所必需的材料收集与分析肯定需要付出成本。其次，援助目标的规模越大，就越有可能产生一些负面的刺激：如果省份、集体或者家庭为自己做得更多，它就会失去国家的支持。最后，在选择社会工程时，下面这一点是很重要的，就是要确定那些能够支持下去而又将有助于发展、而不只是满足当前需要的（尽管它们可能是紧迫的）工程。由于资源有限，那些疾病缠身或贫困的人的需要是急迫而诚恳的，但这些需要必须与发展社会基础设施和促进发展的需要进行一下权衡，尽管后者看起来可能没有那么紧迫并且不可能产生直接的利益。

二、经济改革

和许多国家一样，中国现在也关注赶上发达国家的步伐。为了达到这一目标，经济效率获得了优先权。从经济改革的一开始，就像关信平所说的："经济效率应该优先于公平现在成为了官方决策的原则。"最近 50 年来，大多数的西方新古典经济学著述一直在强调效率与公平之间的冲突。他们论证说，效率与公平是相互冲突的，所以政府必须在综合考虑政治和社会福利事业的基础上来决定要在这两个目标之间达到什么样的平衡。但是，这种冲突的不可避免性现在受到了质疑。

现在人们并不怀疑某种程度上的不平等对于在经济发展中保持某些恰当的激励作用是必需的，同样，人们也并不怀疑某些收入上的不平等是公正的，因为它们是对更困难的工作或者更长的工作时间的补偿。但是，从另外一些方面来看，不平等可能会危害到效率，而减少不平等则可能会有助于效率的提高。一个能保证为所有人提供基础教育的更加平等的教育体系将能促进经济的发展。相似的，一个公平的医疗卫生体系将能增加劳动力的效率。而且，就像提高公平能够增加效率一样，那些提高效率的政策也能促进公平。更好的社会公共服务与公共产品将使穷人和富人同样地受益。通常的情况是，正是那些受较差的社会公共服务与受公共产品损害的穷人在事实上增加了不平等。

在维持收入与预防贫困方面，可能最重要的因素就是就业。这是英国政府提出的“为所有能工作的人提供工作”这一目标的基础。实现宏观经济的稳定和经济的平稳发展对于消除贫困是关键性的条件。因此英国过去的充分就业政策曾经是一项有效的反贫困战略。如果社会保险救济金设置在较高的水平，那么失业并不必然是造成贫困的原因，但是在大多数（如果不是所有的）国家里，失业的增加导致了贫困的增加。在中国，充分就业政策的结束可能会促进经济的发展，但是它有造成更严重的贫困的危险。

由于市场竞争，许多中国企业不得不让一些工人下岗。然而，这些下岗工人仍旧保有某些从原来的用人单位领取救济金的权利。与此不同，那些官方承认的失业者则得以进入到失业保险计划中。对于经济效率和贫困来说，下岗工人都是一个问题。为了提高经济效率，企业必须减少它们的用人。而为了预防贫困，这些下岗工人必须能够得到足够的收入直到他们能够找到新的工作为止。这就要求为所有的事实上的失业者提供收入保障，与此同时，也要为他们提供能有助于他们将来就业的再培训或工作计划。

就未来的贫困和不平等问题而言，似乎没有什么改变比减少由城市户籍制施加的控制更重要。关信平说："毫无疑问，这一改变将有助于减少农村和城市居民之间的巨大差异。"然而，这样一种改变的影响并不是这么简单的。一些人受益，另一些人则受损。人口流动应该会有助于那些流动的人。在城市，不断增加的劳动力供给会导致城市工资的降低。在农村，劳动力供给的减少会导致工资上涨。这样一来，不平等在原则上应该是减少了。但是，这一分析忽略了人口流动可能对城市和农村的发展造成的影响。大量受过较好教育和最富进取心的年轻人从农村流失到了城市（就像随着自由流动经常发生的那样），这可能会推进城市的发展，而减慢农村地区的经济发展。这样，其长期的影响将是增加而不是减少不平等。

经济发展对不平等产生的影响决定性地取决于发展的模式。关信平描述了一种双轨发展模式："一个方向将是在高科技领域与发达国家的竞争。这实际上是一场受过高等教育的专业人才的竞争，这就涉及为这些人提供比一般水平要高的收入。这样，它就参与了一场'向顶点的赛跑'。而另一场竞争则将在国际市场中与其他发展中国家展开，其目标是为了获得更大份额的国际投资和在劳动密集型产业中获得更大的贸易额。为了赢得这场竞争，无论是中国自己的劳动密集型产业，还是其国际竞争者，都会努力保持低廉的劳动力成本。因此，这将是一场'向底线的赛跑'。"关信平总结道，"除非未来有更多的社会保障措施得到实施"，否则"社会不平等的增加看来是不可避免的"。根据其他正在实现工业化的国家的经验来看，必须提出质疑的一点是，为了消除原初收入中不断增加的不平等，各种社会保障手段在实际中是否够用。高科技部分（该部分的薪金至少会部分地受到国际劳动力市场的影响，这一国际劳动力市场包括拥有最高技能和最具创造力的科学家、工程师、设计师和企业家）与劳动密集型部分（该部分为了拥有最低的劳动力成本而在国际上展开竞争）的共存将产生一个"高度不平等的社会”。

然而，这样一个两极分化的社会并不是不可避免的。它也是不受欢迎的。它不仅意味着一种对社会稳定的威胁，而且它作为一种获得经济效率与发展的道路也是令人质疑的。在中国这样一个发展中国家，既有反映了有形资本相对稀缺的“适当的技术”，也有反映着经济发展状况的“适当的人力资本”。不顾一切地追求最先进的高科技产品并不总是一种明智的经济措施。这一方面的例子就是英国和法国所主持的超音速协和式客机的生产。这一生产无疑是高科技的，但从任何方面来估算，它都不是一项明智的经济投资——大量的税收被用来资助那些极富的飞机乘客。进行那些只可能让少数富人受益的技术的培训可能会导致更大的不平等和人才外流，这是让穷国付出代价而让富国获利。

三、给中国社会福利政策的若干建议

关信平说到：“虽然中国的社会福利政策一直被当做政府的国内事务，但它将会越来越受到国际方面的介入。这种介入可能来自两个方面：一是其他国家的思想观念的介入；一是国际上对经济市场中‘公平竞争’的关注。”

中国的社会福利政策将受到越来越多的国际介入这一点看起来确实是极有可能的。然而，这种影响究竟来自何方并不清晰。就意识形态来讲，美国主导的“自由”经济观点受到了主流很大的关注。但是，还有一些在欧洲大陆和许多东亚国家占主导地位的思想观念形态，这些思想观念对社会福利政策的作用的限制要少得多。就国际竞争而言，一直都存在很多担忧，担心会出现一场“向底线的赛跑”，与之相随的是社会保障被削减，以便维持低成本以及保持竞争力。到目前为止，这一现象还没有普遍出现。虽然全球竞争日益增强，但各国政府并不愿意削减社会保障开支。其原因可能是国内的政治因素，如维持或提高社会保障的压力与要求。但是，这也可能是因为人们认识到了，大量的社会公共开支是一种正确的经济投资，它有利于提高人力资本与社会资本的质量。

关信平关于劳动保障标准的分析非常有趣和重要。他写到：“没有哪一个发展中国家能够自己单独地维持一种较高的社会保障水平，或者在其他国家降低了社会福利措施的情况下，它还能维持其先前的社会福利制度不变。这样，能避免这一两难处境的唯一道路就是，在发展中国家之间就社会保障建立起一个基本的社会福利标准和国际协调机制。”

建立社会保障基本标准的需要是紧迫的。如果另一个贫穷国家有着更低的劳动标准，那么一个穷国如何能在国际市场中有效地展开竞争呢？事例之一就是童工问题。许多发展中国家或者缺少对儿童的法律保护，或者更普遍的情况是，不能有效地实施这些法律。这一现象经常以如下理由得到辩护，即禁止童工将恶化贫穷儿童的生活状况。因此，如果一些国家在剥削儿童，那么其他国家又如何能做到保护他们呢？所以，一种共同的国际性的社会保护强制标准看来是急需的。

更具争议性的问题是国际劳动标准应该具有何种广度。理想的情况是，任何工人都不应该在不健康或不安全的条件下工作，所有的人都应该拥有受到良好保护的就业权利以及所有的人都应该享有体面的收入水平。然而，这些理想的目标并不能仅仅通过国家的或国际的法律来实现。必须有着某些清晰的政治上和经济上的优先项。比起设立一些在实际中一无所获的覆盖领域广泛但非强制性的标准来，设立一些有着相关目标（如消除童工）、能有效实施的标准更好。一味追求最好往往会坏事，这在劳动标准方面尤其如此。

从英国的经验得出的最重要的教训是显而易见的，这也被关信平关于中国的不平等与贫困问题的讨论所证实。如果要消除贫困与不平等，社会福利政策就不能脱离开经济政策来考虑。社会福利政策通常被期待着去解决经济政策所造成的损害，这些经济政策在被提出的时候一般很少在意它们在贫困方面造成的后果。这样的一种道路可能只会导致更多的贫困与不平等以及无效的社会福利政策。如果要有效地减少不平等与贫困，那么它们在经济政策和社会福利政策当中都必须成为关注的中心。经济政策与社会福利政策之间的那种破坏性的分裂必须消除。

（周守吾 摘译　刘元琪 校）

中国城市的三类贫困*

〔英〕约翰·耐特 等

一、引 言

自 1995 年以来，城市贫困成为一个重大问题。亏损国有企业的改革已经产生了大量的失业人员，而私有企业和个体户得到迅速发展。“铁饭碗”和“无形的长城”出现了裂痕。在 1995 年到 1999 年期间，虽然城市人均实际收入增加了 25%，家庭贫困的比例却上升了 9%，用加权贫困差测量的贫困深度则上升了 89%。

关于贫困的论著往往或者使用建立在收入基础上的贫困概念或衡量标准，或者使用建立在消费基础上的贫困概念或衡量标准。我们发展了三个概念：“消费而非收入”贫困、“收入而非消费”贫困和“收入和消费”贫困，这包括了所有三种衡量贫困的标准。我们探究了为什么有些家庭陷入了这三种贫困类型当中的某一种，而不是其他两种类型。用这种方法，我们不仅试图解释造成中国城市贫困的原因，而且试图分析

---

* 本文来源于英国刊物《发展经济学评论》（*Review of Development Ecnomics*）2006 年第 10 卷第 3 辑。约翰·耐特（John Knight）是牛津大学经济系教授。

哪一类型的贫困对经济福利产生了最不利的影响，因而哪一类型的贫困在制定政策时应引起最大的注意。

二、概念、定义与假说

关于贫困的分析在原则上与经济福利或公共事业有关，但实际上往往根据收入或消费来衡量贫困。基于收入和基于消费的研究贫困的方法各有不同的优缺点。如果消费低于收入，储蓄就反映出人们偏好过去或未来的消费而不是当前的消费。如果消费超出当前收入，支出多于收入的现象就反映了人们有选择地将过去或未来的消费转移到了当前。因而当前收入表明了跨时间掌控和分配资源的能力。消费表明了当前的福利，而当前收入通常随着时间的推移而更加不稳定，可能是对当前福利的一种不实说明。

在有关贫困的文献中，标准的研究方法是区别长期贫困和短期贫困，其所使用的是根据不同时间段的平均福利（收入或消费）来衡量的永久收入（permanent income）的概念。如果一个家庭在不同时间段的平均福利降到了贫困线以下，那么该家庭就属于长期贫困。如果一个家庭的当前福利降到了贫困线以下，但它在不同时间段的平均福利没有降到贫困线之下，那么该家庭就属于短期贫困。依靠过去的信息资料进行追踪调查（panel survey）所获得的纵向数据对于评估以这种方式所界定的长期贫困而言是非常必要的。

然而，还存在另一种研究这类问题的可能方法，这种方法是值得探究的，因为它只需要有关收入和消费的抽样数据。因为其在文献中的精确含义，我们避免使用长期贫困和短期贫困这些术语，而是代之以持久贫困和暂时贫困这些术语。我们考虑三种情况（如下表）：Y 代表收入，C 代表消费，PL 表示贫困线，在表中显示了 A、B、C 三个区域。处于 A 区域——表明收入和消费均在贫困线以下——的个人或家庭属于“消费和收入贫困”；如个人或家庭处于 B 区域，则被界定为“消费而非收人”贫困；若个人或家庭处于C区域，则属于“收入而非消费”贫困。这三种区分不同于长期和短期的区分：这三个概念既不对应于长期贫困或短期贫困，也不对应于更宽松的持久贫困和暂时贫困。

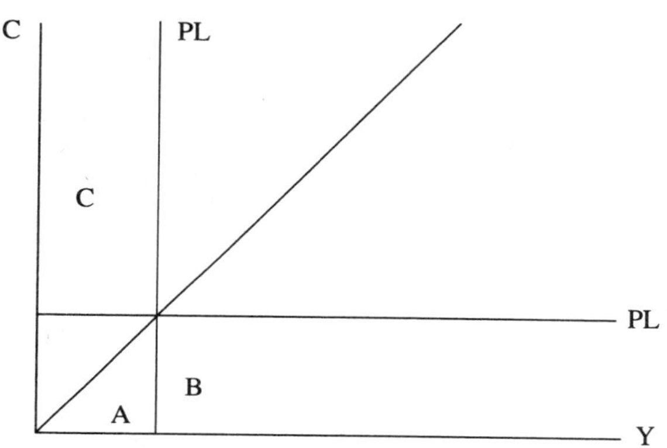

对我们所区分的这三种贫困的解释取决于消费平滑（consumption smoothing）的程度，或面临需求变化时所实施的福利平滑（welfare smoothing）的程度。根据那种认为平滑是完整的假定，消费即代表永久收入。在上表，A区域和B区域的家庭被认为是持久性贫困，而C区域的家庭却不是。然而，如果平滑消费是不完整的，那么这种方法就会误导我们。一个家庭的收入暂时处于低水平，不能按所期望的水平维持消费。对于中国城市的许多人而言，情况很可能是如果他们的收入暂时降低，他们就完全无法让支出多于收入或者进行借贷。而根据基于消费的研究方法，他们可能会被误认为是持久性贫困的。

这三种贫困都可以有不止一种的解释。首先，考虑A区域，如果消费和收入均在贫困线以下，这意味着低水平的当前收入是低水平的永久收入的反映，消费是对永久收入作出的调整。这就意味着贫困是持久性的。然而，如果不存在平滑消费或者仅仅存在微弱的平滑，那么暂时的不利打击也会使收入和消费均下降到贫困线之下，这样的贫困是暂时的。对这些替代性假定的验证需要衡量永久收入而不是当前的消费。根据家庭特征所预计的家庭收入能够提供这样的衡量，虽然并不完善。

对区域 B 的解释也取决于平滑消费的范围。假使有能力随着时间的推移来平衡消费，这可能会是暂时的收入非贫困，它掩盖了永久性贫困。例如，人们对其预期的收入感到悲观，他们现在就进行储蓄用来预防未来的低收入。展望未来，这种对收入下降的预期就导致了当前建立在消费基础上的贫困。或者，平滑消费可以是回顾性的。以前收入暂时下降，导致积累债务，需要储蓄当前的收入以便清偿债务。如果信贷和流动资产方面的限制使得福利无法避免未来的不利冲击，那么低消费就反映了在面临未来收入不稳定时的预防性储蓄。如果流动资产达到了均衡的水平，那么低消费就反映了未来的不确定性的增加。一些开支——诸如住房建设和孩子的教育——是可预测的，它们是属于投资性质的而不是消费性质的。为了维持福利水平的稳定，它们应该通过储蓄或贷款的方式得到资金。考虑到资本市场的不完善，这些开支可能会在计划好的储蓄期间之前发生，因此会加重这种类型的贫困。以下四个变量表明其自身可以用来验证有关“消费而非收入”贫困的本质的替代性假说：预计收入、流动资产和债务、关于未来的不确定性（诸如失业的可能性）、未来投资性开支的可能性指标（例如孩子的出生）。

对 C 区域也可有多种解释。只要存在完整的甚至局部的平滑消费，那么，当收入暂时下降到贫困线之下时，消费仍有可能维持在贫困线之上：这样的收入贫困不会是持久性的。然而，如果收入持久地在贫困线之下，而消费只是暂时上升到贫困线之上，那么，C 区域也可能表示持久性贫困。其消费的目的可能是为了满足某种特别的需求，尤其当这种需求是未曾预料的。例如，如果福利水平长期以来维持不变，那么，医疗保健开支就会增加总开支。有关“收入而非消费”贫困的对抗性假说可以通过考察下列变量来加以区别：预期收入而不是实际收入；代表特别需求的开支，诸如医疗保健开支或教育开支；反应生命周期需求的家庭人口统计（household demographics）。

三、数据、贫困的衡量标准与背景

来自一份中国城市家庭调查的数据使我们能够考察这三类贫困的规模及其原因。该调查于2000年的春季在中国国家统计局的协助下进行，调查的主要是1999年的情况。该调查覆盖五省一市：辽宁、江苏、河南、四川、甘肃及北京，涉及4000个拥有城市户口的家庭。

家庭调查问卷上的问题是由两部分组成，一部分是关于个人的，另一部分是有关家庭的。因此这份调查数据包含了个人的信息，其中一些是有关个人特征的，如性别、年龄、教育程度、入党情况、就业状况以及健康状态，还有一些是与工作性质有关，如工作单位的性质、职业、工龄、工作单位的效益以及就业部门。个人信息中的一个重要部分是个人收入及其组成成分。家庭信息更多的是与消费、财产以及居住条件有关。

为了计算贫困的发生率和贫困的程度，为了将贫困的家庭和个人区分出来，我们需要一个划分门槛或者一条贫困线。就绝对贫困线而言，它可以建立在收入或消费的基础之上。我们借鉴了国家统计局的研究。该局研究员利用1998年全国家庭调查的数据得到了最低食品消费成本，估算出了当年中国城市不同省份的食品贫困线。

在研究贫困线之前，计算出非食品消费在贫困家庭的总消费支出中所占的份额是非常必要的。基于发展中国家恩格尔系数的平均值，中国国家统计局认为贫困家庭的非食品开支与食品开支的比率为2/3。然而，通过调查中国城市10%最贫困家庭的消费开支，我们发现在1999年非食品开支与食品开支的比率几乎高达90%。采用这个比率，我们得到了比国家统计局更高的贫困线。因此，适当的做法是根据家庭内部的经济规模来调整贫困线。

20世纪90年代的经济改革给中国城市家庭带来了巨大的变化。在1995年至1999年期间，国有企业改革造成了2400万工人下岗。除此之外，官方登记的失业人数由1990年的380万增加到了1999年的580万。同期国有企业和集体企业的城市在职员工减少了28%，从1.4亿减少到了1亿。新增失业人员无疑减少了一些家庭的收入，给他们造成了不稳定性以及不安全感。

伴随着企业改革，针对城市工人的传统的社会保障体系几乎被打破了，而新的社会保障体系尚未形成。过去企业要负责城市工人的医疗保健，但现在情况不再是如此，尤其是财政困难的企业。可以预料到的是家庭不得不越来越多地支付其医疗保健费用。大多数失业人员没有了收入来源，因为有些企业无力偿付失业保险费。我们的数据表明在1999年有49%的失业人员的收入在（人均）贫困线以下，同时，官方统计数据表明，几乎40%的下岗工人没有救济金或者其得到的救济金低于中央政府指定的金额。研究发现，失业人员及下岗工人即使再就业以后，其收入也明显下降。同时，教育改革的目标之一是要减少政府对城市教育的补贴。现在城市家庭不得不支出各种学校费用，而这些费用一直在增加。

就业保障和收入前景的不稳定性与日俱增，这些都有可能会对城市家庭的消费行为产生重大的影响。这种影响可能会因不同的群体而不同。如果人们认为收入下降是暂时的，则可能不会减少消费。但是，那些对长期的收入前景及工作保障持悲观态度的人则可能会在消费上更加慎重。

四、三类贫困的规模

在我们1999年的抽样中，因收入或消费而被界定为贫困的人口占了城市总人口的9.4%。在这个群体中，29%属于“收入和消费”贫困，20%是属于“收入而非消费”贫困，51%是属于“消费而非收入”贫困。如果使用收入定义法，则贫困率为4.6%，如果使用消费定义法，则贫困率为7.5%。无论采用哪个贫困概念，贫困率在被抽样调查的13

个城市之间存在着很大的差异。

为了弄清楚什么样的人群可能会陷入贫困，我们将估算出有着不同特征的个人会陷入这三种贫困中的某一种的预计概率，我们使用了一个多项逻辑模型。该模型包括以下解释性变量：户主的性别、年龄、教育程度、就业情况和职业；家庭成员的健康状况、医疗保险、教育和过去的经验；住房所有权、所在地和家庭成员数量。

这种多项逻辑分析得出了一些有趣的结论。户主的受教育程度与总体贫困的发生率和前述三种类型的贫困的发生率都有着密切关系：户主教育程度越高，贫困的预计概率就越低。例如，就总体贫困而言，户主是大学毕业的家庭，其成员陷入贫困的预计概率为1.4%，相反，如果户主是文盲，其家庭成员陷入贫困的预计概率为21%。户主没有受过教育的家庭收入低，消费也低，因而它们更有可能陷入“收入和消费”贫困；它们也更有可能陷入“消费而非收入”贫困，这意味着它们面临着更大的收入和就业不稳定性。其次，户主失业或下岗也明显增加了贫困的发生率。如果其户主失业或下岗，那么家庭个体成员陷入总体贫困的预计概率会比其他人高出4.4倍。而且，他更有可能陷入“消费和收入”贫困与“消费而非收入”贫困。如果户主是一名非技术工人，那么家庭个体成员也很有可能陷入“消费和收入”贫困与“消费而非收入”贫困。正如所料，私人企业主和个体劳动者有着很强的投资储蓄动机，因而其陷入“消费而非收入”贫困的预计概率会较高。在健康或教育上面临更多责任的家庭更有可能陷入贫困。例如，有病人的家庭陷入总体贫困的预计发生率比其他家庭高出60%；如果其成员中有人没有被医疗保障系统所覆盖，那么该家庭陷入贫困的概率比其他家庭高出3倍多；有上小学或中学的孩子的家庭，为了孩子今后的教育需要储蓄，那么陷入贫困的概率比没有孩子的家庭要高。住旧房或租房的家庭需要储蓄用以改善住房条件或购房，因此比住在公房的人更有可能陷入“消费而非收入”贫困。

五、低收入消费函数

我们的假说暗示家庭陷入“收入而非消费”贫困与“消费而非收入”贫困的原因与他们的消费（和储蓄）行为有关。有学者认为，贫困群体会采取与非贫困群体不同的行为。这存在多种可能的原因，包括穷人更容易回避风险，更难得到借贷以及存在一种“贫困文化”等。这一点能够说明我们有必要对相对贫困群体的独自的行为方程式（behavioral equations）加以评估。

为解释低收入家庭的消费行为，我们将详细说明以下家庭消费函数（consumption function）：C = c（S，P，I，N，Z）。

C 是家庭消费；S 是一组变量，用来衡量预计收入和金融资产相对于实际收入所能产生的平滑作用（smoothing effect）的；P 是一组衡量预防作用的变量，包括原本有工作的家庭成员陷入失业的预计概率以及生病的家庭成员的数量；I 代表着描述了投资作用的代理变量，例如教育及购房方面的开支；N 是一组衡量家庭特殊开支的变量，如医疗保健和婚嫁储蓄金；在该方程式中，实际收入取代了永久收入加暂时收入；Z 是另一组控制变量，包括家庭成员人数等。

我们通过调查统计得出了低收入家庭消费函数的系数。实际收入是一个有效系数，但却暗含着一种低的边际消费倾向（marginal propensity to consume）。预计收入作为永久收入的代理变量，是一个有效的正值系数。此外，根据家庭实际金融资产和家庭预计金融资产之间的差额所衡量的金融资产变量，也是一个有效的正值系数，这表明资产在预计水平之上则不会促进储蓄，资产在预计水平之下则会鼓励储蓄，这也表明资产往往会平滑家庭消费。

我们得出了各种与预防性储蓄相关的变量所造成的预期结果。有工作的家庭成员陷入失业的预计概率能产生直接而显著的信号（sign）：拥有一位失业家庭成员的单位概率（unit probability）会导致家庭消费减少

1042 元。引导人们储蓄的另一变量是家庭成员的不良健康状态，这是一个极其重要的负面信号。

我们采用三个变量来反映家庭投资对消费的影响。第一，包含在消费中的教育开支是一个高度有效的正值系数。第二，如果家庭成员中有私企老板或个体户，那么该家庭会为了商业投资而拥有动机来进行储蓄，从而其消费会实质性地、显著地减少。第三，住房投资开支，包括购买房屋和改善房屋条件，也会给家庭消费带来明显的负面影响。

为衡量特殊需要对家庭消费的影响，我们将以下两个变量包含在了该函数中：一是医疗保健开支，二是家庭中是否有 25—35 岁的未婚成员。第一个变量，与教育开支一样，是一个高度有效和极其大的系数。第二个与特殊需要有关的变量，虽然不显著，但也有预期的负面信号，暗示着家庭有动机来为筹办婚礼或组建新家庭进行储蓄。我们将户主的年龄包括在了消费函数中，以便于了解生命周期的影响，函数中还包括了作为控制变量的家庭成员人数。

六、对三类贫困的解释

使用低收入家庭的消费函数，我们对三类贫困群体的消费作出分析。我们将这个贫困群体的消费分成四类：（1）根据实际收入预测的消费；（2）根据该群体预计收入的平均值和实际收入的平均值之间的差额来解释的消费；（3）根据该群体的金融资产平均值与作为整体的二次抽样（sub-sample）的金融资产的平均值之间的差额来解释的消费；（4）未能解释的剩余部分。这种分析使我们能够确定对于每一种类型的贫困而言哪些变量是重要的决定因素，并且通过这种方法，我们能够验证关于贫困性质的替代性假说。

属于“收入和消费”贫困的群体几乎花费他们所有的收入：他们的储蓄率仅为 1%。为什么“收入和消费”贫困家庭的消费比我们最初预期的低呢?

用净平滑作用（net smoothing effect）的方法是行得通的：预计收入超出实际收入，但预计金融资产却低于实际金融资产。预防作用也占了很大比重，特别是相对较高的失业预计概率将导致消费的降低。最主要的解释因素是投资作用，主要因为该群体在教育上花费较少，还因为在住房上的高额投资压低了消费。

“收入而非消费”贫困的群体的实际消费平均值远远超出平均收入：其支出多于收入的比率为74%。在这种情况下，平均消费远远超出最初的预计消费，超出了20%。在这里，平滑作用是非常重要的：预计收入超出实际收入56%，而预计金融资产比实际金融资产低了将近40%。导致该群体高消费的其他两个重要因素是他们相对较高的教育开支和医疗保健开支，分别占30%和41%。

“消费而非收入”贫困家庭显示其储蓄率不低于42%。然而，假设他们的实际和预计收入均等于实际收入的平均值，并且其他解释性变量的平均值对于作为整体的低收入群体而言是一样的，那么，我们预计他们的平均消费将比实际消费超出40%多。在这一差额中，其平滑作用并不显著：预计平均收入只比实际收入低1%，但是相对较低的金融资产降低了消费水平。预防作用也并不重要。该群体消费低的关键原因就是他们在教育和医疗保健方面的低开支，分别占到被解释差额的64%和28%。

七、教育开支和医疗保健开支

我们看到教育和医疗保健开支增加了总消费开支的绝对数量，也就是说，这些开支并没有牺牲其他方面的消费。这有助于解释一种值得注意的模式：花费不同的教育开支和医疗保健开支对区分三类贫困群体起着极其重要的作用。有趣的是，贫困也许不能根据某个一致的标准来判断，而必须根据每个家庭的特殊需要来判定。为了探究造成这些差异的原因，我们计算了低收入家庭的教育开支函数和医疗保健开支函数。为此，一个重要的内在问题就是：这些开支在何种程度上是任意性的，在何种程度上是由需要所支配的，如家里有学龄孩子或者生病的家庭成员？

教育需求的最佳标志是家里有了学龄孩子。我们知道教育开支函数中的系数是有效的，并且其有效性会随着相关年龄的群体继续接受教育而持续上升。关于每个教育水平上的入学儿童数量的相应系数说明了存在任意性因素这一事实。我们对教育的边际私人成本进行了最佳评估。在强制教育阶段（13—15 岁）之后，反映可能教育的系数极大地低于实际教育的系数。还有其他迹象表明教育开支是任意性的。预计收入显著地提高了教育开支。就像所预期的那样，失业的预计概率会产生消极的作用，尽管影响并不重大。户主的教育水平也会持续产生影响。一些变量说明了医疗保健开支的必要性。处于不良健康状况的家庭成员的数量是一个极大的有效的正系数。另外，医疗保健开支也会随着户主年龄的增加而增加，群体的年龄越低，开支就越低，反之，年龄越高，开支也越高。此外，人们接受医保服务的途径的性质影响了家庭开支，对于那些享受免费医疗或者医疗补贴的人而言，此方面的开支最低。而预计收入和失业的预计概率产生的影响都不明显。因此，我们认为，在医疗保健开支上存在一种很强的非任意性因素。

在教育开支上，“收入而非消费”贫困的家庭平均比“收入和消费”贫困的家庭高出 120%，而比“消费而非收入”贫困家庭高出 135%。而且，在医疗保健开支上，“收入而非消费”贫困的家庭均比其他两类贫困家庭高 40% 和 88%。这些不同的开支表明，在分析和评估贫困时需要对消费进行分解分析。

八、结　论

运用收入和消费来衡量贫困是有益的，据此我们可以区分不同的贫困群体，并且有助于对贫困本质的理解。通过结合“收入”和“消费”

两个指标，我们将中国城市的贫困分为三类：“收入和消费”贫困、“收入而非消费”贫困、“消费而非收入”贫困。

最后，我们需要考虑的是国家政策。不同的贫困类型应当采用不同类型不同强度的政策，这就意味着我们还需对中国城市的三类贫困作进一步更深入的分析研究。

（马列展　魏华 摘译）

经济改革对中国城市收入不平等的影响*

〔日〕奥岛真一郎　〔日〕内村铃木

一、中国经济高速增长与收入不平等问题的日益凸显

中国近来高速的经济发展引起了世界关注。在20世纪90年代，中国年均经济增长率达到了9%。伴随着经济高速增长同时出现的是收入不平等的显著增大，这是中国当前的一个重大问题。根据基尼系数标准，中国的收入不平等程度在1998年达到了0.403，并呈继续增长的趋势。收入不平等程度的加剧困扰着中国人民，并被中国政府视为一个严重问题。

改革优先考虑宏观经济的增长，尽管这会在一定程度上影响到收入分配和机会的均等。这一观点在邓小平的先富理论中阐述得很清楚，他说："允许一部分人和一部分地区先富起来。"这一区分出致富先后次序的理论按帕累托标准来看是合理的，因为从某种程度上来说，低收入人群也同样会从经济的发展中受益。然而，同一国家内收入差距过大会加

---

* 本文来源于2006年2月出版的《亚太经济杂志》(*Journal of the Asia Pacific Economy*)。奥岛真一郎（Shinichiro Okushima）是日本东京大学教授，内村铃木（Hiroko Uchimura）是日本亚洲经济研究所研究员。

重低收入人群（他们占国家人口中的大多数）心理上的失衡，甚至可能引发政治上的不稳定。要解决这一问题，中国面临着诸多挑战。

二、中国的相关策略演变及本文的方法与依据

中国的城市问题已经变得日益显著。政府已经开始实施一系列影响城市的政策，如城市化政策、户籍制度改革以及鼓励农村人口进城务工。这些政策旨在解决农村问题，但其结果也许只会将问题转移给城市，导致城市农民工人数的急剧增加。这也将进一步加剧一直以来随着经济改革进程而不断发展的中国城市收入不平等的严重性。

为推进经济改革进程，中国政府自 20 世纪 90 年代就实施了重大的工资与用工制度的改革。这些改革措施使影响城市职工收入的决定性因素发生了改变，从而导致了收入不平等结构的变化。换句话说，职工的自身特点，如年龄、受教育程度等因素对收入不平等的影响已经因改革而发生了变化。

这些情况的出现要求研究者重点从城市职工自身的特点出发，对收入不平等的结构进行分析，以深入考察当前中国的各种不平等问题。然而，对中国不平等问题的研究主要关注农村不平等问题以及区域性不平等问题。

本文在分析中采用中国 1988 年和 1995 年的微观数据。这些数据建立在大量的家庭调查基础之上，这些调查是由中国社会科学院经济研究所在 1989 年和 1996 年进行的。尽管对中国收入分配问题的研究相当重要，但由于数据的局限，这一研究的进展一直受到限制，对收入分配进行详细分析的研究相对较少。出于对这种情况的回应，此项调查的目的是提供涵盖中国大部分地区的可靠数据。这些数据源自国家统计局提取的大量样本（大约包括 6.5 万户农村家庭，3.5 万户城市家庭）。

由于此项研究旨在分析城市职工的个体特征与收入不平等的直接联系，因此本研究以城市个体职工为分析单位，包括自主就业者，但不包

括退休人员和学生。此项研究中的所有变量也是以个人为标准单位，包括各种个人特征，如年龄、性别以及职业。数据来自中国10个省份的城市，代表着不同区域及大小的城市。代表北部地区的省份为辽宁和陕西，代表东部沿海地区的省份为江苏和广东，内陆地区则以安徽、河南以及湖北为代表，西部为甘肃和云南，北京则是直辖市的代表。

数据中的城市样本数量1988年为17 459个，1995年为9 227个，1988年调查中的问题与1995年的并不完全一致，但1995年的调查涵盖了1988年的绝大多数问题。我们所提供的1988年和1995年的数据既具备一致性，又具备可比性。

三、各省之间以及省内收入不平等的特点与发展趋势

根据1988年和1995年6城市变化的洛伦兹曲线（曲线越高，不平等程度越高），1988年的曲线完全处于1995年的曲线之下。因此，1988年的收入分配要比1995年的平等得多（即1988年的分配优于1995年的分配）。

1988年，除了广东，各省之间的相对收入水平没有巨大差距。然而，各省份间的差距在1995年显著扩大。广东省的相对收入在1988年就已经很高，1995年又进一步增加。但是，大部分在1988年相对收入水平就低于城市平均收入水平的省份在1995年的地位进一步削弱。这就意味着，从1988年到1995年，那些相对收入在1988年就很高的省份的城市其收入要比全国平均城市收入增长得快。而且，绝大多数在1988年相对收入就低的省份在这段时期内发展有所停滞。这不仅意味着省份间的收入差距加大了，它还意味着各省份之间的贫富格局已经固定下来。

1988年的省内与省份间的收入分配要比1995年更平等。先富理论鼓励一部分地区和一部分人先富起来。这一理论的贯彻实施为中国带来了高速的经济增长，但与此同时，也加速了省内与省份间收入差距的扩

大。更明显的是，一些省份不仅率先致富，而且其在经济方面的优势地位也已逐渐固定下来。这一时期的转变不仅显示了各省份在致富次序方面的先后差异性，还预示着各省之间经济等级地位的固定化。

四、城市收入不平等的结构特点分析

本文的这部分采用新回归解析法对 1988 年和 1995 年城市职工的收入不平等结构进行分析。分析中所研究的影响收入不平等的潜在因素分为两大类：职工的个体特征以及工作的性质。个体特征包括年龄、性别、受教育程度以及政治面貌（是否是共产党员）。对年龄、性别和受教育程度的研究被用来考察人口或个人的具体特征对收入不平等的影响，它们通常是决定收入的重要因素。政治面貌则被用来考察政治影响的重要性，这是中国社会的特点之一。工作性质包含企业所有制、所在行业以及从事的职业这几个方面。所有制反映了中国经济体制的性质。

对行业的考察则为了探究不同产业部门之间的报酬差异。同样，研究职业是否对收入不平等有重大影响也在考察范围之内，因为它代表着某一工作的地位或职责。

（一）影响 1988 年和 1995 年收入不平等的因素

我们评估了 1988 年和 1995 年的收入函数。在影响 1988 年和 1995 年收入不平等的因素中，年龄是导致整个不平等的最重要的因素，其次是所有制形式。在大部分省份，性别是影响最小的因素。此外，通过对各个省份进行测量而得出的结果有一个显著的特点，那就是 1988 年的调查结果所显示出来的各省份的不平等结构非常相似，导致不平等的决定性因素也大致相同，主要是年龄因素。到 1995 年，这一特点已经转变了，导致各省份不平等的决定性因素已趋于多样化。性别因素的影响在 1995 年有所增强，而在 1988 年它几乎不起任何作用。更重要的是，教育的影响力越来越大。以处于经济改革前沿的广东省为例，教育在

1995 年对收入的不平等产生了重大影响。与之形成对比的是，教育对不平等的影响在地处改革步伐相对缓慢的内陆地区的安徽省则相对较小。

经济改革以前，工作分配由政府（根据统一的工作分配制度）进行调控，工资标准也由中央在统一的工资标准等级基础上制定。工资等级主要由年龄决定，与劳动生产力不挂钩。因此，在中国的历史背景下，年龄对收入起着决定性影响似乎是其特征。改革以后，政府着手改变这种用工制度和工资制度，例如提升劳动力的流动性，鼓励企业自主制定薪金制度。但是，这些改革，特别是用工制度改革采取的是渐进方式。20 世纪 80 年代中期以后，"劳动力市场"一词在中国经常被提及，但它仅限于帮助人们找工作。直到 90 年代以后，政府明确设立了旨在创造和扩大劳动力市场的劳动用工制度改革目标。因此，尽管工资和用工制度方面的某些改革已经开始，1988 年的收入分配在很大程度上还是受此前一元化体制的影响。在 1988 年，导致不平等的决定因素的一致性与以年龄为基础的分配制度反映了中国经济的特征。到 1995 年，年龄对不平等的影响降低了，而教育的影响则上升了。从 1988 年到 1995 年的变化反映了劳动力市场化的结果。

（二）导致 1988 年至 1995 年不平等性发生变化的因素分析

我们对这段时期内各种因素对不平等程度变化所产生的影响进行了量化研究，其结果显示，从 1988 年到 1995 年，在城市以及绝大多数省份里，年龄对不平等的影响减少，性别对不平等的影响加大。我们的调查结果显示，各个省份间的这些特征相似。另一个与众不同的结果是：在这一时期，教育对不平等程度的加大产生了重要影响。在作为经济改革先锋的广东省，教育是导致不平等程度加大的突出因素。总的来说，随着基于年龄的分配体制的稳步改进，年龄因素对收入不平等程度的影响逐渐减少。然而，教育因素却在这一时期不平等程度的加大过程中扮演了极为重要的角色。

1992 年邓小平发表"南巡讲话"以后，社会主义市场经济体制在中国得到正式认可，提升市场机制也得到了确认。自此以后，经济改革加快了步伐。正如前面所提到的，发展速度起初较慢的用工制度改革在20世纪90年代开始朝市场化方向前进。更确切地说，1992年成为经济改革以来的第二个转折点。本文所分析的1988年和1995年正处在1992年之前和之后。因此，在这一时期，年龄因素对不平等程度影响的日渐减少与教育对其产生的加剧作用正反映了改革的这一进程。

五、导致不平等程度的决定性因素：教育

本部分详细探讨教育因素的影响，因为在1988年至1995年期间，教育因素对不平等程度的变化起着重大作用。本部分的研究重点是不同的受教育人群在总人口中所占的份额及其相对收入，以及同一受教育人群内部的不平等程度。

首先，我们考察受教育程度在组成结构上的变化。在1988年和1995年，具有高中学历和具有初中学历的人的总和都占到了全部受教育人口的一半，但具有初中学历的人口所占的比重在1995年有所下降。具有大学或大学以上、民办学院或职业学院以及中等职业技术学校学历的人口在全部受教育人口中所占的比重在1995年有所上升。所有省份具有一个共同特征，那就是其拥有级别高于民办学院或职业学院以及中等职业技术学校学历的人口所占的比例增加了，而其学历在初中以下的人口所占的比例减少了，这就意味着中国城市职工的受教育程度大大提升了。

学历为初中以及学历为小学或小学以下的人群相对收入降低，而受过民办学院或职业学校教育的人群的相对收入增加，这一变化是显著的。具有民办学院或职业学校学历的人群的相对收入在1995年明显高于具有中等职业技能学校学历的人群。这反映了1995年受教育程度与相对收入的紧密联系。

我们的研究还表明，在受教育程度的等级与不平等程度的等级之间

存在着一种反比关系，这种关系在 1995 年变得更为明显。1988 年，在大部分省份，在那些受教育水平高于中等职业技术教育的群体中，其不平等程度比整个不平等的水平要低，而在那些受教育程度为初中以及小学或小学以下的群体中，其不平等程度比整个不平等程度要高。在 1995 年，这两个群体中存在的不平等的情况与 1988 年一致。这一结果表明，一个受过平均水平教育的人的收入会相对较高且分配平均，而受教育水平低于这一级别的人获得的相对收入较少且分配不均。

由舒尔茨、贝克尔和明舍尔提出的人力资本理论被看做是解释收入与教育这二者之间关系的最重要的理论之一。在这一理论中，教育被看做是人力资本的一项投资，因为职工可以通过受教育所得到的知识提升才干和技能，以此增加收入。从这个观点来看，教育是引发收入不平等的一个重要因素。正如前面提到过的，中国城市收入分配的变化可以被认为是通过新兴劳动力市场来反映和区分职工才干和技能的分配变化。因此，这就使得人力资本理论更适用于解释中国经济领域中教育与收入的关系。

然而，就此得出中国城市收入差距是由精英阶层造成的结论未免显得过于草率。尽管人力资本理论认为每个人在教育方面的投资额是个人所作的理性决定，然而在中国人们能否自由并理性地自主选择教育投资额是一个问题。这就引起了对中国受教育机会问题的关注。在中国，各地区以及各社会阶层在受教育机会方面存在严重的不平等。特别是获取高等教育的机会极其有限且分配不均，而高等教育的背景则更有可能带来高收入。此外，实证研究显示，在中国，家庭背景与教育程度之间存在着紧密联系。学者对 1992 年武汉的情况所作的分析和对 1997 年天津的情况所作的分析都显示出家庭背景，如家庭的社会地位或父母的受教育程度对孩子的受教育程度产生了重大影响。这些结果表明，在中国，收入分配随着受教育机会的不均等而日益变得不平等。这一问题亟待解决。

六、中国城市收入不平等程度加剧的影响

收入不平等程度的快速增加意味着中国人正被划分成一大部分的低收入人群和一小部分的高收入人群。

低收入人口占中国人口的绝大多数，他们倾向注重平等分配的政策。从他们自身利益来考虑，这是合情合理的。然而，实际政策似乎没有充分考虑到这一点，这是因为中国政府将以市场为导向的经济改革作为经济发展的首要任务。

考虑到这些问题，中国面临着严峻的挑战。中国政府有必要像20世纪的许多国家那样，确立一种再分配政策，并且在新的市场经济体制下重建社会保障体制，以进一步提高人民的机会均等。

（贺蓉　崔存明 摘译）

能源问题

countrysi
implemen
rural refo
the villag
the villag
of the vill
aims of u
various a
sanitation
democrac
maintaini
populace.
The ne
from the
state-own
under the

The Myth of
Growth

中国的战略性能源困境*

〔英〕迈克尔·T. 克拉里

中国经济社会发展的第十一个五年规划（2006—2010 年）仅设定了两个具体的量化目标：人均国内生产总值（GDP）到 2010 年达到 2000 年的两倍，每单位 GDP 的能源投入比 2005 年下降 20%。

在某种意义上，这些雄心勃勃的目标突出了中国决策者在今后几年中将面临的主要困境。尽管共产党领导人想稳步改善普通中国人的生活水平和生活方式，据此以保证人民对其政权的支持（或接受），但是要实现第一个目标需要大幅增加能源，他们必须以某种方式找到增加能源供应的方法。随着近期能源价格的上涨以及各方对未来全球石油存量是否充足越来越担忧，中国领导人将不得不如履薄冰般地采取行动，以协调这些相互竞争并且很艰巨的目标。

对中国领导人而言，获取实现持续发展及满足消费者需求所需的额外能源供应既要面对经济方面的挑战，也要面对政治上的挑战。经济方面的挑战源自获取额外能源供应所需的庞大的经济投入：将不得不兴建上百座也许上千座新的发电厂，同时还需要兴建无数炼油厂、天然气输

---

* 本文来源于美国刊物《当代历史》（*Current History*）2006 年第 4 期。迈克尔·T. 克拉里（Michael T. Klare）是英国汉普郡大学教授。

送设施、煤矿和水电大坝，这些设施总价值达几十亿美元。

中国将无法仅依赖国内来源来满足其未来的能源需求，而不得不从国外获取越来越多的石油和天然气——其中许多来源地也是美国、欧洲和日本公司正急切地努力获取的目标。这一情况引发了政治上的挑战。

老牌工业国长期都在世界能源消费中占据最大的份额。至1990年，这些国家的消费量占据了全球能源使用总量的3/4。但是现在它们面临着来自亚洲新兴工业化国家的日益激烈的竞争。印度、韩国、东南亚国家和中国台湾地区已经开始像前述国家一样在全球范围内寻找额外资源——而到目前为止，在新兴国家中最大的能源消费国是中国。

由此导致的竞争正在抬高全球能源价格并使主要能源进口国之间出现剧烈的地缘政治摩擦。在某些情况下，这种摩擦表现为令人担忧的军事冲突，因为互相敌对的能源寻求国向可能成为其能源供应方的国家提供各种形式的军事援助，这种做法也加剧了地区紧张局势和武装对抗。虽然中国在这种地缘政治竞争中是后来者，它同伊朗、苏丹、乌兹别克斯坦和委内瑞拉等国之间所发展的能源和军事关系已经成为中美关系中让人非常头疼的问题。

使整个局面更为复杂的是中国的能源使用量激增对环境所产生的影响。因为中国想主要依靠国内的能源供应，使其在整个能源需求结构中占到尽可能大的份额，也因为中国拥有的唯一储量丰富的能源资源就是煤炭，所以，中国政府的未来计划的实现需要大幅增加煤炭的使用量——从2002年的14亿吨提高到2025年预计的32亿吨。如果该预测被证明是准确的，而且如果中国的公用事业部门继续使用现有的燃煤技术，那么，中国将在2025年以前超过美国成为世界上最大的二氧化碳（导致气候变化的气体）排放国。只有说服中国限制其煤炭消耗或大规模采用清洁燃煤技术，才可能扭转环境中温室气体大量剧增的局面。

中国领导人怎样权衡这些相互竞争的目标和相互冲突的利益是中国在今后多年将面临的最大考验之一。同时，中国在能源方面的行为将引起美国、欧洲、日本和世界上其他国家和地区在政治和环境方面的担忧。

总体趋势

正如人们可能预期的那样，中国由于人口众多、经济发展较快而开始陷入能源困境，尽管中国国民人均能源使用量比美国和其他高度发达国家少得多——中国的人均能源消费量相当于每年 1 吨石油。而与之相较，美国的人均能源使用量相当于每年 8 吨石油，但是，13 亿人的消费总额势必非常大。然而，比人口更重要的是中国飞速发展的经济，目前正以每年平均 9%—10% 的速度增长。每增加一项经济活动都使能源需求出现相当大的增长，使中国的能源需求总量达到更高的水平。

美国能源部提供的数据表明中国的能源需求有了惊人的增长。在 1990 年至 2002 年的 12 年间，中国的能源净使用量提高了 60%，从 2 700万亿英制热单位（BTUS）提高到 4 300 万亿英制热单位。据预测将在 2025 年时再增长 153%，增至 10 900 万亿英制热单位。为了更清楚地了解这一增长的规模和速度，让我们想一想，在 1990 年时中国的能源使用量不足西欧国家总和的一半，而预计到 2025 年则比所有西欧国家的总和还高 44%。

为了满足其大幅增长的能源需求，中国的能源供应部门不得不增加各种能源（包括石油、煤炭、天然气、水电、核能及如太阳能和风能等可再生能源）的供应量。正如我们所注意到的那样，煤炭可能在中国净能源供应量的额外增长中占最大的份额。但即使中国想要忽视大量使用煤炭作为能源在环境方面产生的后果，中国也无法仅仅依靠煤炭来满足额外所需的全部能源。出于包括交通在内的一些原因，中国也需要获取更多的石油和天然气，而整个局面也带有了地缘政治的面貌。

中国对石油的需求可能特别大。在中国，公路、航空、铁路和海洋运输系统——该国规模庞大而迅速扩张的基础设施领域中增长速度最快的部门——的主要燃料来源为石油产品。具体来说，2001 年中国公路上仅有 1 450 万辆登记在册的汽车在行驶；预计这一数字到 2030 年将猛增至 1.3 亿辆。为了这些新增车辆，中国每年要修建约 3 万英里公路。中国还在兴建和扩建机场以容纳激增的国内航空运输量。从 1990 年至 2002 年，中国乘飞机的旅客人数从 2 700 万增长到 8 400 万。

汽车数量增加、更多旅客乘飞机出行仅仅意味着一个结果：对石油产品日益增加的需求。中国石油消费的增长率为每年 4.5%，目前位列全球各国之首。假设这一速度持续不减，中国的能源消费净额将从 2002 年的每天 520 万桶提高到 2025 年的每天 1 420 万桶。届时，中国的石油消费总量将超过美国以外的所有其他国家的总和。

中国曾经实现过石油的自给自足：早在 1993 年，中国每天的石油产量及消费量约为 300 万桶。但是中国的石油产量仅仅出现小幅增长，到 2004 年才达到每天 350 万桶，而石油消费量却激增。由此，每年石油生产和消费之间的缺口都变得更大——而中国能够弥补这一日益扩大的缺口的唯一办法是增加石油进口量。中国在 2004 年的石油进口净额为每天 320 万桶，占其消费总额的 48%；预计到 2025 年，中国每天的进口需求将达到 1 070 万桶，占其消费量的 75%。

中国的领导人和石油公司一直不断地在全球寻找新的石油来源，其目的就是为了获取国外新增的石油产量，在某些情况下，是与对方签订长期原油供应合同，在其他情况下，则是收购国外油田的股份。

寻找石油

美国的观察员不确定中国政府在多大程度上直接监督着中国石油公司并购国外石油公司的交易，据说中石油、中石化和中海油是自主经营的盈利企业，并且独立经营其国际业务。然而，中国政府在这些公司中持有很多股份，从 80% 到 90% 不等，并且这些公司的高层领导也由政府任命。国有银行向这些公司发放低息贷款，而且中国外交部门经常在这些公司就勘探和开采权与其他国家进行的谈判中给予协助。

尽管中国官员从未明确表明他们对这些大石油公司的海外业务施加影响的目的，但他们的意图很明显：使更多国家向中国提供石油和天然气，并且在可能的情况下，获得对关键的境外能源储备的直接所有权。1996 年，中国进口石油中的 70% 仅来自三个国家：印度尼西亚、安曼和也门。到 2003 年，中国已同更多的供应国建立了联系，这些国家包括沙特（提供中国石油进口量的 17%）、伊朗（14%）、安哥拉（11%）和苏丹（5%）。为了寻找其他油气来源，中国官员跑遍了全球，同巴西、加拿大、厄瓜多尔、哈萨克斯坦、尼日利亚、俄罗斯和委内瑞拉达成供应协议并向其购买开采权。

中国正在努力拓宽其获得国外能源的渠道，这一点本身并非国际关系中产生摩擦的根源。毕竟，美国、英国、法国、日本和其他石油进口国长久以来就在为获取境外石油产区的开采权而相互竞争，并且已经设法通过（相对）友好的方式瓜分了可获得的资源。中国可能是这一竞争中的后来者，但是目前的做法与其他寻求石油资源的国家也没有显著差异。实际上，乔治·W. 布什总统于 2001 年 5 月 17 日宣布的“国家能源政策”中要求美国外交官像中国官员一样，在寻求国外能源时采取同样的外交手段。

在全球石油供应国日益扩大的情况下，中国可能会动用其大量的现金储备购买所需能源。然而，这一局面会面临两个问题。首先，越来越多的迹象表明，全球石油供应的增长虽然很快，但还是不足以与日益增长的全球石油需求保持同步。其次，许多全球最丰富的能源供应来源已为西方能源公司或由生产国所拥有的国有石油公司所控制，这迫使中国到边缘地区寻求发展机遇。

竞争加剧

几十年来，世界石油供应的增长是紧跟国际需求的稳步上升的步伐的，这使得全球经济在过去的 60 年中大幅扩张，也使包括中国、印度、韩国和中国台湾在内的这些亚洲经济引擎得以崛起。但是，最近，人们对于石油工业在继续支撑全球需求方面的能力是否能跟得上石油供应的增长速度产生了严重怀疑。虽然一些能源分析师坚持认为这并不是问题，全球石油供应仍将根据需求情况继续增长，但另一些分析师认为，全球石油供应的增长速度将很快放缓并最终归零（一种被称作石油产量"峰值"的状态），随后石油供应将开始紧缩。

中国研究直到最近，大多数石油公司的管理人员和政府的能源专家都与相信石油产量达到峰值的时刻仍很遥远的人士意见一致。但是，最近，有些人明显抛弃了这种一致的意见。例如，雪佛龙公司的首席执行官大卫·奥雷里曾在刊登在主流报纸上的整版广告上签名，表示对在未来能否获得石油很担忧。广告词中说："有一件事情很清楚，石油唾手可得的时代已经结束了。"

现在无法预测在今后几十年里究竟能获得多少石油以满足人们预期会出现的需求。美国能源部宣称，到 2025 年，市场上会有足够的石油供应以满足所预测的每天 1.19 亿桶石油的需求，比目前的水平每天增加了 3 500 万桶到 3 600 万桶。如果这一预测被证明是正确的，将有足够的石油供应来满足中国的预期需求——每天 1 420 万桶，以及美国所寻求的每天 2 730 万桶，西欧的每天 1 490 万桶和日本的每天 680 万桶。在这一令人愉快的情况下，油价将保持相对稳定而严重的石油紧缺也将得到缓解。

不幸的是，考虑到雪佛龙公司的大卫·奥雷里先生和其他持怀疑态度的人士提到的顾虑，谁也无法相信这一方案能获得成功。其实，更加谨慎的假设是：全球石油供应的增长不足以满足预期的需求；因油价将大幅上涨而产生的对任何可能的石油供应的竞争将更为激烈和尖锐。一定要在这一背景下审视中国（以及印度、韩国和其他正崛起的亚洲经济体）为获取更多的石油供应而作出的努力。

这种情况会怎样发生无法被精确地预见，可是我们已经能看到一些初期的迹象。一是价格，随着中国和印度成为已经非常拥挤的能源市场上越来越重要的参与者，石油价格的上涨速度甚至比一年前预测的速度都要快很多。在 2005 年 1 月，美国能源部预测在 2005 年至 2025 年期间，石油价格将上涨至每桶 30 至 35 美元不等。今年 1 月，它将对这一时期的预测调高至每桶 50 至 55 美元。

更令人担心的是，美国国会对 2005 年 6 月中海油收购优尼科公司（美国一家中等规模的石油天然气生产企业）的举动所作出的歇斯底里的反应。尽管中海油的投标价格比另一个有力竞标人雪佛龙公司高出了 20 亿美元，美国的立法者们却被一家中国公司可能获得对美国能源资产的控制这一事实激怒了，以至于他们在当年 8 月的投票中为中海油的收购设置了无法逾越的障碍，迫使其撤标。优尼科公司的油气储备大多数都位于亚洲，而且它在满足美国能源需求方面发挥的作用可忽略不计这一情况并没有使这些投票否决中海油竞标的美国立法者改变主意。

优尼科事件最终不会对中美关系产生重大影响，中海油继续收购其他国家（包括尼日利亚）的石油资产。不管怎样，这一事件表明国际上对石油资产的竞争的激烈程度，也突出了这种可能性，即对能源的竞争可能会使主要石油出口国之间的政治关系恶化。普樱与格斯公司（Purvin and Gertz）的分析师库尔特·巴罗（Kurt Barrow）将优尼科事件的特征总结为打响了围绕着全球石油供应而展开的“新”一轮战争。他对《纽约时报》的记者谈到：“中海油虽然在对优尼科公司的竞标中失败了，但是它将会继续收购海外的能源资产，以支持中国日益增长的能源需求。”

这种说法看起来或许过于夸张了，但是由于这对美国自己的重要能源供应构成了威胁，所以对于那些将中国热切地寻求境外石油资产的做法看做涉及“国家安全”事务的国会议员而言，这种说法并不夸张。

其他的担忧

在获取逐渐减少的石油供应方面的竞争变得日益激烈，由此引起摩擦的可能性因以下情况而变得更大：在世界上储量最丰富的油田中，许多已被西方的大石油公司或出产国的国有公司控制（如沙特阿拉伯的阿拉伯——美国石油公司和科威特石油公司）。中东地区大部分国家的石油生产由国有石油公司控制，而西方国家的公司已在其他产油地区，如非洲撒哈拉以南地区和里海盆地等地区占据了领导地位。

中国的能源官员无疑很乐意在这些地区站稳脚跟，但是因为与其竞争的公司在这些地区的业务根深蒂固而受挫。例如，中海油和中石化试图携手收购正在开发卡沙干（Kashagan）的石油储备（位于哈萨克斯坦所属的里海海域中）的财团的 1/6 的股份时，该财团最早的成员，包括艾克森 - 美孚、荷兰皇家/壳牌和科诺科 - 菲利浦，行使了“优先购买权”，将这两家中国公司排除在外，自己购得了这些股份。

在被以这种方式排除在许多更为诱人的产油区之外以后，中国就选择了看似唯一向自己开放的道路：到边缘地区以及像伊朗、苏丹和乌兹别克斯坦这样的国家寻求石油储备。

中国在苏丹的地位尤其值得注意。中石油目前在苏丹国内领先的石油生产企业——大尼罗河石油经营公司中拥有 40% 的股份，并在苏丹的其他油田持有大量股份；该公司在苏丹海上修建了一条从苏丹南部通往苏丹港的一条 930 英里长的管道，还在卡沙干兴建了一座炼油厂。中石化则帮助伊朗修建从里海至德黑兰的管道并且参与该国天然气储备的开发活动。

中国已经跟被认为与美国不友好的国家建立了如此紧密的联系，这一事实在华盛顿看来非常具有挑衅性。但是，在努力巩固与这些石油供应国的关系时，北京还向这些国家提供军事和外交援助，这使华盛顿更为恼火。2006 年当国会下令对中国的能源政策进行审议时，美国能源部发现，“在乌兹别克斯坦、苏丹和缅甸这样的国家，中国公开支持这些由于侵犯人权、支持恐怖主义或扩散核武器而在全球范围内遭到反对的政权”，“作为长期趋势，中国在这些方面的行为是与美国的关键战略目标相对立的”。

在五角大楼于2005年对中国的战略和国力所作的题为“中华人民共和国的军事能力”的分析报告中能很明显地看出，美国的高层官员对这些活动的重视程度。该报告首次强调对能源的竞争是美中安全事务中的重要因素。该报告在题为“作为战略性推动因素的能源需求”一章中指出，“北京认为，为了保证获得能源的渠道需要这种特殊关系，这种想法将形成中国的防御战略和武力规划”，因此，很可能对美国的国家安全构成潜在威胁。

美国在中国的石油进口量仅为每天300万桶——不足美国目前进口量1/3时，就已经表示了这种担心。想象一下，到2 025年人们可能的惊恐程度，届时预计中国的石油进口量会上升至每天1 100万桶，是美国的石油进口预测量的2/3。尽管无法预测国际关系的未来走势，但完全可以有把握地假设，由对境外石油的竞争而引起的争议将在中美关系中发挥越来越重要的作用，其重要性可能会超过台湾问题和双边贸易逆差等其他令人担忧的问题。

寻找天然气的竞争

随着时间的推移，中国将不仅对石油越来越渴求，也会需要越来越多的天然气。这也能导致国际关系中出现重大摩擦。

目前，中国的天然气使用量相对较少，每年为1.2万亿立方英尺。这仅为美国的天然气使用量的5%。但是预计中国在今后会使用更多的天然气，主要是为发电厂提供能量，也把天然气作为肥料、氢和混合化工品的来源。中国越来越强烈地意识到过分依赖煤炭所产生的环境后果，而且，中国也可能越来越多地使用天然气发电，这使需求进一步增多。因此，中国的天然气使用量将以每年7.8%的速度增长——在所有大经济体中是最高的。像石油问题一样，对中国政府来讲，满足所有这些新增天然气的需求会被证明是一个重大的挑战。

中国官员会更倾向于依靠国内的来源，使其在所需的天然气中占有尽可能大的份额，并因此斥重资开发中国西部前景良好的塔里木盆地，将这里开发的天然气运送至沿海的能源匮乏地区。但这些来源不足以满足中国不断增长的需求。因此，北京不得不放眼其他地区以寻找其他的来源——这将再次引发各式各样的国际敌对情绪。

世界上天然气储备量最丰富的国家是伊朗和俄罗斯。中国寻求与这两个国家都建立供应关系——与伊朗的交易引发与美国之间的矛盾，而与俄罗斯的交易引发了与日本的争端。中石化于 2004 年 10 月与伊朗签订了为期 25 年、价值 1 000 亿美元的合同，合同包括伊朗每年向中国出口 1 000 万吨液化天然气以及中国参与修建一座浓缩天然气的工厂。尽管合同的细节仍在酝酿之中，最终的结果是又一笔资金流入伊朗，挫败了美国孤立伊朗的努力，由此妨碍了美国在伊朗核问题上的企图。

中国与日本的问题性质则不同，两国竞相成为最近被发现的大量天然气（位于俄罗斯远东地区的萨哈林岛）的输送管道的最终目的地。日本公司为这些气田的开发提供了大部分资金和技术。东京一直认为这些气田出产的天然气将通过管道向南被输送至日本。最近，中国官员正在同萨哈林开发集团进行谈判，目的在于获得该气田出产的很大一部分天然气的供应以及将天然气输送管道向西修筑使其通往中国。中国政府的做法已经引起了日本的不满。

与日本之间出现的一个更为严重的问题是在有争议的中国东海水域开发海上油田的问题。中国和日本的地理学家认为，在中国东海岸与日本最南端岛屿之间的一条深海沟中蕴藏大量天然气。日本声称其海上边界线位于该海沟附近。中国坚持认为其外部边境线延伸至大陆架的边缘，延伸至海沟更往东的地点。

最近，中海油和中石化已经在日本声称拥有主权的地带进行开采活动，从东京认为是日本领土但中国声称为中国领土的地点开采天然气。双方均定期向该地区派遣军舰，挑起了一系列具有威胁性的海上冲突。尚未有任何事件导致双方实际开火，但的确存在双方有一天实际交火的风险。

当前日本反华情绪日益高涨，而有关天然气的这一争端使这种情绪更为严重，使各方欲和平地解决争议的努力变得更复杂。

全球的两难境地

中国对进口能源的需求势必逐渐增长，而人们也越来越怀疑今后能否获得丰富的石油资源。由此，出现危机的风险以及围绕获得重要能源的渠道发生的冲突变得越来越严重。在此背景下，可能导致出现冲突的并不是“中国问题”，而是全球性问题。除非世界上现有的大国准备要陷入那种导致“一战”以及许多更轻微冲突爆发的、由资源驱动的地缘政治竞争中，否则它们必须在谈判桌上为渴求能源的中国留一席之地。将中国排除在前景良好的能源交易（像在里海的卡沙干油田及美国优尼科公司出售这类交易）以外的做法只会使各方关系恶化，并迫使北京寻求会产生不良国际影响的更冒险的安排。

同时，世界石油产量最终达到峰值以及全球依赖矿物燃料导致环境恶果这样的问题只能在国际层面上解决，这要求包括中国在内的各个重要国家的紧密合作。

因此，国际社会应该以同情的眼光看待中国在战略性能源方面所处的两难境地，这点很重要。国际社会需要同北京合作，帮助其采用更多种类的能源，并同其他各方一起，加快合作开发环保型替代能源，像清洁燃煤技术、生物燃料、风能、太阳能和水能等。

（于森 译）

中国能源政策的成效与挑战*

〔英〕菲利普·安德鲁斯－斯皮德

一、引　言

20世纪70年代末，节约能源与提高能源效率首次成为中国能源政策中重要的一部分。政府认识到能源供给是制约经济增长的一个主要瓶颈。当时的经济结构、落后的技术和偏低的能源价格造成了能源的生产、转换与利用等方面的效率低下。能源在转换与终端使用中的低效现象遍及经济的方方面面——从电站到住房建设。在此后的20年里，尤其是20世纪80年代，中国的能源紧张状况曾大为缓解。然而，我们在研究一些资料后发现，中国能源紧张状况的缓解程度并不如一些学者所描述的那么大，不过政府所成功实施的政策还是值得大为赞赏的。

1997年，政府颁布了《节约能源法》。政府此举可谓是为推动全社会的节能而采取的重大举措。自那时起，已经过去快六年了。尽管能源紧张状况得以不断缓解，但这是否是政府政策带来的直接结果并不是很

* 本文是作者出版的《中华人民共和国的能源政策与管理》（*Energy Policy and Regulation in the Peoples Republic of China*，2004）一书的第8章。菲利普·安德鲁斯－斯皮德（Philip Andrews－Speed）是英国邓迪大学能源、石油与矿产法规研究中心主任。

清楚。中国仍存在巨大的节能空间，但在连贯性政策的制定及有效推行方面却存在一些难以克服的障碍，而且当前所遇到的困难也与20年前大不相同。

本文是要探究中国节能政策为何于20世纪80年代与90年代早期能取得成功，而20世纪90年代末以来却又不见成效了。文中首先指出中国仍存在节能的潜力，并分析节能战略成功实施的原因。此后，本文将概述政府在厉行节能过程中所面临的现实挑战，并分析为何一段时间以来这些节能政策又举步维艰。

二、节能的潜力

目前大家普遍认可的是，中国社会经济发展中存在低效使用能源与浪费能源的几大源头，而这些源头却又为长期节能提供了巨大潜力。能源的浪费之源可以分为以下几类（尽管各类别之间会有一定的交叉）：煤炭行业、电力行业、工业的能源消耗、建筑、交通。

1. 煤炭行业

很长时间以来，煤炭在中国的主要能源消耗中所占的比例超过70%，尽管这一比重现在已降到不足70%。因此，煤炭行业所存在的能源利用的低效问题对节能而言，其意义非同一般。每年通过加强对煤炭行业的管理就可以节省出上亿吨的煤。煤炭行业的主要问题在于原煤质量低、煤炭分配的不合理、洗煤和选煤的总体水平低下。煤炭行业的这些缺陷不利于相关行业及个体消费者提高燃煤的经济效率和热效率。

煤炭还给经济造成了长期的负担，即煤需要长途运输才能从北方的矿区被输送到东部和南部的市场。因此，必须要对交通进行大规模的投资，尤其是对铁路建设的投资，而且煤炭的运输还要源源不断地消耗运输燃料。此外，由于煤炭行业自身无法完成洗煤和选煤，进而又加剧了运输负荷。

在煤炭业内还有很多方面存在节能的潜力，比如可以把固体煤加工成液化煤或气化煤，采集煤床的甲烷等。

2. 电力行业

与煤炭与石油行业相比，中国的电力行业发展较快，1980 年至 2001 年间，发电装机容量增长了约 5 倍，但华东的部分地区有时仍会出现严重的电力短缺。虽然电力短缺部分源于输电、配电的能力不足，但是电力行业固有的低效率意味着现在的电厂和设备的输电损耗太大。

火力发电厂目前普遍存在的一个问题就是每度电的耗煤量太高，因此将来通过提高发电厂的效率亦可以节约出大量的能源。尽管有些陈旧的小规模电厂效率极低，但是相当多的一些新建的、大规模的电厂却依然存在技术和设备陈旧低效的问题。发电厂的运营维修不善和自动化水平低加剧了热能利用的低效，输电和配电过程中的突出问题则是大量的电路损失和变电厂的低效率。

通过利用热电联产（co-generation）、小型水电厂、地方太阳能与风力发电等形式的分布式能源（distributed energy）也可以节约大量能源。20 世纪 80 年代末，政府正式出台一些优惠政策以促进热电联产。到了 2000 年，中国发电装机容量的 15% 属分布式能源，其中最主要的形式就是热电厂。但是，由于税收激励的取消以及电力行业政策与监管制度的模棱两可，这种增长势头停了下来。

3. 工业的能源消耗

尽管中国的经济结构正在不断发生变化，但是工业占国内生产总值（GDP）的比重仍然高达 40%，因为服务业部门的增长是以牺牲农业为代价的。在工业部门，重工业产值占该部门总产值的 50%。事实上，中国能源需求的 70% 来自工业，因此，在所有的能源终端使用者中，工业部门的节能潜力最大。

尚待改进的关键行业包括冶金业、建材业、石化及化工业等。乡镇企业的能源浪费相当严重，这些企业在 20 世纪 80 年代与 90 年代初推动了中国的经济增长与转型。中国重工业所使用的过时的熔炉与窑也是耗能高的原因所在。与发电厂的问题相似的是，重工业也存在管理不善的问题，如自动化水平低、大量废弃的热能、不恰当的工艺等。

4. 建筑

和工业部门一样，服务业部门与家庭也同样存在设备效率低下的问题。在国内的很多地方，电器、取暖与制冷系统、照明都相当落后与低效——尽管有些地方已有了显著改进。由供暖就可以节约出大量能源——约占建筑节能总量的70%。

中国北方地区每年都要经历漫长的严冬。工厂、办公室与住宅每天都需要一定时间的供暖。中国南方地区的冬季并不是太冷，但是环境温度在10℃以下，这些地区新近富裕起来的居民希望能给办公室及住所供暖。有鉴于此，在中国这个人口众多的大国，建筑的高效供暖意义重大。高效供暖涉及建筑设计与建材的材质，同时还涉及供暖系统的设计与管理。

5. 交通

中国对石油的消耗速度没有电那么快，1980—2002年间，石油的消耗增加不到3倍。但是石油需求的持续上升与国内较低的石油产量使得中国在国际石油市场上的地位发生了巨大变化：由20世纪80年代的石油出口国转变为现在的石油进口国——国内石油需求的30%不得不依赖进口。道路交通和国内工业的发展是造成石油需求不断增加的重要因素。

在交通部门同样可以节省出大量能源，如提高交通工具的燃油效率、改善公共交通的数量和质量以及统一交通规划。尽管节约出的能源对整个国家的能源消耗而言不过是杯水车薪，但是燃料的节约可以减少石油的进口。

三、政策举措及其成效

在过去20年里，中国的能源紧张状况得到了大规模的持续缓解。这种能源缓解程度和其他一些国家大体相当，如美国。这一成就在很大程度上应归结于政府所采取的一系列促进节能与提高能源利用率的举措。这些举措有指令性的和导向性的。指令性措施有：指定每个能源使用者的配额，规定装置的耗能标准，淘汰陈旧设备。长期存在的中央计划经济措施对节能起到了积极作用。导向性措施，如提供信息、培训和示范。这些措施通过遍布国内的新机构而得以实施，如能源服务公司、能源管理中心与节能中心。为这些机构提供支持的是一些实体单位，如北京能源效率中心与能源效率技术投资公司。政府的三个高层委员会——国家计委、国家经贸委以及国家科委也负责制定和实施相关的节能政策。此外，政府还针对所有能源使用者分门别类地制定了节能方案，从大型企业、发电站到节能照明与节能冰箱。

财税激励的节能效果比指令性措施和导向性措施要差一些，过去采取的财税激励措施主要有两种。首先，政府在 20 世纪 80 年代给企业提供了一系列的税收补贴以激励企业对节能进行投资，但是 1994 年税制的简化取消了其中的大部分优惠。其次，在过去的 20 年间很多能源的实际价格上涨了，煤炭的国内市场价格自 20 世纪 80 年代中期开始逐步放开。鉴于 1998 年出现了煤炭的供给过剩，政府制定了煤炭的最低价格以挽救大型国有煤矿。原油及石油产品的价格比以往更接近国际市场价格，尽管它们依然是由中央和地方政府确定。试图通过征收销售税而提高汽油与柴油的终端使用价格已遇到政治上的阻力，而且至今尚未获得批准。电价在 20 世纪 90 年代曾大幅上扬，但是自 90 年代末取消违规征税与平抑需求后又急剧下跌。

政府的干预并不仅仅局限在城市范围。虽然 1980 年至 1990 年间农村家庭人均能源消耗量随着生活水平的提高而上升，但统计数据表明，1990 年至 1995 年该数据又出现了略微下降。更为显著的变化是，农村从过去以柴禾和稻草为燃料转而使用商业性能源，如煤和电。农村的能源战略之一就是要推广使用高效生物炉。

尽管 20 世纪 80 年代能源紧张状况的缓解可以在很大程度上归功于政府的节能政策，但是不甚清楚的是近年来的节能政策是否也如此成功。针对联合国开发计划署（UNDP）所列举出的有巨大节能空间的行业（煤、电力、工业、建筑和运输），中国政府也明确赞同。但问题是政府能否制定出适当的措施与制度来达到这些节能的目标。

四、未来的挑战

在中国由计划经济向“社会主义市场经济”逐渐过渡的进程中，计划经济体制下的一些制度与政策工具渐渐失效。尽管市场机制已渐渐渗入中国的经济领域，但是政府机构在很多方面都未能调整结构与转变职能以适应新环境，而且一些经济主体也没有市场意识。因此，市场手段在节能方面所实际达到的成效比预期的要低。

政府意识到要推动节能就必须有新的举措，因此在 1997 年颁布了《节约能源法》，该法涉及方方面面的问题，如能源效率、再生能源、新型能源、节能与环保同步、研究与开发、教育与信息发布。2001—2005 年的“十五”规划再次确认了上述目标。政府近年来的一些具体举措有：成立能源管理中心、制定绿色照明与绿色冰箱纲要、逐步规范设备的能耗标准、使用能源效率标识以及制定地方建筑法规等。

尽管有了上述举措，但政府如果想要使节能达到本文开头所提到的水平的话，那么还应在以下几个方面大力改进：制度结构、法律与监管框架、经济措施和能力不足。

1. 制度结构

现行的政府结构及一些部门的行为妨碍了连贯性节能政策的制定与实施。同时，政出多门与各部门间缺少协调也阻碍了各级政府节能政策的制定以及节能技术的研发与商业化。例如，20 世纪 90 年代在节能政策的制定和实施方面，国家计委、国家经贸委、财政部和国家科委都扮演着重要的角色，而其他一些单位，如国家能源公司、国家环保总局以及一些科研机构，也纷纷参与其中。

目前在节能方面的一个主要制度缺陷就是，缺少一个能源部或地位相当的专门的能源机构。只有建立了此类机构，才能将节能提高到与能源生产同等重要的地位上来——如官方能源政策所言。实际上，政府在能源生产方面的投资远远超出了为节能所做出的投资。甚至在20世纪80年代时值节能有重大起色之时，为节能而花费的资金也仅占能源部门总投资额的6%。

此外，不但中央一级各部门间缺少协调，中央以下各级政府也是如此。各级政府间的利益冲突则进一步加剧了彼此间的协调失灵。地方政府极力追求短期经济效益并各自为政，这与中央政府的长期战略是冲突的。在乡村一级这类问题尤为突出。

在省级和省级以下各个地方，有必要确立新的制度框架以便找出适于当地环境的节能技术与方法，这其中应有政府机构、研究中心、企业及其他团体的参与。只有在各个机构和团体的共同参与下，才有可能制定出强有力的节能战略，如“社区节能管理”，而分布式能源的发展则将成为节能战略中不可分割的一部分。

2. 法律与监管框架

与制度问题密切相关的是法律与监管框架。政府试图借《节约能源法》而再次大力推行节能，但是在过去的五年里该法案的实施却进展缓慢。中央一级的监管实施细则尚待出台，而地方上出台的监管条例（如山东、上海、浙江等地实施的监管）又含糊不清。

鉴于能源与污染的紧密关系，有人认为加强对环境的有效监管可以推进节能政策的落实。对污染制造者的惩罚可以在诸多方面推动节能。然而，中国的环境监管也同样问题重重。这一弱点与利益的冲突阻碍了对环境污染行为的有效惩罚与征税。

就分布式能源而言，电力部门的所有监管与政策框架都是模棱两可的，以至于极少有私人投资者敢于在没有政府支持的情况下对新型发电厂进行投资。部门内在合同方面缺少稳定性这一点进一步加剧了这一弱点。事实上，有关节能的私人投资制度全都亟待改进。

3. 经济措施

目前大家广泛认可的一点是，中国相对较低的能源价格使能源使用者鲜有节能的动力。有争议的是，有人提出消费者不仅要支付能源的全部直接成本，还要支付与环境破坏和能源供给安全相关的其他外部成本。仅对能源实施完全成本定价是不够的，还应该采取一些积极的举措，如税收补贴、贷款和各类补助等以鼓励能源使用者对节能的设备与工艺进行投资。

中国当前的政治与经济状况也大大降低了经济措施的潜在效力。第一，中央和地方政府不愿意在总体物价低迷、城乡失业上升的时期将能源价格上涨的部分转移给企业、商业及居民。第二，很多国企无力也不想对能源的价格信号作出反应，因为企业缺少硬预算约束，而上级主管也缺少有效的激励。在这种情形中，更复杂的机制，如需求侧管理（Demand - Side Management，DSM）是不可能产生太大影响的。

尽管存在上述障碍，但通过建立能源服务公司（在中国被称为能源管理中心），还是在节能方面引入了一定的商业激励。由世界银行与欧盟和全球环境基金（Global Environmental Facility）所合作建立的这些能源服务公司，其职能就是与能源使用者签订合同以实现节能的目的，并与客户分享节能效益。尽管这些试点项目的成功指日可待，但在与亏损的国企或受保护的能源使用者打交道时，这些能源服务公司同样会遭遇一些经济壁垒。

4. 能力不足

资金的匮乏、间断的政治承诺以及缺少合作等导致了全国在节能方面的能力不足，主要反映在以下几方面：缺少一定的研发机构与人员；国内生产节能设备及材料的能力不足；缺少提供技术援助和培训的熟练技工，进而导致耗能产业中缺乏具备一定技能的管理人员与技术员工；缺少为能源使用者与决策者提供信息的能力；缺少从能源部门收集和处理统计信息并进行能源审计的人员；缺乏对产品进行测试、认证、标识和设定标准的能力。

五、结　论

长达20年的节能政策或许可以称得上是中国能源部门最成功的政策之一。然而，有两个问题是值得深思的：为什么节能政策是成功的？为什么成功又无法持续？

解读昔日政策成功的关键在于了解政策的执行过程。在20世纪80年代，中国经济依然以计划经济为主导，工业产出主要来自国有部门。政府的上层机构（前面提到的三个委员会）把能源节约放在了“优先地位”，并且通过行政机关和国有企业在中央和地方推行节约优先。那时的政府结构、产业结构和经济体制非常适于推行指令性的节能措施，而各地一些平级的政府机关还采取导向性措施以支持节能。

节能政策的成功还可以归结于其他一些因素。20世纪80年代的能源异常短缺，因此在能源部门内部进行利益分配以支持节能也相对容易得多。同时，节能政策得到了大量的资助，而且在很多经济部门得到了严格贯彻实施。

20世纪90年代的中国经历了巨大的变革，从而削弱了指令性节能措施的效力。首先，许多工业生产与消费都不再受计划的约束；其次，国有企业在经济中的作用逐渐降低；最后，中央政府在地方政府与企业中的权威也已下降。

随着中国经济由计划转向市场，旧的指令性措施将变得日趋无效。1997年通过的《节约能源法》及其相应的监管措施充满着各种良好的目的，但实际上几乎没有带来什么有意义的行动。只有各级政府承诺支持节能、确立相关制度以对竞争和冲突进行协调与合作、构建严格透明的法律和监管框架、设立与不断变革的经济体制相适应的经济激励机制，才有可能在全国范围内制定并不断推行新的节能政策。

尽管在一个转型国家里制定适当的财政、经济和税收措施以促进节能并非易事，但是节能的真正障碍却是各级政府缺少连续性的政治承诺。“十五”规划确立了2001—2005年间单位产值能耗下降15%—17%的目标。然而，尽管已确立了节能的目标而且节能也会带来巨大收益，但政府还是继续对能源生产而非节能给予了更多的关注和提供更多的资金。问题的关键在于两个相关的制度特点：首先，没有一个专门的机构来协调能源政策的制定与落实；其次，能源生产单位（如煤、油、气和电）在中央和地方依然享有重要的政治与经济权力。此外，一些关键的能源密集型产业（如钢铁、化工）依然由国家掌控，而且不受硬预算约束，所以较高能源价格对这些企业的能源使用战略影响不大。

毫无疑问，中国将大力推行节能，但是能源缓解的速度可能会低于其应有之速，除非有一个强有力的能源部或地位相当的机构能够确保节能与能源效率措施获得充足的资金支持。此外，只有不断发展国内能源市场，使能源使用者面临提高能源效率的强大经济激励，才能保持节能政策的有效性。

（王燕燕 译）

能源技术跨越的限制——来自中国汽车工业的证据*

〔美〕凯利·西姆斯·加拉格尔

在能源可持续发展领域里最吸引人的一个概念是能源技术跨越。戈尔登贝格（Goldenberg）和其他学者已经详细而雄辩地论述了这一概念，即发展中国家通过跨越到现有的最先进的能源技术，可以避免那种资源集中型的经济和能源发展模式，从而不必重复工业发达国家走过的能源发展道路。这种看法是极具吸引力的，因为它合理地假设，如果先进的、更清洁的技术存在，它们就能够转让给发展中国家，并被广泛地使用。

然而，能源技术跨越现象虽然确实发生过，但是只局限在某些个案里。来自中国汽车工业的证据表明，主要有三个因素制约了能源技术的跨越，它们是：（1）政策不力和不连贯；（2）国内技术能力不足；（3）除了标准所要求的技术，更先进的跨国汽车公司显然不愿意转让更清洁和更有效的技术。

本文所作的是有关中国汽车工业领域通过国外直接投资实现能源技术转让的经验研究。其研究结果基于2000—2003 年间在中国和美国对政

---

* 本文来源于英国刊物《能源政策》（*Energy Policy*）2006 年第 34 卷第 4 期。凯利·西姆斯·加拉格尔（Kelly Sims Gallagher）是哈佛大学肯尼迪政府管理学院贝尔福科学与国际问题研究中心（Belfer Centre for Science & International Affairs）学者。

府官员、企业代表、学者和专家所作的近90次的访谈。通过这些访谈，我们对三家中美合资汽车企业（北京吉普、上海通用和长安福特）作了详尽的个案研究。

一、对能源技术跨越的界定

存在两类与本文分析相关的技术跨越：（1）通过跳过好几代技术而实现的跨越；（2）不仅仅跳过好几代技术，而且更进一步跨越为该技术领域的领先者。在发展中国家还存在另外两类技术变革，它们并不必然是技术跨越，但可以导致大量地使用更加清洁的能源技术：（1）鼓励使用现有的最清洁的能源技术，即便它们不一定要求跳过好几代技术；（2）有意识地不选择更具污染性的技术。

弗里曼（Freeman）曾把技术创新归纳为四种类型：（1）渐进性创新：通常表现为各领域持续不断地力图提高其质量、设计、绩效和适用性。（2）跃进式创新：跳跃式的发明，往往是潜心研发的结果，通常导致对原有生产实践的急剧脱离。（3）技术体系的变革：这是一系列跃进式创新的结果，是影响深远的技术变革，涉及多个经济部门。（4）技术—经济发展范式的变革：那些或直接或间接影响整个经济体系每一个部门的技术体系变革（比如信息和通讯技术的革命）。

在汽车工业领域，什么样的技术变革才算是跨越？有人（包括中国科技部）认为，中国应该考虑采用混合动力电动技术和燃料电池电动技术。

二、中国的汽车工业

中国汽车行业存在一个独特的机会可以跨越式发展到先进的能源技术，因为这个部门只消耗了中国总能源中相对较小的一部分，尽管目前中国汽车年销售量增长非常迅速。这样，中国可以在内置燃油发动机占据汽车行业的整个基础设备以前，利用该领域的迅速增长快速地采用更清洁的技术。

在过去10年，机动车辆已成为中国城市最大的空气污染源。在北京的暖季，92%的一氧化碳排放，94%的碳氢化合物排放，68%的氮氧化合物排放来自于汽车。即便是在冬季月份里，污染物的排放也主要来自于汽车。

与美国汽车尾气排放相比，中国汽车尾气排放量相对较高的主要原因是中国在制定排放控制政策方面的不力。2000年以前，中国并没有汽车排放标准，加铅燃料仍广泛使用，汽车没有安装催化式排气净化器。从2000年起，中国才开始禁止使用加铅燃料，要求安装催化式排气净化器，要求所有的汽车都要装有电子燃料喷射发动机（electronic fuel injection engines），开始采用欧洲标准来控制汽车尾气排放。

汽车工业已经成为中国经济领域最重要的行业之一。2002年，该行业雇佣了157万工人，占中国整个制造业工人总数的5%。2002年，中国汽车工业创造的附加值占中国整个制造业附加值的6.1%，这一比重是1990年的两倍。据估计，2001年初，中国800多家与汽车相关的企业共吸收国外直接投资120亿美元。中国正在成为世界上汽车市场发展最快的国家。

三、经验证据

对中美三个主要汽车合资企业的个案研究表明，美国汽车技术的引进几乎没有导致中国汽车工业在能源或环境技术上的跨越。

（一）控制污染技术

个案研究中的每家美国汽车制造商转让给中国的汽车尾气排放控制技术相对美国的汽车技术而言都比较低效，这种情形仍将继续存在下去。没有一家美国公司转让的控制污染技术相当于卖给美国消费者的汽车里面安装的技术。美国公司转让给中国的污染控制技术在排放控制标准方面大概比欧洲、日本和美国现行的技术要晚10年。

（二）燃料效率技术

中国目前没有对汽车燃料效率作出规定，尽管燃料效率标准已经制定出来并在等待政府批准。直到2004年，中国的汽车制造商还无需报告他们的汽车燃料效率，这使得收集有效资料几乎成为不可能。

（三）为什么在中国没有发生技术跨越？

美国企业没有向中国转让更清洁技术的主要原因很简单，仅仅是因为中国没有强制性的政策激励它们这样去做。中国政府在外国投资政策方面并没有直接要求外国公司转让清洁技术。中国政府也没有在环境法规方面要求它们把清洁技术引进中国以达到中国的国内标准。而且，中方企业（都是由地方当局或中央政府所有）在签署合资协议时也没有要求对方转让更先进的能源和环境技术。最后，美国汽车公司也知道中国燃料质量很差，以至于即便它们转让了更先进的空气污染控制技术，这些技术的作用也有可能被质量低下的燃料所抵消，从而起不到什么效果。

（四）一种恶性循环？

关键问题在于中国政府为什么不制定更加强硬的措施以促进技术转让和跨越。政策和法律方面的薄弱要么可以归咎于与国内汽车企业竞争力有关的一种恶性循环，要么是因为中国政府与国外汽车企业之间的一种“权宜婚姻”。

有观点认为，中国政府不愿意对中国汽车企业强加它们不是很容易遵守的法律规定，以给本已步履维艰的中国企业再增添额外的负担。中国国内汽车工业缺少先进的环保技术，所以中国政府避免把更严厉的环保标准强加给它们，即便这些标准对合资企业来说相对容易执行。而另一种观点认为，这仅仅是中国政府与中外合资企业间的一种“权宜婚姻”而已。政府知道要重构中国汽车工业将会非常困难和痛苦，所以它就一直拖延，在制定环境和能源法规方面进展缓慢。与此同时，国外企业也不是真正要求中国政府对中国自己的企业实施更严厉的法律规定，它们也没有对其自身在中国的运作实施一套严格的标准。所以，人人安于现状，而中国的人身健康、环境质量和能源安全则受到损害。

有两个办法可以打破这种恶性循环。一是提升中国汽车工业自身的技术能力。另一个办法是中国政府只需颁布法令，同时接受一些国内企业要遭受打击的事实。无论是哪种办法，这些措施都是与中国政府的行业发展目标相一致的，因为中国政府的计划要求将中国的汽车企业合并为六个大的公司。严格的法律规定将迫使国外企业转让更先进的技术，同时也使得中国企业在与国外企业谈判时能够要求对方转让清洁技术。而如果合资企业要求加高标准，它们就会间接地对中国自己的汽车企业施加压力，而这可能是一种在更好的环境标准和不断增加的国外直接投资之间形成良性循环的方法。

（五）燃料质量

要解释为什么过时的空气污染控制技术会转让到中国，必须考虑一个重要的物质方面的制约因素：中国燃料质量的低下。大多数中国石油制品的含硫量较高。汽油中的高含硫量会限制汽车催化式排气净化器降低一氧化碳、碳氢化合物和氮氧化合物排放的能力。中国大多数进口的原油含硫量都较高。而中国的炼油厂目前又不具备降低含硫量水平的能力。

美国公司经常援引中国的燃料里面含硫量高这一事实来阻碍中国汽车采用清洁技术。它们认为，中国的燃料里面含硫量太高，以至于即使美国公司转让了清洁技术，由于燃料质量的低下，技术效果也不会明显，甚至还会受到削弱。

四、发现和结论

这份研究显示，在中国缺少更好的政策或者跨国石油和汽车企业不是比中国的法律所规定的做得更好的情况下，中国想通过国外企业的技术转让来使用一种知识积累的战略，从而在根本上跨越到清洁汽车工业的能力将受到相当的制约。这种发现并不意味着中国不应该努力向清洁汽车工业跨越。本文在此提出的一个审慎观点是：对中国的汽车工业而言，在中国政府没有采取进一步的激励措施的情况下，想通过外国企业的技术转让来实现技术跨越是充满挑战的，但并不是不可能。

如果技术创新能力可以通过边做边学而逐渐获得，那么，中国还需要投入更多的资金去提高它在生产、应用、机械工程、零部件和项目执行等方面的基本能力。如果中国想跃进到世界汽车技术的前沿而又不吸收足够多的有关传统技术的知识（很多先进的技术都是以此为基础的），中国不可能真正有效地跨越到清洁技术。

外国企业也需要强制性的激励措施，而不是仅仅受制于市场来转让技术。换句话说，中国政府必须创立一套既有激励又有惩罚的综合机制以吸引清洁汽车技术的转让，而中国到目前为止还没有这样做过。中国政府在汽车行业对相关技术能力发展方面的政策一直是不连贯的。

在考虑中国是否能够不经国外的技术转让而跨越到先进的汽车技术这一问题时，我们将想到一系列严峻的挑战。在很多人看来，中国的汽车技术能力依然远远落后于世界水平，仅就传统汽车技术而言，很难想象中国能够追赶得上工业发达国家，更不用说，在没有国外技术转让的情况下，中国能够跨越到更加先进的清洁汽车技术了。

另一个问题是，在中国，无论是政府、学界还是企业对汽车研发项目方面的投入还是非常的小，而且彼此之间互不关联，因此中国总的技术能力发展依然迟缓。最后，对中国的工程师来说，真正的挑战在于对所需技术能力的把握。因为，无论是混合式电动汽车，还是燃料电池电动汽车技术，都需要具备把所有系统整合进同一部汽车的能力，而这也许是最难获取的一项能力。

而至于中国是否会成为先进汽车技术领域的领头人这一问题更是令人质疑的，现有的经验研究还不容易回答这一问题。不过，一项相关的研究发现，美国汽车制造商向中国转让的是产品，而不是知识。基于此，美国通过产品转让而不是知识转让来帮助中国跨越几代技术看来是更加可能的。也就是说，到目前为止，还没有证据表明美国企业会教会中国同行如何开发并制造高效能的清洁汽车。美国企业不愿意培育未来世界市场的竞争对手，这是可以理解的。而且，中国汽车工业目前对国外直接投资的高度依赖可能削弱中国国内自主创新的动力。只要中国可以通过与国外企业合资的方式合理地获得现代化的产品，它就没有什么动力去投资以提高自己的技术能力，除非中国政府或中国汽车工业真正决心让自己变成汽车技术领域的领头人。

中国还必须克服影响技术跨越的市场方面的问题。首先，由于市场不太可能产生动力促使中国向清洁汽车技术跨越，因此中国政府必须出面干预。此外，如果中国决定跨越到混合式电动汽车和燃料电池电动汽车时代，还有一个基础设施的问题。对发展燃料电池电动汽车而言，中国需要建立一整套的供氢基础设施。

五、超越挑战

对中国政府和汽车工业而言，没有什么唯一最好的办法可以用来使中国跨越到清洁汽车的技术前沿，这需要将政府政策、法律规定以及非政府行动等多方面结合起来。本文得出的一个主要的结论是，要实现这样一个目标，中国政府及其相关行业需要采取连贯的、协调的、一致的和长期的努力，加上社会各界的协作。中国没能追赶上传统汽车技术的世界水平，并不是中国没有能力这样去做。事实证明，当中国想在某个领域步入世界前沿的时候，它是能够做到的。

如果中国决定实行全面跨越战略，那么它必须全方位地去实现这一目标。它需要改善它的教育体制，特别是培养汽车工程师的教育体制。它必须派遣最好的技术工人去国外学习，并且要想方设法吸引他们回来。中国政府还必须制定政策来培育对清洁汽车的市场需求，比如提高汽油价格，逐步实行日益严厉的控制空气污染和提高燃料效率的标准。中国政府必须迫使国内的汽车制造商在边做边学中逐步提高自身的能力，而不是过度地依赖国外制造商。而且，中国还必须加大对研发能力方面的投入，直到中国的汽车制造商自己掌握足够好的系统整合能力，以便充分参与创新过程——从开发到运用——从而享受“先行者”（first mover）带来的利润。

中国汽车工业缺乏环保和能源技术跨越的主要原因是中国政府没有制定和实施必要的政策。中国政府到目前为止还没有采取足够的激励措施去促使中国能源技术的飞跃。

（曾爱平 摘译）

中国的能源需求*

〔德〕海因里希·克雷夫特

中国是世界上最大的煤和钢铁的消费国，铜、石油和电的消耗量仅次于美国。中国对能源的需求不断扩大，而物美价廉的中国商品畅销全球，中国的这些发展趋势被频繁地提上美国国会的听证议程，也成为欧洲以及诸多发展中国家的政治家所关注的问题。当日本在20世纪80年代晚期试图取代美国成为世界经济的领导者时，华盛顿和布鲁塞尔方面都迅速作出了反应。而实际上，中国在经济和政治方面持续增长的影响力比起日本的野心来给现有的国际格局带来了更大的挑战。中国的兴起将在不同的方面对全世界产生影响，因此需要对其进行深入的分析。本文的目的是考察中国如何通过能源外交，保障其所需能源供给的安全，以及这对整个国际社会可能产生的影响。

一、中国能源需求的增长

中国能源需求的增长是其25年持续繁荣的结果。这一长期的繁荣

---

* 本文来源于美国刊物《政策评论》（*Policy Review*）2006年10—11月号。海因里希·克雷夫特（Heinrich Kreft）是德国外交部政策规划司原副主任、资深战略分析家。

表现为外贸的扩展、收入的增加、人口的增长和城市化的加快。中国能源需求的增长在种类上包括了所有的类型：煤、石油、天然气、电、水力和核能。快速的经济增长步伐导致能源需求量迅速攀升，特别是对石油的需求。随着中国政府决定增加天然气产量，将来天然气在保障中国能源的需求方面可能会担当更为重要的角色。为了与燃料依赖进口的数量开始明显增加相适应，中国政府正积极努力提高能源供给的安全性。北京方面当前最大的顾虑是石油供给安全。直到最近，中国的石油还是自给自足的，20 世纪 90 年代早期，甚至还能有限地出口。中国于 1993 年首次开始进口石油，从那时起，进口量大幅上升。

为了应对这种形势，中国的领导人发起了全面的国内改革，并实施了能源全球进口安全策略。其目标是在保持东北老油田产量的同时，扩大西部油田的产量。中国东海和南海的近海油田开采受到了优先关注。中国的石油工业也不断重组，以使其更有竞争力和效率，同时依靠市场来实行更有力的价格管制。正如所有研究者所一致认为的那样，这些措施未必能导致明显的产量增加，而石油需求量和进口量的持续增加却是不可阻止的。国际能源机构（IEA）预言中国的石油进口到 2030 年将会增长五倍，从 2002 年的每天 200 万桶到 2030 年的每天 1 100 万桶。这将意味着中国石油供给的 80% 要依赖进口。中国对石油进口的依赖性在多年后会更加严重，这是中国领导人不得不面对的趋势。

最近几年，中国对电的需求也同样剧增，而巨大的煤炭储量是中国电力工业的主要支柱。2001 年至 2025 年间，煤的消耗将增加一倍，这会给健康和环境带来众多问题，也使中国要为全球 1/4 的二氧化碳排放量负责。尽管当前中国的煤炭储量巨大，尚有少量的出口，但是到 2015 年中国的煤也将需要进口。

高速增长的电能需求激发了中国扩展核动力工业的决心。在未来的 20 年间，中国计划每年投产两个核电站。新的水力发电装机容量不断增加，其他可再生能源（主要是太阳能和风能）的应用不断得到推广，然而这些还是不能满足中国的电能需求。

中国在天然气方面大体上是自给自足的。中国政府热切希望在煤消耗增加的情况下，到2020年天然气能满足中国能源需求的8%—10%。为此，中国在天然气勘探和新的天然气管道建设方面作了大量投资，新建管道将把天然气从北部和西部输送到南部和东部沿海快速发展地区，满足民用和工业用气。

虽然天然气对满足中国的能源需求意义十分重大，特别是从保护环境的角度来看。但是，这也同时增强了中国对燃料进口的依赖性。在不久的2010年，中国的国内天然气生产将不能满足本国需求。

所有这些都指向一个结论：尽管中国进行了系统性的努力来扩大国内的燃料产量，而燃料进口的依赖性不断增强的发展趋势却是不可逆转的。这种趋势以石油进口为代表，同时也表现在天然气进口上，这种依赖性在未来的几年中会迅速增加。

二、中国不断增加的能源不安全性

中国经济的增长在很大程度上依赖于它如何成功地满足不断扩大的能源需求。不断加大的对燃料进口的依赖性，在中国领导人中引起了强烈的不安全感，他们担心一旦燃料供给途径被切断，或者发生不可预见的价格上涨，经济增长都可能会受阻。他们也担心经济增长的减速会导致社会不稳定。因此，能源安全被看做与政治和经济稳定密切相关，也是保持共产党执政地位的重要因素。

从这一意义上看，燃料的供给问题在中国的国家安全议程上居于头等重要的地位。能源安全问题仅仅让市场力量来决定是远远不够的，因为那样就等于使国家的繁荣由于世界其他地区的能源供给瓶颈，或者全球能源政策中不可预见的因素而面临风险。

“9·11”恐怖袭击发生后，美国主导的反恐战争，以及美国对阿富汗和伊拉克的军事干涉都增加了中国的不安全感。中国尤为关心的是恐怖主义者对其能源基础设施的袭击或者对脆弱的能源供给线的打击，比如位于中东石油海上运输线上的霍尔木兹海峡和马六甲海峡。中国担心美国对“9·11”恐怖袭击的过度反应使本来已经相当不稳定的中东和中亚石油产区的局势更加动荡。对世界石油供给具有重要战略意义的波斯湾处在美国的控制下，通过印度洋进入东北亚的海上航线是中国主要的石油供给线，该航线也处在美国海军的控制下。所以毫不奇怪，中国所担忧的不仅仅是这一局势会如何影响到这一区域的战略平衡，它还关注这一局势对中国整个国家的经济、政治和社会稳定所带来的影响。

由于中国对石油的需求日益增加，中国认识到美国和西方的主要石油公司对全球的石油市场和石油工业发挥了过大的影响。高昂的石油价格和对全球石油短缺的关心加重了中国在能源安全方面的脆弱感。这也与中国被排除在调节世界能源供给的国际组织，比如国际能源机构之外有关，虽然中国也参加了由石油生产与消费国共同主办的国际能源论坛。

三、中国的能源外交

中国通过众多途径执行全球性的能源外交来应对挑战，其目标是增强国家的能源安全，以减少燃料短缺或价格波动导致的脆弱性。这一目标的实现首先是通过中国的三个主要石油公司购买海外的油田和气田；其次是与周边国家缔结建设能源运输管道协议，由这些国家直接向中国供给石油和天然气。北京方面通过前瞻性的能源外交，寻求与主要的石油和天然气出口国打造紧密的外交关系。这一目的主要是通过广泛的双边互访和金融、经济援助以及扩大贸易和加强军事联系实现的。这一外交策略的中心是波斯湾以及中亚、俄罗斯、拉丁美洲，最近还有加拿大。这些努力的结果是中国在过去的五年中至少同八个国家缔结了“能源战略联盟”。

中国能源外交的结果引起了越来越多的关注，在许多地区，石油价格的猛增被归咎于中国巨大而不断增加的石油需求。发生于1973—1974

年的石油危机让西方发达国家认识到，在危机时期实行关注单方利益的策略会使局面更加糟糕，因为这一策略缩小了用市场来灵活高效地调节石油短缺的余地。正是基于这一认识，它们建立了国际能源机构，以防止各国由于石油的争夺而陷入对立，从而使石油更加短缺和价格更加高昂。西方国家的战略从那时起转变为使石油生产多样化，以保证尽可能多的石油进入全球石油市场，由市场的力量调节石油的分配。

能源竞争加剧了中国同许多邻国之间原有的竞争。例如，中日两国卷入了关于一个小型近海天然气田的争端中，两国都宣称对该气田拥有主权。把这种由于能源而引起的争端看做纯粹是中国的现象则是错误的，有足够的证据表明一种不良的“能源国家主义”似乎正在亚洲广泛传播，这将引发长期的能源竞争。为了增强能源进口和供给路线的安全性，所有的亚洲经济参与者——除中国外，还有日本、印度、韩国，以及不断加入的许多东南亚国家——都面临着相同的挑战，却都选择了国家主义的政策，阻碍了合作式或市场驱动型政策的形成，该政策着眼于共同应对能源安全问题。

通过积极的能源外交，中国同许多国家建立了能源联盟。中国保证能源安全的中期计划很可能是增强它在中东的影响。这将对美国在这一地区的主导地位构成挑战，同时也使美国同这一地区的很多国家之间本来已经困难重重的关系更加复杂。很多海湾国家，包括沙特阿拉伯，也在伊朗之后加强了同中国的联系，以减轻对美国的单方面依赖。

中国能源外交的另一个焦点在俄罗斯和中亚。近年来中俄新型睦邻友好关系主要是由中国的能源需求驱动的。出于对中国在国际上不断增强的新地位和政治、经济影响的关心，以及由于中国人口的扩张对西伯利亚和整个远东地区产生的压力，莫斯科决定尽可能充分地使用手中的能源王牌。这是莫斯科决定在自己的领土上铺设石油管道把石油输送到太平洋沿岸的真正动机。这一时期，中国一直密切关注着中亚的巨大能源储量，关心中亚五国的稳定以及从这一地区进口能源的安全性，这推动着上海经济合作组织稳健发展。

四、我们应该采取的对策

中国不断增长的能源需求将会对世界环境和气候（全球变暖）造成影响，也会影响到世界经济的活力、亚洲及其他地区的和平与稳定。事实上，世界的整体秩序都将受到影响。中国在提高能源利用效率和扩大可再生能源的使用方面显然需要帮助，这是唯一能够阻止其能源消耗过快增长的途径，在这两个方面的表现不佳也是能源供给不安全感在中国普遍存在的主要原因。

从这一观点出发，重要的是寻求各种途径来鼓励中国对全球石油市场持有更大的信心，并让中国把全球石油市场当做一个展开合作的场所。同样我们也要考虑如何以最好的方式让中国成为全球集体协商石油分配份额和储备管理的成员之一。在这方面，国际能源组织扮演着关键角色。

解决亚洲在能源安全问题上的“能源国家主义”倾向的一个可能途径是培育区域能源组织，促进多边能源项目的实施和区域能源合作。现存的多个公共组织，如亚太经合组织（APEC）、东盟地区论坛（ARF）和亚欧会议（ASEM）可以为真正有意义的能源对话提供一个平台，也可以为其成员包括非本地区的参与者，如美国、欧盟提供有利条件，这对地区稳定起着关键作用。为了引导中国参与国际能源领域的合作，国际社会发起了一系列的活动，由于中国对能源的需求所产生的影响具有世界意义，所以这些活动应该尽可能快速地向前推进。

如果能源问题不能通过建设性的合作加以解决，或者合作失败，那么它会带来极高的风险，成为竞争、误解、不信任和利益纷争的根源。如果中国认为美国和其他国家把能源当做牵制中国的手段，那么它利用其日益增长的能源影响破坏西方国家的外交和稳定就不足为奇了。因此，包括中国、美国、欧洲和亚洲其他国家在内，多方共赢的选择是对彼此在能源方面的不安全感表示理解，并发展出新的合作方式。

（崔存明 摘译）

中国外交政策中的能源因素[*]

〔美〕查尔斯·E. 齐格勒

前 言

经济的快速发展使中国日益依赖全球经济，以期获得铁矿石、钢材、棉花、木材等原料。中国需要多种原料为经济奇迹提供动力，其中最为重要的是石油。1992 年中国的石油可以自给自足，到 2005 年，中国 1/3 以上的石油消费依赖进口。中国已成为世界第二大石油消费国，并于 2004 年超过日本成为全球第二大石油进口国，预计中国的石油进口将持续快速增加。

日益增强的能源依赖性、不断增强的经济影响力和军事力量引发了一系列问题。在能源日益依赖进口的情况下，中国的外交政策是如何变化的？中国是否会像现实主义国际关系理论家预测的那样，通过导致冲突的战略寻求能源安全？或者会像自由主义国际关系理论家认为的那样，由于能源安全易受到威胁，中国将通过参与多边组织或其他论坛的

---

* 本文来源于美刊《中国政治学杂志》(*Journal of Chinese Political Science*) 2006 年第 1 期。查尔斯·E. 齐格勒 (Charles E. Ziegler) 是美国路易斯维尔大学政治学系教授。

途径与其他石油消费国进行合作？最后，中国的能源利益在多大程度上会导致中国与其他能源进口大国（比如日本和美国）发生冲突？

石油与外交政策

厄于斯泰因·诺伦认为，在各国政府看来，能源是政治化的商品，对经济、军事实力十分重要，因此在国家安全中占有至关重要的地位。作为对外贸易的一部分，能源的重要性远远超过其所占的价值份额。能源（尤其是石油）的重要性使其不能只由市场规律左右。

有关国际关系的著述对经济依存和冲突之间的关系作了大量论述。从康德开始，自由主义者认为，经济上的互相依赖可以减少爆发冲突的可能性。而现实主义者却认为，在无政府状态下，经济联系使一国更易受到威胁，因此会加速冲突的到来。令人惊奇的是，虽然石油具有重要的战略意义，却很少有学者关注它在外交政策中起的作用。由于石油对国家安全具有至关重要的作用，因此从逻辑上讲，无论是现实主义理论还是自由主义理论，如果通过研究能源依赖寻找理论支撑应当特别具有说服力。如果世界上正在崛起的大国采取合作而不是冲突的方式确保能源供应的话，这种选择在理论和政策制定方面会具有重要意义。

石油消费国是否容易受到威胁取决于这些国家能否在国内或者国际上获得其他形式的能源，它们可以通过多种途径减轻对石油的依赖，诉诸战争只是最为极端的方式。从国内来讲，假如一国有或者认为可能有充足的石油蕴藏，那么政府就可以采取优惠政策鼓励开采石油，增加产量，使这种努力有利可图。政府也可以采取保守性的政策以减少石油消耗。减轻战略依赖的第二种方法是用煤炭、天然气、核能、风能或者太阳能来代替石油进口。最后，各国还可以建立战略石油储备，以便减轻突如其来的供应中断造成的冲击、平抑剧烈的价格波动。

从国际上讲，石油消费国首先可以通过使进口渠道多元化的方式提高能源安全性。其次，可以组建或者加入多边组织以期有效地与石油卡特尔或主要生产商讨价还价。再次，各国可以鼓励本国主要的石油企业购买国外石油企业的股份，以期从上游控制石油生产。最后，实力强大的国家可以通过武力确保石油供应。

对已经实现工业化和正在进行工业化的国家而言，石油是实现经济增长至关重要的要素，油价与通货膨胀和经济增长率紧密相连。中国领导人十分重视社会稳定和经济的持续快速增长，物价增长过快和石油短缺都将威胁社会稳定。

由于石油对国民经济十分重要，各国的决策者都将确保以相对稳定的价格获得石油视为施政重点。军事力量弱小的进口国对国际石油市场的影响十分有限。加入石油消费国组成的组织、建立战略石油储备虽然可以减轻石油市场的波动造成的冲击，但基本上这些国家的石油供应仍然十分脆弱。如果某一石油进口国相对弱小，那么它将倾向于依赖多边合作和战略石油储备。

不过，总的来说，军事强国的选择空间更大些。首先，石油消费大国如中国或美国，往往有一家或更多的大型能源企业，即使在像美国之类的新自由主义资本主义国家，这些企业同国家的利益在很大程度上也是一致的。当然，政治领导人将经济的强劲增长和最低限度的通货膨胀视为主要施政目标，而每一个目标都与稳定的石油进口相联系。这样，石油企业就成为国家能源政策的一个有机组成部分。其次，多数大国拥有相对强大的军事力量，可以保护石油供给线路，在发生危机的时候可以独自或更有可能与其他石油进口国一起确保石油供给。无疑，作为当今的世界霸主，美国符合这种情况，但是我们也可以认为日本、德国、英国和法国在过去也是这种情况。而目前中国和印度正崛起为石油消费大国。

中国对石油的依赖

在日益依赖石油的同时，中国正崛起为一个世界大国，而不仅仅扮演地区性角色。以往在评估中国日益增强的国际影响力的过程中，相对忽视了迅速增长的能源需求对其外交政策可能造成的影响。

除非中国经济出现严重滑坡，否则其能源需求量会持续增加。国际能源署（International Energy Agency）估计，到2020年中国的初级能源需求量将占全球需求量的16%。虽然中国政府鼓励在本国开发新的油田和气田，但专家们认为，进口能源在其能源消耗中的比重会继续上升。中国的能源需求可能会增加它与其他石油进口国（最明显的是美国和日本）发生冲突的可能，同时，作为能源进口国，由于石油进口易受威胁，又可能促使中国进一步在多边组织内与其他国家进行联合与合作。

本文的观点是：（1）中国迅速增长的能源需求与建立稳定的国际环境这一更为宽泛的目标是十分一致的，这种环境有利于发展经济，所以中国更有可能采取合作而非竞争的方式处理对外关系，至少在最近的将来是如此；（2）虽然对国内开发和进口的重视有所差别，但中国能源政策的主要方面是为石油进口提供可靠的来源；（3）不干涉他国内政的原则有利于中国寻求可靠的能源来源，而西方工业化的民主国家，尤其是美国，往往发现它们声称的原则与那些“专制的”、“严酷的”产油国格格不入。

中国的能源平衡

中国在21世纪的石油战略需要做到以下几点：石油进口的多样化；通过合作在对方境内开发石油、天然气（即“走出去”的战略）；建立全国性的石油储备；提高石油和煤炭的利用率；改革国家能源委员会，使其承担起确保石油安全的责任；创建国家石油基金，用于发展石油财政和石油期货；将由外国油轮承运的进口石油由现在的占全部进口量的90%降至50%。在中国，越来越多的出版物将确保石油供给视为国家安全至关重要的组成部分。

中国是世界上最大的煤炭生产国和消费国，其煤炭储藏量占全球

33%。但中国的煤大部分是含硫量高的褐煤，广泛使用导致了严重污染。

除了核电、水电，中国的石油、天然气消耗量也可能大幅增长。然而，中国的石油、天然气蕴藏量有限，其石油蕴藏量不到全球蕴藏量的2%，已探明的天然气蕴藏量仅约占全球已探明蕴藏量的1%。

近几年，中国进口石油的50%至60%来自波斯湾地区，使这一多事之地对中国至为重要。除过于依赖某一地区这一弊端外，中国尚未建立战略石油储备，容易受世界各地危机造成的石油供应和油价方面的波动的影响。同美国一样，中国也在努力减轻对中东石油的依赖，但美国在中东的战略主导地位使中国的石油供应多了一重隐患。

在能源资源方面，中国比东北亚其他大国优越得多。然而，日本的能源需求基本稳定，而中国的需求却快速增加。此外，日本和韩国的战略石油储备足够使用100天或更长时间，而中国的国有机构掌握的石油最多够用一个星期。

同大多数国家一样，中国的石油消费与运输领域密切联系。未来十年会有更多富裕起来的消费者购买私家车，中国石油消费增长的大部分将源于这些私家车。

同大多数国家一样，中国的天然气需求迅速增长。从2002年至2010年，中国能源消费中天然气的比例将从3%左右上升为8%至9%，使用煤的比例将有所降低。

综上所述，中国的能源战略要求降低煤在能源使用中的比例，增加天然气的比例，发展核电和水电，以解决经济快速增长造成的经常性电力短缺。满足能源需求成为中国政府及其国有石油、天然气公司外交努力的一个重要部分。

能源与外交

在政府支持下，中国的国有石油公司在全球范围内购买其他石油公司的资产，试图确保石油、天然气的供应。以往中国的外交政策是集中精力发展与几个特定的重要国家的双边关系，但现在中国越来越愿意通过多边组织与其他石油消费国合作。作为主要的能源消费国和进口国，在确保以合理的价格获得能源方面，中国与美国目标一致。当然，由于资源有限，中国同美国以及其他能源进口国之间也存在着竞争。此外，中国确保能源安全的努力经常与美国的国家安全利益发生冲突，比如美国将苏丹、委内瑞拉、缅甸、伊朗等石油资源丰富的国家视为“失败国家”，但中国却努力与它们改善关系。

自由主义国际关系理论认为，相互依存的增强将促使中国领导人在施政过程中避免使用武力，而通过外交、市场以及国际组织解决问题。现实主义者却强调中国日益增强的能源依赖将产生不安全因素，中国可能会发展军事力量使其能够保护至关重要的海上交通线，尤其是途经马六甲海峡的航线，因为中国进口石油中的80%要经过此地。支持现实主义观点的其他证据应当包括武力干涉石油输出国内政的意图，然而，中国并未表现出多少将军事现代化与确保能源供给相结合的倾向。或许这只是对现实的屈服，因为中国远未能在全球范围内挑战美国；这也可能是出自理性的考虑，因为和平方式更合算，成功的可能性也更大些。中国在世界范围内的行为表明，中国正利用政治、外交和经济杠杆确保通过广泛的途经获得长期的能源供给。

中　东

如前所述，中国严重依赖中东的石油。中国的石油供应面临着一系列不确定性，运输有可能被切断，价格也受中东的冲突与动荡影响。安全问题专家已经指出恐怖分子有可能袭击通过马六甲海峡的油轮或者海峡邻近地区的港口。近年来中国的海军也有所发展，但依然必须依赖美国保护这些至关重要的航道。

中国的决策者正考虑通过其他途径获得能源，不过，在不确定的将来，中东仍是其原油的首要来源地，因为中东的石油蕴藏量约占全球的2/3，开发成本也比较低。中国一方面加强与中东产油国的政治联系，同时又努力与其他不在每桶石油上附加一至二美元亚洲溢价（Asian Premium）的供应国建立友好关系。

中国需要能源，波斯湾周边国家需要技术和消费品，这提升了该地区在中国外交政策中的地位。由于中国与波斯湾各国在经济上具有互补性，双方的贸易、投资、旅游以及其他形式的经济合作会继续发展，同时中国在该地区的政治影响也会增强。但是，最近一个时期中国不大可能会真正挑战美国在中东的主导地位。

俄罗斯、中亚和高加索地区

俄罗斯和中亚的能源可以帮助中国减轻对中东的依赖，从而增加能源安全，毕竟管道要比油轮更可靠些。然而，这部分石油的开采和运输成本要比中东石油高得多。更为重要的是，俄罗斯和里海各国的石油储量占全球的储量总共不到10%。

但是，俄罗斯和中亚蕴藏的天然气占全球的37%。目前中国需要的天然气不多，但随着能源构成的变化和管道的铺设，这种情况将发生改变，俄罗斯能源在中国能源进口中的比重很可能会增加。

在获取俄罗斯石油方面，中日之间的政治竞争可能同经济上的考虑同样重要。中国在亚太地区日益增强的影响力与日本不断上升的民族主义发生碰撞，导致中日关系日趋紧张。双方的争论表明，经济上的考虑主导着俄罗斯的能源计划，而中国的能源外交更多是政治、经济的混合物。

中亚可能是比俄罗斯更具吸引力的能源来源地。近年，中国与几个中亚国家和阿塞拜疆建成了规模不同的能源项目。中国对中亚石油感兴趣也是希望促进地区经济联合，在中亚与俄罗斯之间搭建陆上通道（这比中东石油更可靠）。

中国在中亚的战略利益是保持稳定，防范恐怖主义、分裂主义和宗教极端主义，打击毒品交易，这与俄罗斯和中亚各国是一致的。对中国而言，加强与中亚国家的经济联系是使能源来源多样化的重要环节，同时又可以使可能参与新疆叛乱的力量保持中立。

亚太地区

日本和韩国也是能源依赖型国家，是中国的竞争对手。中日两国除在俄罗斯西伯利亚输油管线问题上竞争激烈外，双方在如何开发东海油气问题上也存在冲突。不过，中韩在能源方面的合作要多于竞争。近年，印度经济发展速度很快，但能源供应能力有限，因此是另一个能源竞争对手。

东南亚曾在中国的能源平衡中发挥重要作用，但是由于印尼和马来西亚的石油储藏已消耗殆尽，近年向中国出口的石油大大减少。即便如此，中国仍是印尼四大原油出口市场之一。能源合作成为消融两个亚洲大国之间几十年敌意的途径，为中国提供了发展同印尼政治、军事关系的机会。

与之形成对比的是，美国在处理同印尼的关系时，方式常常有失妥当，引起后者强烈不满。中国政府不会为人权问题所困，也不会向哪国施压要求对方实现民主化。在东南亚，各国日益将中国视为一种积极因素，一个现状维护派，而不是麻烦制造者。

共同的能源需求可能会使中国的外交政策更容易被他国接受，其中一例就是各国在南沙群岛和西沙群岛问题上的争端。现在中国虽不打算放弃对富含石油、天然气的南海海域的广泛权利，但其领导人似乎正以接触政策取代对抗政策。

非洲和美洲

中东动荡不断，俄罗斯输油管道变数甚多，因此中国企业越来越多地到非洲和拉美的产油国寻找商机。

冷战时期中国对非洲感兴趣是为了建立一种取代美苏争霸的国际关系，中国作为最贫穷的第三世界国家的利益维护者，通过一系列援助工程争取向发展中国家施加意识形态影响。邓小平领导的务实的市场经济改革开始后，中国外交政策中的意识形态因素有所减少，现在其对非洲政策更多是出于政治、经济的双重考虑。

中国在拉美的介入比较少，但不断增加。其大部分利益与拉美的原料有关，其中包括石油和天然气。中国已要求成为美洲国家组织的常任观察员。2004 年巴西石油公司邀请中石化参与巴西附近一深海油田的投标，进行石油开采。委内瑞拉是南美最大的石油生产国，中国石油天然气股份有限公司已将其视为未来七年四大石油来源国之一。

中国的石油企业甚至试图获取一些北美企业的控股权，最引人注目的是 2005 年中海油收购优尼科公司的尝试。美国国会强烈指责中海油参与竞标（中方给出 185 亿美元的标价），担心这会影响美国的能源安全。在游说美国政界方面，雪佛龙公司要比中石油积极得多，并以比中方出价几乎低 20 亿美元的价格实现成功收购，显然，政治和安全问题左右着两国领导人的决策行为。

中国的能源企业将继续奉行一种长期战略，在世界范围内收购能源资产，不过收购优尼科的经历可能会使中国主要关注那些政局不稳的石油、天然气生产国。中国与这些产油国签订协议的前景很好，但这些国家都面临着严重的国内或国际问题，这些双边关系的不确定性使中国政府在推行能源外交过程中重新审视多边组织的价值。

中国能源与多边组织

中国逐渐融入世界经济，并奉行更加积极的外交政策，这使中国政府从新的角度考虑加入国际组织。与中国能源战略关系最密切的国际组织是世界贸易组织（WTO）和国际能源署。

加入 WTO 对中国老百姓和商界有利也有弊，但却是中国外交政策的重要组成部分。该组织的开放市场条款将使中国在其优势行业（纺织、服装、食品加工、皮革制造）获得巨大利益，而其农业和大部分能源企业将受到严重打击。有人估计，中国能源行业各个环节的产量都将下降，其中受影响最大的是下游部门，许多生产效率低、技术陈旧的炼油厂将被迫停产或与外企合作，随着关税壁垒的消除，中国石油企业的零售点也将被大型跨国企业吞并。而石油、天然气生产的上游部分（包括开采和加工）受影响较小。

在 WTO 框架内减免关税意味着要想与进口商品进行竞争，中国企业必须降低生产成本。根据该组织有关规定，中国应在 2004 年年底之前逐步取消针对进口石油产品的贸易壁垒。此外，中国还应取消限制外企在中国的销售活动的规定，允许美国及其他国家的企业在华销售汽油和其他石油制品。

加入 WTO 后，贸易壁垒和关税的降低将刺激中国的石油消费。2003 年，中国已有 9650 万辆左右的机动车，其中私家车只占 20%。但是，中国富裕起来的中产阶级正以惊人的速度购买私家车。由于 WTO 成员国之间强制降低价格，中国的汽车进口还会增加。较低的价格以及政府鼓励私家车消费的政策刺激了石油需求的持续增长。

近年，通过上海合作组织进行的能源合作对中国更加重要。中国关注上海合作组织的能源合作原因有二：对中东动荡局势的担忧以及为了方便地获取俄罗斯和哈萨克斯坦的石油、天然气。俄罗斯、哈萨克斯坦和中国似乎正通过上海合作组织建立起能源和安全的三角关系。

中国不是国际能源署的成员，但它（与俄罗斯和印度一起）签署了一个与该组织合作的理解备忘录。国际能源署（1973—1974 年石油危机之后建立）寻求发展理性的能源政策，帮助其成员解决石油供应和价格混乱的问题以及使用能源引发的环境问题。中国的目标与国际能源署十分一致，包括确保石油供应安全、更有效地利用能源、采用先进技术、改革能源制度、保证环境的可持续发展以及推动生产国与消费国之间展开对话。

结 论

本文认为，关于中国为确保能源安全而奉行的外交政策，自由主义国际关系理论的解释是准确的。中国在能源领域执行的是合作性的政策，至少目前是这样。虽然中国政府批评美国的中东政策，但它显然愿意为维护中东安定与美国共同努力。中国还通过多种多边论坛积极与其他能源进口国进行合作。根据自由主义国际关系理论，能源依赖似乎对中国外交政策产生了约束性的影响，使之倾向于国际合作，但这并不排除它为保证能源供应而动用武力的可能。不过，目前中国尚不具备武力干涉产油国或保护南太平洋至关重要的运输线的能力。

目前，如何确保安全可靠而又多样化的能源供应成为中国国家安全的中心问题，今后的几十年这个问题将更加突出。作为一个能源净进口国，中国已在邻近的石油、天然气生产地进行投资，以确保国内的经济增长率和社会稳定。中国是石油消费大国，与美国、日本、韩国以及欧盟成员国等其他石油、天然气消费大国有着共同的利益，其中包括确保稳定多样的能源供应、保持稳定合理的能源价格，以及保证能源运输路线的安全。

从邓小平时代开始，坚持现代化和经济建设、关注周边地区、将民族主义作为意识形态的主流加以宣传，成为左右中国外交政策的因素。中国外交政策的核心是维护国家主权和安全。中国政府高度重视发展和稳定问题，方便地获取能源供给是保持中国经济高速增长的关键因素，也是提高中国国际地位和维护传统疆界的关键因素（即防止台湾独立）。

本文认为，对能源的需求使中国的商界精英和政府官员的眼光不再局限于国内，而转向整个亚太地区，并在中亚、非洲以及拉美地区建立合资企业以获取利润。中国崛起为影响全球能源供应的力量对世界经济产生了重要影响，这种影响在可预见的未来将继续存在。中国的能源外交对经济发展至关重要，而保持经济增长又是维护社会稳定的关键。为满足未来几十年快速增长的能源需求，中国政府正在政治和经济上进行重新定位。对能源的依赖促使中国奉行合作的、富有建设性的外交政策。

（行心明　陈靖 摘译）

环境与粮食安全问题

The Myth of Growth

转型期中国的环境与现代化：生态现代化的前沿*

〔荷〕阿瑟·P. J. 莫尔

一、导　言

西方（尤其是欧洲）工业化国家的环保制度化已经成为社会科学家进行"生态现代化"研究的目标。生态现代化就是建构现代制度，以符合环保的利益、视角和原则。如果把环保的逻辑和视角排除在外，我们将很难理解西方的现代文化、政治甚至经济制度的发展。决策者和社会科学家也运用生态现代化的理念来解决环境方面的长期争论和冲突。从这些意义上看，生态现代化成为可持续发展理论的更具体的阐释。

从其产生一直到20世纪90年代初期，生态现代化都被视为是西方的独特理论，并且只在它诞生的有限的地理范围内有效。这种状况因为两种新的发展趋势而开始改变。首先，很多发展中国家，特别是东南亚和东亚的发展中国家和地区，都在快速地进行工业化和现代化过程。鉴于这些国家的工业化和现代化发展过程，早先认为生态现代化不适合这

* 本文来源于英国刊物《发展与变化》（*Development and Change*）2006年第1期。阿瑟·P. J. 莫尔（Arthur P. J. Mol）是荷兰瓦赫宁根大学研究环境政策的教授。

些国家的论调遭到了质疑。其次，全球化的加速进行有力地介入了社会科学研究的议程。就环境治理和改革而言，这就意味着经济、政治和社会发展过程以及环保改革的推动力已不仅仅局限在一个（通常指西方）国家或地区，而是插上全球化之翼扩展到了世界的其他角落。

到1995年，关于生态现代化研究议程的一个主要问题就是它所适用的地理范围。对于欧洲以外的发展中国家或正在进行工业化的国家，生态现代化观念在何种程度上是有用的？这牵涉到从经合组织国家向新兴工业化国家传播（由生态现代化所推动的）环保策略和环境治理模式的相关政策问题，也触及“多边环保协议”中的一致性与区别性问题：这个由发达国家制定并推行的多边环保协议同样适用于世界上其他国家吗？还是西方国家在多边环保协议中体现的政策原则、方法、策略和其国家、市场、社会的内在联系阻碍了多边环保协议在亚洲的新兴工业化国家的成功推行呢？

在早期发表的一篇文章中，我曾经评价和批判过那种认为全球化将自动引起环境同质化的观点。除了全球化的动力和过程，地区的具体情况、国家发展的优先考虑、国内的发展历史轨道、国家与市场的关系、权力分布以及其他的很多因素都会影响到环境的治理、环保改革实践和环保制度形成。从这一点上说，我们可以期待看到各种不同的环保改革模式。如果我们要把西方的生态现代化观念推行到西欧以外的地方，我们应该找出一种既继承这种环保改革模式的实质而又充分地体现地区色彩和地区定位的模式，这才是真正意义上的生态现代化。

在向中国推行生态现代化的过程中，我们遇到了三个主要问题：当代中国的环保改革可以被称为生态现代化吗？它的本质特点是什么？它和欧洲生态现代化模式的相同点与区别又是什么？本文首先概述了生态现代化最初形成时的基本观点；然后简要回顾了中国环境保护的历史进程，特别是关注了中国的城市和工业环境；接着调查了在当前中国可以看到的环保改革背后的主要社会、政治和经济动力；最后，文章初步总结了在全球化时期中国“生态现代化”的实质和现状以及“生态现代化”理论的适用范围。

二、生态现代化作为一项欧洲工程

从欧洲快速发展的环境社会科学著作中总结生态现代化的本质特点并不容易。作为一种新理论，其中存在着很多争议和不足，因此对它的研究尚需发展。此外，学者们对它的研究都自成体系。因此，在概括欧洲生态现代化的主要特点时，我将在这些丰富而又正在发展的著述中试图找到具有普遍性的特点，当然有时也不可避免地出现比起某些阐释来更重视另一些阐释的情况，在这里介绍的只是我自己所认为的生态现代化比较重要的具有影响力的内涵。

（一）生态现代化的中心思想

一些作者认为生态现代化的中心思想是环境保护和经济发展之间不断增长的兼容性，或者科技是任何现代环保改革的关键。尽管前一种观点出现在大量有关生态现代化的出版物中，而第二种观点则更多地出现在批判性的出版物中，但我本人认为两种观点都没有揭示出生态现代化的中心思想。

生态现代化理论的基本前提是使现代社会的社会实践和制度改革围绕着生态利益、观点和考虑来进行。正是这一点使 20 世纪 80 年代以来的主要实践和中心机构的改革成为了一个受生态激励和由环保引导的过程。这个核心思想在所有关于生态现代化的有影响的著作中都可以看到。导致欧洲学者提出生态现代化观点的关键性转变发生在 20 世纪 80 年代，这一转变使日渐获得独立性的生态视角和观念与理论合理性结合起来。正是从这一刻起，生态视角得以挑战经济合理性作为经济领域决定一切的组织原则的霸主地位。由于大多数学者都认为生态合理性与视角在生产和消费领域获得独立于经济合理性的地位是解决生态问题的关键，因此最后的这一步也是最关键的一步。这就意味着对生产与消费过程的计划和组织、分析和评价越来越需要从经济和生态的双重观点出发(尽管直到今天两者的分量还未持平)，我们可以看到20世纪80年代末期以来，经合组织国家的生产和消费领域发生了一些深刻的制度变革，例如环境管理体系和环境部门广泛地出现在公司中等。

我们把这些与环境相关的变化描述为制度改革，这一事实暗示了它的半永久性。尽管环境引导的变化过程和有效性不能被看做是线性的和不可逆转的，但这些变化从某种程度上讲具有永久性而且不会轻易被颠覆。因此，尽管环保运动总是在政治舞台上起起伏伏，它却已经深深地植入了现代社会制度和社会实践中，这意味着即使在经济发展暂时停滞时，环保的成效也不会遭遇根本的突发性挫折。

（二）欧洲的动力、机制和实施者

许多研究生态现代化的学者都详细地阐述了通过吸纳环境利益和环境考虑而使社会实践和社会制度发生改变的动力、机制和实施者。欧洲的生态现代化研究特别提出了如下三个关键因素：

1. 政治现代化

现代的环保型国家在环保制度化过程中发挥了关键的作用，而且方式和过去有所不同。首先，一种非集中的、灵活的、自愿的政府管理有望取代自上而下分等级的、中央集权的、命令—控制的政府管理模式。其次，越来越多的非政府行为者介入到传统上属于民族国家的任务中来。最后，国际的和超国家的机构不断发展，从某种程度上来说，它们在环保改革中的作用已经超过了主权国家。和下一个因素一起，这些都导致了环境保护和改革过程中新的国家—市场联系。

2. 经济和市场动力以及经济参与者

与20世纪60、70年代环境的改善仅仅依靠政府和非政府环保组织来推动不同，现在，生产者、顾客、消费者、信贷组织、保险公司都参与到国内和国际的生态重建、新技术创新和改革的社会运动中来。它们利用市场、货币和经济规律来推动环保目标的实现。

3. 公民社会

在制度化形成的过程中，环保运动的定位、作用、观念和文化框架都越来越明确。它们并非把自己定位在中央决策制定机制的外围、甚至机制之外，而是积极介入国家或至少是市场的决策制定过程中。环保的标准、价值和话语通过向专业人士和非政府环保组织的支持者的传播而获得影响力，这一过程伴随着对它们的重新表述。

（三）从欧洲到中国

当以生态现代化的角度分析中国的环境改革时，很重要的一点就是把生态现代化理论的代表思想与生态现代化过程中的动力、机制及行为主体区分开来。如果说中国正在进行生态现代化，那么就应该有证据表明环境合理性和视角日益地与经济合理性区分开来，而且上面所列举的社会实践和制度发展中的生态利益、生态观念和生态视角应该相应地实现现代化。然而，主导着中国生态现代化过程的动力、机制和行为者却不同于西欧。有关欧洲生态现代化的研究告诉我们，生态现代化过程可以在国家与国家、地区与地区之间有所差别，也许在特定的环境下，某一种模式才能奏效。

三、中国作为“环保型国家”的发展

在探讨当代中国的生态现代化和环境改革时，本文毫无疑问是有所选择的。关于中国环境状况的普遍观点似乎集中在政府环保机构的不完善和日益恶化的环境质量上，而不是任何类似于生态现代化的事情。也许这么说有点片面，但在探究生态现代化的动力时，我仍然不得不有选择地关注中国环保改革的成功和进步。我们从哪里可以看到中国环保制度化的萌芽？究竟哪些环保改革的动力有潜力成为主导性的？哪些是推动中国生态现代化的关键性人物或机构？下面我先短暂回顾一下中国环保改革的历史情况以及最近十年中国环境的变化。

在从计划经济向市场经济逐渐过渡的中国，我们很自然地发现环保制度化首先发生在政府和政治体系中。中国政府深度介入环境保护是与20世纪70年代末经济体制改革同时开始的。控制污染开始于70年代早期。1974年国内环境保护办公室成立，同时各省也成立了相应的机构。1979年《环境保护法》颁布之后，中国开始系统地建立环境保护监管系统。

从体制上讲，中国的全国性监管框架是通过一个四级管理体系即国家、省、市、县四个等级由上而下实施的。后三个等级在财政和人员管理方面都直接受相应等级的政府部门管理，而中国国家环保总局则只为其运作提供技术支持。最近20年各种环保法律、措施和规定的实施也相应地提高了环保机构的政治地位和能力。

尽管大量信息失真、环保统计数据的不连贯和纵向环境数据的缺乏让我们对作出任何最终结论持谨慎态度，但这种行政上的创新举动取得的成果是无可争议的。例如，20世纪80年代末90年代初中国城市的空气悬浮微粒总量和硫黄、二氧化碳浓度都明显地下降了，考虑到同时期中国经济的巨大发展，这些变化显得尤其突出。虽然如此，这些积极的迹象并不能使我们忽略中国环境污染严重的事实：工业排泄物经常远远高于国际标准，其环境质量还很低；只有25%的城市废水在流入江河之前经过检测；生产和消费过程中的环境和资源利用率还相当低。

四、使中国的现代化计划生态化

中国开始实行环境保护时还处在计划经济时期，地方在环境保护方面的权力十分有限，政府各部门之间的配合存在问题，环保部门的权力也受到限制。中国环保改革方针的进一步发展并不是一个连贯的过程，因此，不同于经合组织国家更加稳定的现代环保体制，要理解中国在现代化道路上的环保制度化过程，我们必须追踪其目标的变化，把更多的注意力放在其生态现代化的趋势和重大发展上。我把这些趋势和发展归结为四个主要方面：政治现代化、经济行为者和市场动力、政府和市场以外的机制以及国际一体化。

（一）政治现代化

中国的政府机构在环境保护和改革中发挥的作用是极其重要的，这是由当代中国社会秩序的本质和环境作为公共产品的特点决定的。尽管环保的重要性主要通过各级环保机构地位的提高而有所体现，但国内外的环境分析家仍然对地方环保机构的体制普遍不满：它们在环保方面能力太差；它们过多依赖上级环保机构和对迫切的环保改革没有兴趣、而在为地方环保机构提供财政支持方面又扮演了核心角色的地方政府；环保信息严重不足；对地方政府的考核中环境标准不受重视，以及对政府和个人遵守环境法规缺乏财政激励。因此中国正在为改变环境政策领域的权力等级状况而进行政治现代化，尽管其特点和欧洲有所不同，但改革方向相似：更大的分权和灵活性，改变环境治理中严格的权力等级和命令、控制体系。

应当说，分权和更多的灵活性有利于环保政策，更适合地方政府的地区特点和社会经济环境。然而，分权在中国并没有自然地取得很好的环保效果，因为地方机关都把其经济增长和投资放在环保政策与严格实施环境法规和标准之前优先考虑。在公民社会和责任机制发展不完善的情况下，分权并不能奏效。因此中国政府引入了城市环境质量检测系统作为官员个人的政绩考核的一个重要指标，以此来增强地方政府环保改革的力度，同时也鼓励了公民责任体系的形成。

另一个政治现代化倾向就是国有企业与中央部委和地方政府的分离。但这并没有解决环境治理的关键性问题，因为国家环保组织还不如经济组织和其他组织那样受到重视。

尽管中国的环境治理取得了一定的成绩，但还存在一些明显的弊端。例如，环保组织尤其是地方环保组织不能和经济组织享有同等地位，有时甚至从属于经济组织，而政府内部的部门改革不具有统一性，这也导致了环保改革不能具有连续性。此外，环保法规在环境保护中的作用远不及行政干预，环保部门极少想到运用法律手段来治理环境，因此一旦行政干预不足以控制环境问题，环保将出现大的真空地带。尽管最近有迹象表明法律在处理环境问题中逐渐被重视起来，但过度依赖行政干预仍然是中国环境治理中的一大隐患。

（二）经济行为者和市场动力

随着中国向市场经济的谨慎过渡，人们期待看到经济和市场动力开始推动环保改革，而当代中国的环保逐渐在价格、市场和竞争领域实现制度化。第一，对自然资源的补贴正在逐步被取消，价格正在向成本价格转变。但是这一改进仍有其局限性，因为环境遭到破坏后修复的成本没有计算在成本价格之内。第二，政府提高了环保费并提出了环保减税措施，试图以此来影响污染企业的经济决策，然而环保费偏低而监管又很薄弱，这导致许多企业宁愿铤而走险支付环保费，也不愿意安装环保设备或者改变生产流程。第三，市场需求开始将产品和生产流程的环保和健康意义考虑进来，尤其是在中国加入世界贸易组织后，但像其他的发展中国家一样，中国国内市场的绿色或健康标志体系仍很不完善，给予环保的考虑还很不到位。

尽管市场经济改革降低了中央政府在经济决策中的作用，并提高了经济和市场行为者的自主性，但它并没有带来更多的积极提高环境利益的非政府行为者。保险公司、银行、公共事业单位、贸易协会和一般企业并没有在环保改革中发挥重要作用。这主要是因为经济行为者没有感到任何压力或者看到任何市场机会足以推动它们在它们的管理安排与日常行为中使环境利益制度化。然而，在这方面也有表现好的例子，例如在国际市场中运作的中国的大型企业、环保工业本身和相关的研究和发展协会。

（三）超越国家和市场：公民社会

在欧洲国家，环保运动、环保期刊以及日渐普遍的环保标准和价值体系的建立既是生态现代化过程的手段，也是其结果，而生态现代化过程是在所谓的公民社会中进行的。在中国，国家和市场之外的制度安排中的各种环境利益的结合则遵循着完全不同的轨迹。在中国，环保非政府组织在推动中国经济的生态现代化方面发挥的作用还很小。不过，在中国，公民社会对环保改革的贡献可以有其他的表现方式，包括政府组织的环保非政府组织的出现、地方上访活动的增加以及不成文的社会规范、规则和行为守则受到重视等。

在中国，政府组织的非政府组织，例如北京环保组织和中国环境基金会等，在环境治理中发挥着日益重要的作用。它们通过自己的专业知识和与政府决策者的紧密联系把环境利益带入到国家和市场体制中，它们这样做有助于在公民社会、环境非政府组织与政府之间架起沟通的桥梁。

中国的各级政府都建立了相关的上访制度。这些上访制度与媒体对于环境污染以及环境治理不善的日益关注，在把公民社会的环境利益与经济和政治决策者连成一体方面发挥了比非政府组织更加重要的作用。然而这种上访体系关注的是环境遭到破坏后的监管，对于预防污染则力不从心。

在中国社会，非正式的社会规范、规则和不成文的行为准则对建构人的行为有着至关重要的作用，在环保改革中也扮演着重要角色。因此，要理解中国的生态现代化动力，我们就必须了解这些非正式的制度、网络和关系是如何以及在何种程度上阐释环境合理性的。

（四）国际一体化

在评估国际力量对中国环境保护的作用时，洛克直接地指出：没有任何证据表明中国的环境污染治理政策受到了国际经济或政治压力的影响。相反，中国政府的环境污染治理计划很大程度上是由国内发展推动的，尤其是由 1979 年开始的经济的部分自由化和随之而来的决策的非集中化所推动的。与其他亚洲国家的国内环保政策不时受到外国压力和资助的深刻影响不同，中国不愿意接受带有苛刻的环保条件的国际援助。

不过，在争议相对较少的问题上，国际援助对于中国的环境政策和计划还是有着明显影响的。1991 到 1995 年间，中国在环境保护方面接受了 12 亿美元的外国投资。最近，中国通过了多项多边环境协议并加入多边组织，成为了相当多的国际环保基金的关注对象。

五、结论：中国的生态现代化是否正在酝酿中?

随着环境利益和考虑越来越受到重视，生产和消费的过程与行为的环保导向的重新建构正在中国发生。这一现象的首要含义是，中国政府正在通过将环保的外在因素考虑在内来拓宽其最初的单一的、科技的现代化计划，该计划可追溯到 20 世纪 70 年代末，与经济改革是同时开始的。从那时起，特别是 20 世纪 90 年代，政府推动的环境法规和计划越来越产生重要影响。但中国旨在减少现代化给环境带来的负面影响的策略和方法远不是稳定的；它一直在发展和变化。鉴于大多数的环保改革的启动都牢牢地建立在现代化过程的基础上并利用和依赖于这个过程，因此从这个意义上讲，用“生态现代化”来描述中国沿着生态之路来重建其经济的努力也是合理的。

然而，从上面的分析来看，这不是事实的全部。中国现在的经济和社会的绿色环保之路并不是完全符合西方关于生态现代化的观点的，它至少在三个重要而又相互依赖的方面有着变化：环境利益的制度化程度；政府、市场和公民社会各自在中国的“生态现代化”中的作用；中国环保改革动力体系的特点。

第一，在生态现代化理论相对短暂的历史中，大多数关于生态现代化途径的著述都强调了环保在社会实践和体制发展中的制度化过程，这些制度灵活地按照生态标准重新调整了单一的现代性制度。虽然对中国的情况的分析也表明了环保在现代化过程中的重要性日益增加，但是它也表明，到目前为止，环保的制度化最多只是得到了部分的实现。不存在任何这样的例行程序，它能够自动而完全地把环保方面的考虑包含到控制当代中国的生产和消费行为的制度中去。

第二，承担起环保任务并且按照生态标准来重建中国的各种经济制度在很大程度上与学者在欧洲社会中所发现的制度发生了偏离。在中国，很多政治制度和国家制度确实是把环保方面的考虑融入到自己的规范性运作程序和社会行为中去了，方式也和欧洲没什么差别：由环保法律、规则和标准构成的制度系统；按照法律进行治理；关于环保表现的评估系统；环保政策中的灵活性和非集中化等，这些都是证据。然而，在经济和市场机制以及公民社会方面，中国的情形与欧洲则迥然不同。

如果市场经济的引入导致市场调控价格、效率提高、补贴减少以及国际经济联系加强，那市场机制就可以推动生态改革。但更多的情形是，环保改革并不是自动地与经济效率的提高同时发生的，这样一来，经济和市场机制在推动环保方面并没有发挥实质性作用。环保在中国的价格制定、消费和顾客需求、企业研究与发展项目中被忽视的原因有很多。在国家层次上，环保所受到的重视还不足以使新兴的经济和市场的行为者与机制受到压力。此外，在中国的大部分地区，经济机制和经济参与者与政治机制还存在着复杂的依赖关系，这使它们没有获得足够的自由来把环保纳入自己的工作程序中。

第三，如果我们关注激发环保改革并推动其制度化的机制、过程和动力，那么，我们也会发现，中国和欧洲的情况既存在相似之处，又有不同之点。研究生态现代化的欧洲学者所熟悉的是提起抗议的地方性团体、"环保型国家"的出现、推动环境保护领域形成的全球性动力、像收费体系这样的经济手段、日益发展的环保工业、面向环境问题的国家研发计划的调整以及环保政策中的非集中化与灵活性。而在中国，政府组织的非政府组织、环保责任制、类似于"三同时"原则（即环境保护设施必须与主体工程同步设计、同时施工、同时投产使用）这样的政策制度、非正式网络、规定与制度的强大作用、各地方环保机构的双重责任制等都在实现当代中国经济的绿色环保型发展中发挥了重要作用，这些在欧洲并不存在。

总的来说，中国的生态现代化模式可以说是不同于得到广泛研究的欧洲模式的，而且它的发展过程还远没有结束。

（庞娟 摘译）

中国的环境：问题与政策*

〔英〕阿拉斯戴尔·麦克比恩

经济的快速增长不可能不对环境造成破坏。这是所有工业化国家的经历。中国也不例外。中国目前的增长趋势对环境的影响也威胁着它自身的未来发展。中国已经成为世界经济增长的发动机，同时也是世界温室气体排放大国。因此，中国控制环境破坏的前景必定引起世界其他国家的极大关注。

中国保护环境的手段如果没有重大的变化和改进，环境保护的前景将会很黯淡。中国的发展将难以持续下去，给中国和其他国家带来的破坏将会很严重。很难评价这种改善的前景。虽然中央政府的改进意愿明确无疑，但执行仍然是个难题。成功的前景在哪里？在当前环境破坏的趋势下，中国政府和国际社会有没有一些建设性举措来解决环境破坏给中国人民的健康、生命和生活带来的威胁？

一、中国环境的主要问题

今天，水资源短缺对中国来说可能是最棘手的难题。在过去，中国

* 本文来源于英国刊物《世界经济》（*The World Economy*）2007 年第 2 期。阿拉斯戴尔·麦克比恩（Alasdair MacBean）是英国兰开斯特大学管理学院教授。

南方一直有洪水问题，但在最近，即使在南方也发生过干旱。水资源短缺一直是中国北方长期存在的问题，现在日趋增加的水资源需求和多年的水资源污染又正在加剧这一问题。农业、酿造、造纸、纺织和化学品等产业是耗水大户，但其他许多制造产业在生产或冷却过程中也需要大量的水，当然水电站也需要足够的持续水流才能维持电力生产。严重的水资源短缺可能使中国的经济陷于瘫痪。

河流水流量减少和湖泊水位下降加剧了污染物的浓度。七大流域的70%都受到了严重的污染。在农村，三分之一的人缺乏安全的饮用水。100 多个城市缺水，并且其中一半被认为严重缺水。中国的人均淡水资源差不多是2 000 立方米，相比之下，世界人均淡水资源将近6 500 立方米。中国北方许多地区的地下水位正在以每年 1 米多的速度下降。中国北方的水资源情况令人不容乐观，因而迫使中国采取“南水北调”这种极端而又可能破坏环境的方式来增加北方的水供应。直到 1985 年，中国人的用水一般是免费的。即使在现在，水价在不同的地区对不同的用户来说都是不同的，并且一般比成本低 40% 。在许多地区，灌溉用水要么是免费的，要么价格远远低于成本。这种较低的价格造成了用水的浪费。

按照经合组织的观点，从改革开放到 2001 年的 20 多年里，中国的环境之所以不断恶化，主要归咎于空气和水污染。世界银行估计，在世界上污染最严重的 20 个城市中，有 16 个城市位于中国。其中大部分是因为空气污染。由于收入快速增长、轿车价格下降、进口和加入世贸组织的刺激，2003 年中国的轿车需求增加了 75% 。政府对轿车贷款的限制减少了 15% 的需求。在未来的几年，汽车的销售量每年有望增加 10%至 20% 。法规执行不力、交通拥堵、燃料质量低劣、发动机保养不当和大量不可能报废的旧轿车将增加一氧化碳、一氧化氮和其他污染物的排放。

中国超过 60% 的能源来自煤炭，基本上来自高硫褐煤。这种煤是微粒和二氧化硫的主要来源，也是威胁中国及其邻国森林和农业的酸雨的罪魁祸首。低效率、高污染、使用煤炭的小电站一直在增加，它们被匆忙建设以满足当地的能源需求。中国大约26%的能源来自石油。更清洁的能源来源、天然气和水电站提供的能源不到10%。中国的产品单位能耗高出美国6倍。这是因为中国在制造业和服务业上的产出比很高以及钢铁和化学等能源密集型产业的制造业结构。不过，这也应归咎于煤炭和石油价格过低导致大部分产业能源利用率低下。能源密集型的生产加上高污染的能源来源使中国成为世界上最大的二氧化硫排放国和仅次于美国的第二大二氧化碳排放国。按照目前的趋势来推断，到2030年，中国的温室气体排放量可能会超过美国或欧盟。

导致环境恶化的其他主要因素包括森林滥伐、草场退化、土壤侵蚀、沙漠化以及湖泊、河流和海洋中的化肥污染。从20世纪70年代末开始改革开放起，中国加速砍伐木材，以满足工厂的原材料需求和建筑业的需求。到20世纪90年代中期，中国的报道说，有140个林业局已经砍光了它们的储备林场，并且其中的61个林业局说它们正在以无法承受的速度砍伐树木。外国木材公司加入了对木材的争夺。由于几百年来遭到火灾、战争和开荒的破坏，中国的森林承受不住这样的砍伐，森林覆盖率远低于世界平均水平。尽管采取了对森林进行可持续管理和大量植树造林等措施，以阻止森林进一步被毁坏，但非法砍伐仍在快速增长，植被恢复变得缓慢，其恶果导致生物多样性丧失、土壤侵蚀和洪水。

中国的草场同样被过度开发。这一进程自1950年开始加快，草地被用来灌溉种植水稻，由于过度耕种而退化。自1950年以来，中国的草场面积下降了30%—50%，被遗弃的草地大部分是由于过度放牧和密集使用耕作技术种植粮食而导致退化。中国国家环保总局的报告表明，这一现象仍没有得到改善。

森林滥伐和草场退化造成中国木材短缺、生物多样性丧失、土壤侵蚀、荒漠化、沙尘暴、河流淤塞、洪水以及地区气候变化。从全球范围来看，全球气候由于森林砍伐而会变暖，森林滥伐和草场退化引发的沙尘暴将穿越国境，影响邻国。

沙漠面积扩大是中国特别是西北地区的主要问题。中国四分之一的土地是沙漠。在西北，荒漠化的速度正在加快。20 世纪 70 年代，沙漠化的速度是每年 600 平方英里，而到了 90 年代已达到每年 1 300 平方英里。沙漠已逼近到距离北京 200 英里的范围内，威胁到它的生存。沙尘颗粒携带有毒物和病原体，对健康非常有害，会导致呼吸系统疾病。

也有一些争论围绕中国对外贸易和外国直接投资对环境的影响而展开。显然，对外贸易和外国直接投资是刺激和促进经济快速增长的主要因素，给中国带来出口需求，使资本、技术和管理知识进入中国。高速增长不可避免地会耗尽自然资源和产生污染。然而，真正的问题在于对外贸易和外国直接投资是否带来了更严重的环境退化。争论围绕这一问题的两个方面展开。例如，与内销商品相比，出口商品耗费更多资源，造成更多污染。但是，进口商品同样可以替代低效率、资源密集、污染型的国内产品。外国公司会被吸引到环境标准低或容易达标的国家，或者会被巨大的市场、廉价劳力、良好的基础设施以及友好的投资环境等其他因素吸引。在前一种情形中，环境会变得更加恶化，但在后一种情形，更高效的国外公司可能会使用它们在本国使用的更好的技术，从而改善环境状况。回答上述问题需要充分的经验证据，这两方面在中国都有实例支持。

就外国直接投资而言，一个强有力的政府——比如中国政府——可以通过制定和强制执行国家环境标准来约束国外投资者和合资企业。也可以通过制定一些激励机制，阻止造成环境恶化的出口，鼓励改善环境的进口，或者通过替换国内的污染物或提供先进技术来处理废弃物，提高能源和其他资源的使用效率。免除能够降低污染、提高能源使用效率的产品和设备的关税或其他贸易壁垒，是迈向这一方向的简单一步。

二、中国环境保护法律和政策存在的问题

尽管中国有大量的适用法律和政策，环保机构的官员遍布全国各

地，遵守法规的行为却很少。主要原因在于其他部门和地方政府更重视经济增长以及维持或增加就业机会。提高人均收入、增加税收和提供更多就业优先于环境保护。为今天的年轻人和下一代提供良好生活标准的可持续发展理念并没有在大多数省、市、县的官员中深入人心。

在中国各个阶层的眼中，影响环境政策执行的障碍如下：中央提出的增长目标被各级基层政府夸大；发展改革委员会、经济和贸易委员会等部委比国家环保总局拥有更大的权力和影响力；部委和地方政府的部门利益行为；法律的苍白无力以及中央政府强制命令的无效性；中国官员的普遍腐败以及官员决策的低效。

另一个经常性的批评是政府在把国家环保总局升格为国家环保总局的同时，将其人员削减了一半，从 600 人减少到 300 人。从中国的国家规模以及复杂性而言，600 人太少了，而美国环境署则有 6 000 人。与此同时，全国人大环境保护委员会被裁撤。它是考察环境政策和协调部门之间环境保护行为的最高机构，代表着大约 30 个部委。裁撤这一机构会降低国家环保总局调整高层次政策的能力。这一行为招致国内外的许多批评，因为它会延迟环境法规的通过以及导致对国家环保总局的规定的不理解和不遵守。在国家环保总局成立之后，增加了其他部委的环保责任，也冲击了国家环保总局的协调和管理能力。国家环保总局被其他部委绕开，并且国际基金以及环境保护职责经常转移到别的机构。

地方上的环境保护软弱无力。大约有 6 万人任职于 2 500 个遍布全国的环保局。如果把乡镇的保护机构包括进来，机构数和人员数将分别达到 1.1 万个和 14.2 万人。尽管同时对国家环保总局和地方政府负责，但这些机构的所有资源都依赖后者。难怪它们更多地迎合地方政府的需要，而不是国家环保总局的要求和严格的中央法规。这些机构的官员缺乏环境保护法规和方法方面的教育。就经济发展而言，中国下放决策权力是有益的，但对环境保护来说却是令人遗憾的。这样做留给地方过多的解释空间。在地方上，县级管理机构、环保局和不良企业的关系非常紧密。

法律的执行、公平的处罚和争端仲裁以及补偿要求离不开一个有效、独立、博识和客观的法律体系。中国的法院与此相差甚远。从传统上来看，法院对案件是非的解释都服从党的领导，也离不开地方政府的资金。尽管采取了一些措施来改善这一状况，但大多数法官是公务员，经常是一些只上过中学和缺乏法律知识的复员军人。

在中国很少有律师专门研究环境法。甚至上海环保局也只有三名相关律师，与之相比纽约州则有98名。尽管存在这些缺陷，许多人认为运用环境法以及诉诸法院是改善环境保护最有希望的途径。参与诉讼的律师数量一直在增加。到目前为止，中国加入世贸组织已有三年。这刺激了中国的对外贸易与投资，但是对中国环境的影响尚未作出过评估，无论怎样这都是一项非常艰苦的任务。可以尝试去判断这些影响是正面的还是负面的。

在农业方面，由于进口产品更加便宜，农民转而种植收益较高的农作物，中国谷物和豆类的产量有可能下降。谷物生产会导致大量富含氮、磷的废水排放。上述种植方式的转变可以减轻河流和湖泊的受污染程度。钢铁产业的增长由于进口会减慢，至少废水排放的增长会变缓。但是，需要大量水以及制造污染物的畜牧业和纺织业仍会增长。旅游业的增长也会增加用水需求以及废物处理的需求。快速增长的家用电器、计算机以及其他电子设备也许在制造阶段用水量较少，但是一旦安装或使用，洗衣机、洗碗机会消耗大量的水并产生大量废水。电子设备中一些不含铁的金属毒性很大，如果废物没有被谨慎处理，就有可能进入水系统。不断增长的家庭建筑以及住房质量的改善也意味着用水量的增长。这一点也可归因于中国对外贸易与投资提高而带来的额外收入增长。

由于不断进口石油和用天然气替代燃煤，空气质量得以改善，但也因为进口汽车价位更低以及相互竞争，汽车数量飞速增加。这将增加城市的空气污染，供热设备和空调的数量也会相应地增加，因为越来越多的家庭和工人要求更舒服的居家和工作条件。因此，能量需求和空气污染会随之增加。新家具、新材料所释放出的甲醛、苯等有毒物质会加剧新住房的室内空气污染。上述情形将主要影响中国增长最快的地区的城市。在空气质量方面将主要是负面影响。服务业在整个出口中比重的增加可以减缓生产过程中固体废弃物的增长，但是随着城市的扩张，家庭的固体废弃物将会增长。

中国经济在加入世贸组织后加速增长，但是很难断定哪些增长是加入世贸组织所带来的。如果木材进口能恢复森林，农业进口能降低耕种面积，中国的生态系统将会受益，土壤侵蚀、废物排放将会减少。许多关税和配额的调整逐渐发挥作用，但对于那些渴望在市场中立足的公司而言，有些方面还要作出调整。

判断外国投资对环境的实际影响究竟有多大极其困难。这种影响与进入中国的新外国公司的态度有关。它们或许会带来更高的国内标准，或许乐于在同不遵守中国法规的当地公司进行竞争时放宽那些标准。

从长远来看中国产业模式的转变可能有助于减少环境破坏。自由贸易和开放投资会稍微缓解当前的环境恶化状况，但问题依然尖锐和紧迫。中国加强环境保护已经刻不容缓，这不仅需要阻止污染的加剧，而且需要扭转这一趋势。

三、可能的措施

只有中国人自己才能解决中国的环境问题。国际社会只能通过说服的方式帮助解决问题，或者当中国造成的环境问题蔓延到国境以外，才能合法地运用外交压力。但是，工业发达国家的主要作用应当是通过商业模式或援助项目提供技术来帮助中国。许多国家的政府和国际援助机构已经正在这样做。特别是世界银行已经援助了许多水资源管理和废弃物处理项目。最近世界银行已经参与“中国视角下的清洁能源发展机制”，即提供一套系统方法评价各种项目对环境的全面影响。

中国可以采取许多众所周知的有效措施。只要政治上可行，就应该停止通过低价对水和能源使用者的补贴。所有交通燃料的征税水平应当反映包括环境的全部社会成本。含铅的汽油应当尽可能征收重税和限地区使用。轿车应当接受安全检查，包括常规性的排放测试。某些城市取缔自行车的政策应当废止，自行车道建设、自行车和公共交通应该得到鼓励。

中国已经对城市间的高速公路实行收费，但是到目前为止尚未尝试反映交通拥堵和环境破坏的路费定价。事实上，全球已经很少有地方这样做了。但不知为何中国没有从其他工业化国家的错误和它们处理这些问题的尝试中学习到适合自己的经验。中国应该鼓励各级政府建立市中心道路收费制度。在北京、上海和其他大城市，交通拥堵现象非常严重，至少北京和上海正在加速促进公共交通的发展，包括成倍发展现有的地铁系统。

最主要的就是减少火力发电厂的二氧化碳排放。现有的技术对此有很大帮助。中国正在每周建设一座火力发电厂，并打算建500座火力发电厂以满足不断上升的能源需求。未改进的火力发电厂对中国自身和全球环境的影响将会非常严重。通过在火力发电厂的排气装置中安置过滤器，有害气体的排放能够被析取、溶解，再被抽取到废弃的矿井和油田，安全地贮存在地下。国际社会应当对这些措施提供技术和经济支持。这样做既可以承认中国维持快速发展的权利，又可以减少中国的能源消费对世界其他地区的破坏。

上述建议都是一些相当普遍的措施，通过中央政府的税收、法律和规章就能够得以建立。执行这些措施的主要障碍是社会和政治因素以及各级官员缺少清晰的信念。政府已经增加了在环境保护方面的投入，但还远远不够。诸如小型水电站、风能涡轮、潮汐能装置等可再生能源装置少之又少，甚至几乎没有。

中国需要更好地协调环境政策和执行之间的关系。负责鼓励和执行环境保护的机构需要大量的人员，并且这些人员需要受过适当的培训。他们必须独立于企业和那些同环境保护有利益冲突的地方机构。

不断增长的收入增加了人们对更优良环境的需求。当地污染会带来环境破坏的意识不断在增强；通过法律途径和民事诉讼获得成功的索赔也同样增强了人们这方面的意识。地方和国际性的非政府环保组织加上活跃的媒体，将会给地方官员和企业带来改革和改进的压力，但到目前为止只有那些目标是生态和美化环境的措施才会得到官方的鼓励。对于那些造成环境破坏甚至灾难的企业的抨击在逐渐弱化。政府应该让非政府组织和媒体获得更大的自由，批评那些违反环境法律的企业和机构，从而给公民保护清洁环境的权利以更多的支持。对于那些不负责任地破坏他们健康和环境的企业和政府，公民要求赔偿的法律行动不应当受到阻止。政府应当鼓励大学培养致力于环境保护的科学家、技术人员和律师，应当制定培训职业律师和法官的项目。如果包括民事诉讼在内的法律行动更加频繁，更加成功，并且带来更重的刑罚、更高的罚款和赔偿，企业、环保局和当地政府无疑会积极地改变自己的行为。

中央政府和一些明智的省市政府的政策表明，它们愿意尽最大努力保护环境。然而，大多数的中国人缺乏提高环境质量的意愿。事实上，关闭企业和对企业罚款就会造成高失业率，从而带来政治上的风险。提高对失业工人的失业救助和开展再培训项目将会减少这种政治上的风险。无论如何，国有企业改革迫切需要上述举措。然而，在一个像中国这么辽阔和多样化的国家中，中央政府的政令难以抵达全国的每个角落。这就是非政府组织、环保积极分子、媒体和民事诉讼在未来的环境保护中将会发挥关键作用的原因所在。这些民主的制度在政治上是否可以接受尚需拭目以待。

（李平 摘译）

中国环保体系发展中的制度创新*

〔英〕约翰·蔡尔德 等

一、引　言

制度创新是指个人或者组织创造并发展了新的用以重新定义恰当的社会行为的制度标准和规则。这一过程往往是通过创造新的制度实体来完成的，这些实体随后又形成一个新的“组织领域”。组织领域“从总体上看，是由那些构成公认的制度生存空间的组织”所构成。以往的研究注意到，新的组织领域的出现可能是一个复杂的政治过程，因而制度倡导者们为了成功推行他们的计划，不得不寻求足够的支持和办法；而此过程的参与者为追求各自的利益通过协商和讨论而相互影响。

对于那些一直在努力探究制度形成过程的实证研究而言，环保领域作为一个新的组织领域，为其提供了一个极具吸引力的机会去探究那些形成和影响制度创新的诸因素。美国的一些研究发现，环保主义作为一个领域的形成是由公众对环境问题的意识不断提高所引发的，这反过来

* 本文来源于2007年10月出版的《组织研究》（*Organization Studies*）杂志。约翰·蔡尔德（John Child）执教于英国伯明翰大学。

又给政府施加压力迫使其采取行动。相比之下，目前很少有研究关注转型经济体中的制度创新，而这些转型经济体的政治、经济和社会背景是完全不同的。这是当前环保理论研究中存在的主要差距。尽管中国对于全球环境问题有着重要意义和贡献，但与美国相比，我们对中国在环境保护方面的法律、政策的制定和执行以及对污染问题的解决方案知之甚少。因此，在许多正在发生快速转型的经济体中，新的组织领域正在如何发展成一种新的制度秩序，以及我们是否需要对现有理论作出某种调整，关于这些问题，存在着一些不确定性。尽管推行了经济改革，中国的制度背景依然是：除了外资企业和私有企业，行政部门仍对企业尤其是大型企业的战略决策有着积极影响。因此，环境政策的发展在很大程度上取决于政府部门或政府部门许可的其他实体所发起的制度创新所达到的程度。本文通过研究从 1972 年到 2001 年间，中国的环保体系作为一个新的组织领域是如何建立的，来弥补现有理论研究的不足。

二、关于组织领域研究的主要理论观点

霍夫曼认为，一个组织领域“不是围绕着普通的技术或普通的产业形成的……而是围绕着一些对特定的组织集体的利益和目标而言变得重要的问题产生的”。构成一个组织领域的各个组织之间互相作用、协商和影响，谋求可行的规则、解决问题的方法、机制以及做法。这种关于组织领域形成的观点的要点是制度创新者在使他们所关注的议题在其社会中获得合法性方面占据着主导地位。

（一）组织领域形成的几个阶段

格林伍德等人通过他们对加拿大的研究指出，一个制度创新的进程包括五个阶段：原有体制基础的动摇加剧阶段、原有制度的解构阶段、新制度确立前的阶段、新制度的理论化和推广阶段，最后以制度的重构结束。大体而言，这一进程是由重大事件所引发的，这些重大事件往往

表现为较大范围内的危机、新问题或突发性的变化。

为了帮助组织领域的发展，制度创新者的主要任务是创建基本的制度要素，这些要素作为认知上的或制度上的安排发挥作用，通过这一过程，新的秩序分别得以规范并实施。斯科特认为新组织领域的关键要素是三个制度支柱体系：法规体系、规范体系和认知体系。法规体系是通过颁布各个机构必须遵守的法律、规章以及国家政策而建立的。规范体系是随着经验法则、规范化的操作程序、职业标准、日常流程、传统做法、培训计划和教育程序的完善而形成的。这些职业化和社会化的方式促使各组织接受那些道德义务和行为准则。认知体系是文化因素和文化符号的体现，这些文化因素和文化符号所设定的规则构成了现实世界的本质和事物的意义得以形成的框架。各组织根据文化上的认同或者对认知规则的顺从来采取行动，这些规则理所当然地被认为是组织成员履行其日常事务的方式。

先前一项关于美国环保主义的出现的研究发现，这三个制度支柱体系是按照法规体系、规范体系和认知体系的顺序建立的，尽管建立这些体系的任务在每一个阶段可能会有重叠和重复。在其他国家诸如中国，其环保体系的建立是否会遵循和美国相同的模式，我们对此所知甚少。这就提出了如下与研究相关的问题。

问题一：环保体系作为一个新的组织领域，在中国是如何发展起来的，这一发展进程与西方发达国家的进程是否一致？

（二）制度创新者在组织领域形成中的角色

以往的研究区分了不同的发起并推动新的组织领域产生的制度创新者。他们可能来自各个不同的部门、社团和机构。随着组织领域形成的进程，组织领域成员的构成和角色可能会发生变化。

上述考虑导致了组织领域建立过程中的参与者所扮演的角色之间的重大区别。一些参与者率先对问题进行了界定并推动组织领域的出现；而另外的一些参与者则是遵循新规则采取新的行动。前者显然是制度创新者，并可以被称为组织领域的创建者，也可以被叫做“规则制定者”、“战略性参与者”、“主力推行者”或“制度设计者”。组织领域创建者的角色与被称为组织领域接受者的其余组织领域成员是不同的，因为后者必须遵守组织领域内新出现的规则。这些考虑提出了一个更深层次的研究性问题。

问题二：中国环保体系发展背后的制度创新者是谁，他们又扮演着什么角色？

三、研究组织领域形成和发展的方法

（一）关键事件、轨迹性活动的划分与三支柱体系的形成

根据霍夫曼采用的方法，我们把 1972 年到 2001 年间促进中国环保体系建立和发展的事件和活动分为两类：关键事件和轨迹性活动。我们这么做的目的是确定使该体系中各支柱得以形成的事件发生的顺序。

我们把霍夫曼的观点融入本文的分析中，把有重大报道价值的事态发展界定为关键事件，诸如灾难或者新的立法，这些事件可以相对容易地从公共信息中加以区分出来。相比之下，轨迹性活动是指紧随关键事件所发生的一系列活动，就制度创新而言，它强化了每一阶段内新制度发展的常规路径。如果没有随后的轨迹性活动去促进进一步的发展，过渡性的关键事件自身可能无法触发一种新体系的建立。确定这些轨迹性活动是实证研究的第二步。轨迹性活动包括起草和修订相关法律、规章和政策，以及有关环境问题的培训和公众运动。轨迹性活动可以分为如下六类：（1）支持法律、规章和标准的制定；（2）通过决议、指令和通知，在政府部门之间传播官方的价值、信仰和义务；（3）明确政府部门有责任通过实地调查、现场研究、深入探究和资源分配来解决环境问题；（4）通过国内会议、工作研讨会、研究小组和培训计划来加强环保人员之间在技术和知识方面的沟通与交流；（5）通过参加国际会议、参

与国际合作项目、访问国际环保组织来关注有关环保问题的国际交流；(6) 树立公众的环保意识。最后一类活动包括大中小学的教育课程、公共展览、大众运动和地方推广，以及国家对自愿参与环保工作的人员的嘉奖。第一类活动涉及法规体系的构建，第二类至第五类涉及规范体系的建设，而第六类则关系到认知体系的建立。除了给这些活动分类，我们也确定了相关的法律、法规和规章制度，它们是作为构建法规体系取得进步的进一步信号而被颁布的。

（二）本文的研究发现：中国环保体系作为组织领域形成的几个阶段

通过考察关键事件的发生，我们可以划分出环保体系这一组织领域形成过程的各阶段。通过这一分析方法，中国环保体系这一制度领域的进程可以被分为四个阶段：（1）教育启蒙阶段；（2）法规支持阶段；(3) 专业化阶段；(4) 建立社会责任的阶段。

正是经过这四个发展阶段，中国的环保体系正在逐渐形成自己的三个制度支柱体系：法规体系、规范化体系和认知体系。2006 年官方发布的《中国的环境保护》白皮书声称，中国在减少环境污染方面取得了一系列的成功，包括在 1996 年至 2000 年关闭了 84 000 个规模小的污染企业。然而，要建立一个三支柱体系，中国还需要很长的时间，这个过程还远没有完成。

四、关于中国环保体系的探讨

这项研究着眼于两个问题：第一个问题是作为一个新的组织领域，中国的环保体系是怎么发展起来的，其发展模式是否与西方发达国家的模式相一致？第二个问题关注的是创建并发展环保体系的制度创新者的身份，以及他们在这一制度创建工程中所扮演的角色。

（一）环保体系作为一个新的组织领域的建设阶段

本研究的结果可以与霍夫曼对美国的研究相比照。在中国和美国的环保体系建立过程中，突出的问题、领域的界限、领域创建者和接受者的角色和作用自始至终都在不断地被重新界定。在中国，环境保护的定义从一个科学技术问题演变为经济发展的根本支柱，然后扩展到社会责任的高度。随着这一核心问题被界定的方式发生了这些变化，该组织领域的界限也从仅仅限于政府部门和行业内部，扩展到一系列协会，最终延伸至包括大众传媒在内的更广泛的社会。

中美环保体系发展进程中的一个最大不同是中国政府更多地介入了制度创新中。尽管两个国家都见证了某种从法规体系建立到规范体系建立再到认知体系建立的发展进程，但在美国，规范和认知方面的压力是通过非政府组织影响力的增强和不断变化的公众舆论显现出来，它们本身就促进了法规性行为的出现。在美国这一较为开放的社会中，许多法规在制定之前都经历了强大的游说活动，这种事先的游说活动似乎是规范和认知方面的先行发展所带来的。相比之下，在中国，法规的创立是自上而下进行的，而不是由非政府组织和公众的游说发起的。具体过程是，触发性事件迫使政府去解决问题，随后提出一个法规体系，此举是通过制定法律和政策来确立环境保护的合法性。然后，政府会致力于构建一个规范和认知体系。

中美环保制度中支柱体系发展的不同模式似乎也反映了两国政体的根本差异。虽然中国在其经济改革进程中把许多方面的决策权力下放给了地方政府，但在其体系中重大政策的最初建立仍旧是自上而下的，其贯彻执行也在极大程度上依赖于行政法规。与此不同，在美国社会非政府组织和其他非政府团体能够培养和反映基层民众对诸如自然环境等社会问题的关注和认知意识，在规范方面达成共识，然后形成一股强大的推动力来推动政府在法规上采取行动。在美国，自由主义传统和相对较高的教育水平相结合，这能够支持这一自下而上的进程。

虽然作为一个组织领域，中国环保体系的发展阶段与格林伍德等人提出的模式有些明显的相似之处，但也必须看到它们之间的差异。首先，有迹象表明，在中国环保体系发展的每一个阶段，即格林伍德模式中的几个阶段出现了循环反复。这一点在从理论化到传播再反过来到新的理论化的发展中尤其明显。例如，在制定和执行环境问题的相关标准时，某种理论化过程是由传播过程来推动的，而这一传播过程是依靠教育和培训完成的。随后，当工作的重点发展到建立一个认知支柱体系时，一个类似的循环出现了。这就为进一步研究提出了以下观点。

观点一：在组织领域形成的某个特定阶段内，会存在轨迹性活动的循环。

下文要进一步讨论的是另一个更为明显的区别，这一区别与加拿大和中国主要的制度创新者相关。在加拿大，制度创新者是各种专业协会。在中国，独立的专业协会得不到发展，制度创新者是政府及其各部门。这就让人联想到国家背景对于所出现的制度创新的性质和范围具有的重要意义。

（二）制度创新者的角色

在中国环保体系的发展中，国家显然是主要的制度创新者。当制度创新是一个自上而下的进程时，这可能是制度创新的独有特征。在中国最初的“教育启蒙”阶段，国务院和各部委是组织领域的创建者，支持新的领域实践者的产生，例如国务院建立的专门工作组。在第二阶段，即法规支持阶段，国家环保部门成为主要的组织领域创建者，管理部门和专业机构共同制定出新的制度法规的细节。到第三阶段，行业协会和一些跨国公司加入到国家环保部门的组织领域建设中。到第四阶段，一些政府认可的非政府组织和媒体机构加入到组织领域创建者的行列。这又提出了下面的观点。

观点二：在组织领域形成的不同阶段，制度创新者的出现和角色是各不相同的。

随着中国环保体系中制度三支柱体系的建立，组织领域创建者从最初只有政府，变为多个角色。中国政府及其法制部门完全掌控了法律、政策和法律框架的建立，因而主导了法规支柱体系的建立。然而，由于规范支柱体系的技术内容更具专业性，所以它的建立需要有关专家的参与。因此组织领域创建者的范围拓宽到政府部门之外的其他组织了。当环保政策的有效实施需要一般公众达成广泛的共识和作出响应时，组织领域的边界就进一步扩展到各传媒机构。

此外，如霍夫曼所指出的，对各种问题的界定会影响到其他政党的利益和目标，因此他们也会作为组织领域的成员参与进来。在美国的考察表明，环境保护的定义从一个纯粹的技术课题，演变为一个兼具社会和政治因素的课题。我们注意到中国也存在相似的现象。当公众日益受到污染的威胁时，他们就会成为建立环保体系的积极参与者，比如，通过公开投诉而参与其中。其结果是，组织领域创建者之间的主动性天平会从政府稍稍倾斜到公众。

我们之前提到的研究课题提出了更深入的相关理论考察。其中一项考察指出，中国新组织领域的发展体现了能够适用于其他新兴经济体的特征。在许多这样的经济体内，制度的变化可能表现出自上而下的特征，哈耶克把这一自上而下的进程描述为“人造的秩序”（made order）。中国的经验表明，这种自上而下的过程能够促进政策、法律和规章的迅速发布。另一方面，在这种体制内，新制度的合法性（它能推动规范和认知支柱体系的变革）的传播可能是比较缓慢的，因为独立的非政府组织和压力集团（pressure group）发挥作用的能力很可能受到限制。这些国家的制度安排可以被描述为一种与国家支配力紧密结合的体制，这使得法规最先出现的可能性更高。相比之下，一旦像环境污染之类的问题一开始就产生广泛的社会影响，像美国这样一种结构松散的宏观体制将更有益于形成如下这样一种情况，即法规是由形成规范和认知组织领域的活动所触发的，因为它允许更广范围内的制度创新。后者允许一定程度的“自发秩序”（spontaneous order）的存在，可能会使合法性从法律体系到规范体系再到认知体系进行平稳的过渡。这就得出了第三个观点。

观点三：参与制度创新过程的制度创新者的范围越广，法规支柱体系的发展可能就越慢，而规范和认知支柱体系的发展可能就越快。

另一项考察关系到新组织领域的运作。用托尔伯特和朱克的术语来说，中国的环保体系还处于半制度化的阶段，这因此会带来某些机能障碍问题。首先，中国向市场经济的转型在环保体系中留下了一些真空地带，因为中央计划体系内使用的模糊性语言和概念不再适用于改革时期更具分权性质的制度安排。很显然，总体上看，在中国这样一个大规模的、复杂的、多层次的治理体系中，把“国家”视为一个单一的或同质的行为主体是易产生误解的。甚至在发展法规体系时，中央政府的自主权已经从共产党和国务院转移到专门的环境保护部门。由于权力下放与中国的改革进程同时展开，因此，日渐显著的政府机构的纵向差异以及对地方政府的依赖开始妨碍环保法规的执行。这就意味着地方环保部门不得不维护它们与地方政府及地方领导的“友好”关系。如果环保法律法规的实施与地方经济的发展发生冲突，那么其实施就会受到阻碍。此外，由于地方法院服从于地方政府和地方党委，法律体系在执行环境法律方面效率低下。所以，虽然中国政府试图引入建立在市场基础上的环境保护方面的法律、政策和规则，即类似于发达国家的那套法则，但这些法律和政策的效力和效率显然是较低的。这就得出了第四个观点。

观点四：除了理论和实际资源的因素，制度确立的程度也决定了新组织领域的运作。

五、结　论

本文对与组织领域转型相关的关键事件和由制度创新者所从事的、支撑制度发展轨迹的活动进行了区分。对关键事件的关注和对轨迹性活动的关注的结合形成了对组织领域形成过程和转型经济的成就更为全面的分析。同时，这一研究的局限性为将来的研究指明了有用的思路、一些方法论方面的和其他方面的实质性问题。

我们在上文中提出了四个观点，这些观点阐明了值得进一步研究的几个实质性问题，这些问题包括：在我们的研究所界定的几个更广泛的阶段内，可能存在着制度发展的循环；在组织领域发展的不同阶段之间，主要制度创新者的身份是否会发生整体上的变化。我们的研究使人注意到这样一个问题：中国的制度创新代表了一个独一无二的案例，还是说，它有效地阐释了组织领域形成的一个普遍的模式。一个关键的问题是，当国家是最主要的制度创新者时，其制度变革的过程与主要的制度创新者独立于国家之外的变革过程是否存在不同。

（崔存明 摘译）

中国环保公众参与中的法律倡导*

〔美〕埃里森·莫尔　〔美〕阿德里亚·沃尔

公众参与的方式对于中国在处理可持续发展和进行更负责任的治理等难题方面开辟了一种新的策略。这种策略可以集思广益，同时可以让各方都来关注公众关心的问题以及潜在的环境问题，另一方面，它有利于加强公众对于一些可持续发展项目的认知及支持度，提升支持环保的公众价值，强化环保条例的实施执行。在中国当前面临严峻的环境问题的时候，这些策略可以起到关键性的作用。每年几十万人死于空气或水污染，整个国家的生态保护屈从于经济发展项目的开发，大量的环境问题威胁着公众的健康和社会稳定。另外，对环境问题的恐惧引发了许多社会事件，其发生的频率较之以前也更为频繁。2005 年，公安机关统计发生了 8.7 万起公众抗议事件，而政府统计 2006 年上半年发生了 3.9 万起扰乱社会治安的案件，这都强调了公众参与机制能够为公众提供一种合法的、有效的途径，使其能够在解决环境危机中发表自己的意见。

然而，显而易见的是，中国引入各种有效的程序需要的不仅仅是对公众参与的不断支持。合法的环保公众参与的要求与其实施还存在脱

---

* 本文来源于 2006 年伍德罗·威尔逊国际学者中心（The Woodrow Wilson International Center for Scholars）网站（http://www.wilsoncenter.org）。埃里森·莫尔（Allison Moore）与阿德里亚·沃尔（Adria Warren）是美国律师协会亚洲法律项目的学者。

节，这在某种程度上反映了公众参与目标与普遍存在的政府的担心之间的紧张关系，因为官方担心此参与过程将会打开社会秩序混乱以及不同社会团体之间冲突的闸门。要从基层开始把公众参与机制转变为政府的责任需要政府对其治理方针作出调整，包括以更宽容的态度提前发布相关信息，并让公众在计划以及冲突解决的早期阶段进行介入。

一、公众参与中国环境治理的法律框架

国家的环境治理人员正努力认识和减轻中国快速的城市化进程和发展对环境造成的影响，他们对将民间团体吸纳到其对话及治理体系中表现出迫切的意愿。这种被称为“公众参与”的观念已经被正式认为源于一系列不同的公民权利，例如，知情权、评论权、组织权、执行起诉权等。虽然中国中央政府过去已经开始就提出的政策收集非正式的、非约束性的反馈，但是将公众参与视为一项公民权利的观点还是新出现的。公众参与环境治理的法律框架的不断发展反映出这种正在进行的由非约束性的咨询机制向建立于公民权利之上的具有约束力的职责的转变。

“公众参与”包含了已经开始被引入中国的一系列实施机制，其中不仅包括政府热线和网络交流，还包含公众听证会、协调会、吹风会、调查、征求意见等。本文将着重讨论作为一种能够加强环境治理透明度和问责制的机制的公众听证会，而许多关于听证会的优点与局限的评论也适用于所有其他的机制。

中国目前重要的有关环保公众参与系统的法律包括2003年实行的《环境影响评价法》（EIA Law）和2004年实行的《行政许可法》。这些法律规定在某些情况下要实行公众参与，并且提出了一定的告知义务。但是，是选择听证会，还是选择其他公众参与的方式，例如调查或是征求意见，其决定权却留给了当地政府。其中，还有许多因为要保护“国家机密”而出现的例外情况。这些经常被认为是不恰当的程序或是不具有代表性的公民参与，这个观点将在以下讨论的例子当中有所体现。在

一项近期进行的全国性的调查中发现，中国市民普遍感到自己在环境问题决策方面的参与空间非常有限。

为了弥补这些不足，明确法律义务，加强实施力度，国家环保总局于近期在前述两项法律的指导下发布了实施办法。2004 年颁布的《环境保护行政许可听证暂行办法》（ALL 暂行办法）和 2006 年实施的《公众参与环境影响评价暂行办法》（EIA 暂行办法）描述并拓展了在环境影响评价方面对于公众项目的环境行政许可的参与权利，以及对于建筑工程的准备及环境影响代理评估报告的参与。通过国家环保总局网站来征求公众意见的 EIA 实施办法的另一个关注焦点是信息的披露。当前，一些国际组织，例如美国律师协会等，已经开始和国家环保总局和地方环保局合作培训公众参与环境保护。

在一些案例中，市一级政府已经通过了一些措施，扩大了环保领域中全国范围内的公众参与权利。最著名的一例是沈阳地方政府通过的一项《沈阳市公众参与环境保护办法》（简称沈阳办法），其详细规定了公布信息和公众参与的要求，要求环保局在民间的环保诉讼中协助调查。环保局官员认为《沈阳办法》是地方政府的法规中在实施综合环保公众参与权利方面最早的、最好的一个例子。一些省级及自治市级政府也已经开始采取“政府信息公开”的举措（最有名的是广州和上海），鼓励开辟更多渠道让市民了解政府信息。2006 年 1 月，至少有 30 项类似条款出台。

虽然相关法律框架在不断完善，但是其实施力度不够并且存在地区差异。最近由国家环保总局和一些地方环保局所进行的公众听证会的结果显示出了具体实施中的一些不足和障碍。就像它们所表明的那样，加强公众参与的作用可能会有助于解决当前存在于环保体系中的不足。

二、环境公众听证会案例研究

过去的几年中，随着有利于环保意识提升和支持扩大公众参与环保的法律改革的趋势不断发展，中国举行了第一次关于地方环境许可及环保规划听证会。2005 年，中国召开了第一次全国性的关于环境影响评估的听证会，它是关于圆明园的排水项目的。此次环境影响评估听证会引起了全国性的关注，并一致被认为是中国此类听证会的开先河者，将为今后的环保听证会树立榜样。在此前一年，由国家环保总局认可，北京市环保局还就是否通过某个高压电线建设工程项目的环境影响评价行政许可举办过一次听证会。虽然在此之前，中国的一些地方政府机构曾经举办过其他项目的听证会，但其受关注的程度远不及这两次听证会，因为这两次听证会是真正产生于民间行动并对其作出响应的地方级及国家级的听证会。

高压线方案——百旺家苑听证会

2002 年，北京电力公司提出了一项环绕北京西北部架设高压电塔的计划：西沙屯—上庄—六郎庄（也称 9950 号）工程。首都铁路科学技术研究所于 2003 年起草了这项工程的环境影响评估报告，报告指出这项高压线路工程是合理可行的，沿高压线（220 千伏）的电磁辐射符合国家相关标准（500 千伏）以及要求的安全距离（大于 5 米）。

在工程开始在居民区建设的时候，受到影响的百旺家苑的居民自发组织起来，对于该工程在环境影响方面的“安全性”提出质疑。根据《环境影响评价法》第四章，当地居民要求北京市环保局举行关于是否颁发其环境行政许可的听证会，以期阻止此项工程的进行。

随着居民不满情绪的激化以及与电力公司职工矛盾的升级，国家环保总局于 2004 年 6 月 17 日快速启动了行政许可法暂行办法，敦促北京市环保局应公众要求就百旺家苑事件举办听证会。

2004 年 8 月 13 日，北京市环保局召开了中国第一例行政许可环境影响评估听证会。许多社区居民，包括居住在百旺家苑的工程师和环境专家，受邀在听证会上发表意见，就环境影响评估的结论提出质疑，举证论述。虽然与会者都是受邀前来的，但是参与者和专家都一致同意所选的发言人具有广泛的代表性，同时听证会也允许不同的观点对政府之前所作出的决议提出挑战。

此外，这次听证会向所有感兴趣的公众开放。地方及中央媒体广泛地报道了这次组织有序的社区居民参加听证会的场面。

尽管居民在吸引大众关注环境影响问题方面取得了明显的胜利，但是在听证会后的不到一个月的时间里，北京市环保局颁布了一项决议，拒绝重新考虑对此项目之前作出的许可决议。这项决议的基础是北京市人民政府之前对这项电力建设工程的批准决议和有关电磁辐射的国家标准，而没有采用听证会所引用的那些文件中的相关证据。中国专家一致认为这是由于百旺家苑公众听证会的召开为时太晚，此时项目已经在建，无力重新采取新的方案。结果是，听证会为受影响的居民开辟了一条表达意见的途径，但居民们还需耐心等待对其关注问题的实质性回应。

三、存在的困难

（一）薄弱的体制与司法实施机制

在圆明园与百旺家苑的案例中，未能从环境影响方面对整个项目进行修改，这反映出中国环保部门的体制尚不完善。司法的重叠与混淆、管理与执法部门严重的制度缺失与财政赤字、民事强制执行机制的不完善弱化了环境影响评价法及有关大众参与的规定的实施与执行。

除国家环保总局之外，各省、市、县、镇级环保部门也担负着实施环境法律法规的任务。尽管公众观察员对环境影响评价风暴（EIA Tempest）不乏赞美之词，但其他法律分析家的个人观点均与作者一致，认为环保总局实际上缺乏法律权力来叫停某些建设项目。也就是说，按照项目类型，要求对某些地方项目进行环境影响评价的管理权可能属于当地或省级环保部门、甚至是当地或省级政府的权限。这也可能是国务院介入诸如“环境影响评价风暴”以及松花江污染事故等重大事件的原因之一。据报道，继2006年2月发布《落实科学发展观加强环境保护的决定》之后，国务院正致力于起草环境影响评价实施方案，这将把有关公众参与环境影响评价的具体规定扩展到所有相关部门。预期的法规指导原则是否能够解决导致体制内分歧的部门间、政府间协作问题，这还有待观察。正如许多评论员看到的，由于资源不足、人员紧缺、缺乏培训、扶植当地发展的政治压力、利益冲突以及腐败，环保总局与各级环保部门的管理普遍受到束缚。这类问题也影响了征求公众参与环境管理的政治意愿。根据《行政许可法》规定，相关政府权力机关（而非项目申请人或听证申请人）负责实行公众参与带来的所有成本。中央政府对于此类举动没有资金支持，这使得问题更为复杂。

如果环境方面的权利受到侵害，法律代言人在赔偿追索方面拥有的手段有限。迄今为止，各级法院在行使权力强制实施有关环保公众参与或信息公开等法律规定方面并不积极。尽管对于此类问题的私人执行在《环境影响评价法》、《行政许可法》以及相关实施办法中并无明确说明，但在理论上，根据《环境保护法》（1989）、《行政诉讼法》（1989）、《行政复议法》（1996）规定，通过向上一级机关申请复议，对复议不服可提起行政诉讼，此类规定是可以得到执行的。尽管如此，由于众所周知的政治原因及法律的执行能力问题，如：司法缺乏独立、地方对于法院的非正当影响、缺乏相关培训等，此类民间资源仍是有限的。

中国对非政府组织、律师团体、个体公民赖以寻求政策的民事执行以分担环保总局责任的途径是加以限制的，这使得政府在实施与执行方面权力薄弱的局面更为恶化。尤其是，非政府组织面临着麻烦的、独断的许可限制，在中国，非政府环保组织受到极其详细的审查。在2005年，中国的非政府环保组织被要求加入一个新的、庞大的半官方组织——中华环保联合会，并支付会费。尽管官员们声称中华环保联合会将确保更好地协调并鼓励非政府组织与政府间的沟通，但实际上这一组织也具有管理及吸纳社会民间组织的能力。

同时，法律代言人（legal advocate）也正因为试图在法律争论中承担角色而受到日益严厉的审查与处罚。在2006年5月，中华全国律师协会发布了颇具争议性的关于律师办理涉及“群体诉讼”的敏感案件的《指导意见》。该意见特别指出，在办理涉及十名以上起诉人的环境案件时，律师应：（1）在承接此类案件之前，由律师事务所至少三名合伙人集体讨论决定是否接受委托；（2）“及时”向当地司法局及律师协会“报告”情况；（3）在办理案件时接受当地司法权力机关及律师协会的“监督与指导”；（4）不要劝说当事人越级上访。有些律师支持协会的意见，理由是该意见旨在为律师办理此类棘手案件提供更有力的政治与专业支持，而也有律师公开反对，指出该意见会控制并可能妨碍律师参与有关环境及其他与重大的公共利益有关的重要诉讼。

行政执行权力机构中存在的种种问题和局限也可以部分解释为何中国在处理影响极坏的环境灾难时要依靠严厉的惩罚手段。其中一个典型的例子是2004年2月四川川化集团的一家工厂在沱江地区的大规模硝酸铵排放事故受到检举。排放物导致大批鱼类死亡，简阳市停水一个月，也造成了长期的生态问题。首要的执法手段便是大笔行政罚款及强制补偿，同时对青白江区环保局副局长、区环境监测站站长、区环境监理所所长三名相关负责人提起刑事诉讼并最终定罪。在备受关注的环境事故中，往往会进行刑事起诉。

在理论上严厉的惩罚手段应该能威慑违法行为，但在另一方面这种手段也显示出缺乏长效的监测与执法标准，而通常这样的标准更能够成功预防此类重大事故的发生。其他文献也提到，各地区通常未建立适当例行机制以激励守法（比如，罚款过低，不能有效激励守法行为）。尽管以得到公众赞赏及小额现金奖励形式出现的“环保奖励”不断涌现，但这还远远不足以建立起广泛的、积极的激励体制，使当地官员因为防止了恶性环境事件的出现而得到褒奖。

此外，尽管在理论上严厉的惩罚手段可能威慑到违法行为，但令人感到讽刺的是，这些惩罚手段也使得官员因恐惧承担责任而瞒报污染事件。

（二）对群众缺乏回应与责任

百旺家苑与圆明园项目的听证会为相关公民提供了与政府官员陈述和讨论环境问题的机会，但是在这两次听证会上，受影响社区的居民所提出的问题均未得到实质性的回应。

尽管适用的法律要求环保部门“根据听证会记录”作出环境影响评价意见，并要求“许可决议要对接受或不接受听证会上的主要观点进行解释”，但是政府接受或拒绝群众意见和建议所依据的标准还不明确（在中国由于缺乏可行的先例及训练，这一问题被放大了）。

美国律师协会（ABA）有关模拟听证会的训练课程存在着这样的传闻，据说中国当代的决策者更愿意为其全盘决策提供一种总体性的合法性说明，而不愿意就是否接受个人提出的具体观点与证据进行详细的考察。这也很容易让决策者巧妙地避免了与某些争论的牵连，因此可以回避对最终决策负全责。与之相似地，在百旺家苑与圆明园项目中，北京市环保局与国家环保总局是依据其他政府权力机关的标准或决策来批准此类项目的，因此也就避免了直接面对群众的挑战与问题。

增强对于群众的责任感当然就需要更强大的法律授权——这需要中国政府官员改变对于与群众互动的理解以及互动的方式。用国家环保总局官员的辞令来说，其目的在于“使相关部门在决策过程中充分听取群众意见”。环保总局及中央政府官员充分意识到这是一项具有重大意义的工作。这需要其定位从“领导”群众转向“服务”群众；需要其思想从群众有“参与的义务”转向群众有“参与的权利”。

百旺家苑的案例研究表明新型群众参与诉求的实现常常是不完整的，这是因为当地政府官员总在一种死板的治理模式中来解读这种诉求。

即使官员们能够朝着对群众意见更负责，作出更多回应的方向重新定位自身角色，法律框架也依然需要清楚地阐明群众意见应以何种方式影响决策。听证会的目的大概并不只是为了使政府能自觉地“做群众想做的事”，更是要通过引导群众表达问题与提出建议，使决策能够以事实为依据，更加合理。

（三）不灵活的环境信息监管

圆明园和百旺家苑事件所取得的最大成功之一在于：群众运动成功地产生了有价值的环境信息。虽然《环境影响评价法》的第四条款规定，环境影响评估报告必须公开，并且环境影响评估的执行措施需要一个更系统化的、更可取的信息公布过程，但这一条款在实践中是得不到自动执行的。即使有明文规定，环保机构，其中包括国家环保总局（SEPA），仍没能使环境影响评估报告公开化成为一种通行做法，尤其是在那些环境影响比较明显并为此争论不休的领域。

最后，在非政府组织、律师和其他公民社会的代表们在揭示环境影响信息的同时，他们也在遭受着相关人员的报复行为。媒体报道中的屏蔽行为、人身检查、骚扰或逮捕等事例并不罕见。

由于许多公民社会中的机制被取消，人们希望信息公开日益制度化的主要原因还是来自政府本身。沈阳的办法就把范畴广泛的环境信息变成“公开”信息，并把公众获取某一具体范畴内的信息的权利明确化，这种明确化对于这种权利的行使是很重要的。事实上，公众逐渐在利用自己的这些权利来获得信息，据沈阳市环保局报道，在该政策作为内部规则实施的前六个月里，共收到1 000份要求获取信息的申请。政府官员引用沈阳的这一办法表明，有必要逐渐明确信息公开的要求（需附有时间限制和详细的信息范畴），从而使信息公开的责任得以履行。

最近公布的环境影响评估实施办法为环境影响评估过程中更加系统的信息公布提供了一个前提条件。从长期来看，最重要的因素还是中国对如下观念发生普遍性的态度转变（这种转变可能是由跟SARS这种与公众健康相关的突发疾病和松花江水灾等作斗争的经历引起的），即人们确实享有直接的知情权。

（四）地方政府缺乏总体的规划

圆明园和百旺家苑事件都发生在北京并非偶然。SEPA 和 ABA 在 2005 年初曾对地方的环保局（EPB）开展过一份调查，该调查发现，与城市和经济发达地区的 EPB 形成鲜明对比的是，落后地区（例如内蒙古、新疆、宁夏地区）的 EPB 缺乏评估环境影响和形成环境保护政策的科技能力。地方政府官员宣称，对于他们来说，治理问题相对于那些更基本的环保工作而言还是次要的。

那些来自相对富裕省份（比如河北）的环保官员，也对如下看法表示了怀疑，即公众参与将有助于深化环保政策和措施的实施，或者使这些政策所带来的程序负担（procedural burden）合法化。这些地方政府的忧虑在如下这种普遍意识里也得到了反映，即公众的参与不会被认真对待。比如 SEPA 官员潘岳提到，公众对政府缺乏信心是阻碍公众参与行动得以成功实施的关键因素。

政府和市民对于公众参与的情况都是不满的，而解决这一问题的一个直接的、实际的方法在于在决策成为结论之前就执行这些程序并充分考虑对公众意见的吸纳。其结果——甚至存在的问题和忧虑——无法事先确定，而这种可能性恰恰对于那些习惯于（或试图）维持社会控制的政府官员而言是极其具有冒险性的。在与作者的面谈中，那些在过去的几年里参与了 ABA 公众参与培训计划和后续活动的官员反思道，他们自己的出发点是认定政府才是最佳的环保政策制定者和执行者；而随着经验的积累和意识的提高，他们才逐渐意识到公民社会在保护环境方面能够给予政府的努力以协助。最后，公众参与的实践还需要大众和政府提升对彼此的信任。

（五）政府和公众缺乏法律技能

最后，迄今为止公众参与无法实现的部分原因在于政府机构、建设和环境影响评估部门、公众等缺乏展开公众参与的法律技能和经验。中国政府、非政府组织和多方的协助者正致力于解决这些问题。作者的经验表明，地方的训练项目首先系统地揭示了大多数地方 EPB 官员和其他环境利益相关者必须制定理论和实践上环保的基本法律框架和公众参与度。解决法律技能缺乏的有效方法在于加强对政策制定、利益相关者的培训或咨询、强化争论解决和公正过程等方面律师的作用。

四、机遇：进程中法律代言人的角色

迄今为止，中国的环保公众参与运动中，法律代言人——公共部门和私人的代理人、非政府组织、公诉人和其他政府官员、法律援助中心——发挥的作用并不大。为数不多但数目一直在增加的非政府组织和律师在环保案件中、主要是环境补偿诉讼案件中提供法律辩护；还有另一部分人以法律为武器组织起来，向工程建设施加公众压力。污染受害者法律帮助中心（CLAPV）和绿家园志愿者就是两个比较典型的例子。虽然由这些组织承担的角色的重要性没有受到低估，但法律代言人应发挥的其他多种作用没有得到足够关注，这些作用可以提升利害相关者的法律意识和权利意识，加强公众的参与权，以及更加有序地、有效地组织公众参与。以下列出了一些其中的作用。

法律代言人可为所有的环境利害相关者提供急需的培训、技术支持和指导。在起草法律和规范措施时，中央政府通常会启用法律界的法律专家，尤其依赖中华全国律师协会（ACLA）和出名的环境法学者；但是北京以外地区的地方政府需要更多能够利用这种专业的法律专家的途径。通过向公共和私人部门提供培训，以及承担为政府、企业、非政府组织提供内部法律咨询的制度化角色，法律代言人可以解决实施公众参与所引发的一系列实际的法律问题。

法律代言人可以加强提高关注度和解决争端的官方渠道，帮助公众以有效的方式来表达意愿。法律代言人可以组织争论，把争论规范在法律可以解决的方式内，引导争论进入正规的司法或行政渠道。这种角色并非限制在听证会和执行诉讼上。在武汉，环保部门通过广播节目和以《环境法》为中心的相关咨询平台网站，尝试着把法律顾问、政府与有意向的公众连接起来。

法律代言人能起到监督的作用。胡萝卜加大棒的方法——律师提供强制执法的“大棒”——在驱使地方环保部门实施国家环保政策方面是必要的。一位美国的环保律师和社会活动家说过，在美国，政府的环保部门在律师为加强公众的参与权而把纠纷提交到法院之前，也一直把公众参与看做是自愿的（即不是法律义务）。在这种情况下，经历必经的步骤（即使在强迫之下）就能够使有价值的信息得到公布，并能教育公众让其意识到自己的合法权利。

而且，一些积极的迹象表明在中国正在出现这种与公众的环境利益有关的诉讼。中华全国律师协会环境委员会和其他组织正在推动司法改革，这一改革将明确鼓励和促进非政府组织和其他机构在为了公众利益而提出采取强制性的行政行为中的作用。有趣的是，中国的检察院——公共检察机关——最近也表示了参与环境公益诉讼的兴趣。这种由公共部门和私人的“总代理人”所作出的努力将会把其他的技术专家引入到法律执行过程中来，把花费从个人转移到非政府组织和更能从整体上代表公众利益的政府机构上来，减轻对于国家环保总局的依赖。

法律代理人能够鼓励和促进信息共享。沈阳的措施、国家环保总局的环境影响评估措施以及其他独立的地方政府的决议，都在敦促政府环保机构为环保案件中的利害关系人提供环境信息。在圆明园的案例中，公众的坚持使环境影响评估报告在国家环保总局的网站上得以公开——这是许多环保非政府组织和普通民众第一次在中国阅读到此类环境影响评估报告。法律代言人能帮助公众和非政府组织意识到自己拥有提出何种权利的要求以及如何通过合理的渠道来实现自己的要求。

法律代言人能够促进尊重作为权利持有人的公民的文化。最后，法律代言人的参与能帮助创造一种尊重作为权利持有人的公民的政治和法律文化，这种公民有资格要求政府作出反应和负责。律师的参与提供了通往正义与权利的通道，为弱势群体争取了发言的权利，促进了那些相关论点的辩论。

在中国，法律代言人在支持好的管理实践上参与度不够，一部分原因是因为环境法方面的专业人才和专门的环保法规相对而言还不够成熟。虽然发展潜力与日俱增，中华全国律师协会环境法和自然资源委员会在2000年才刚刚成立。在这之前，中国几乎没有环保律师和法官可以选择的专业培训，学习环保法的机会也很少。今天，除了越来越多的培训机会外，中国的新环保法也在经历着面向“公益诉讼”的改革运动。

在法律代言人的参与不只是被看做“找麻烦”之前，他们还要做艰苦的斗争。对于中国的很多官员来说，让律师参与到组织公众提起法律诉讼中来将会加大风险，加深对群众动乱和社会冲突的焦虑。

这些对公众不满情绪及其对社会和谐和社会秩序的影响的焦虑通常会导致参与过程缺乏政治意愿和规划，但从另一些方面来看，这些焦虑也能给我们提供前进的动力。有秩序的听证会、培训、咨询、指导，鼓励使用正规的法律渠道——即把法律代言人的角色正规化和制度化——不仅有可能把公众的不满情绪引导进正规渠道，而且能够形成公众可以接受的解决方法。

五、结　论

在与作者的面谈以及在对地方政府官员和其他相关人员的培训中，国家环保总局和全国人大的官员表示说，听证会制度应该有更大的目标：（1）通过为公众意见提供程序化的反馈，并加强地方政府的责任心，来改善党在领导人民方面的民主合法性（以此来平息互联网上和其他渠道中的怨言和批评言论）；（2）加强环境保护；（3）不考虑单个建设工程的决策，收集对政策有利以及能提高政策执行的信息。在过去的两到三年里，地方政府官员已经开始实践各种方法来更好地达到这些目标。但是，一些严重的来自法律、制度以及政治上的障碍依旧为中国实现全面的、令人满意的公众参与设置了挑战。这些障碍是由于缺乏政治意愿，以及对于引发群众动乱的焦虑所导致的。

（张东昌　高华 摘译）

中国发展中的公民社会：从环境到健康*

〔美〕德鲁·汤普森　陆小青

自1949年中华人民共和国成立以来，中国共产党及人民政府在“人民民主专政”的指导下掌控着社会与经济发展的所有方面，社会各阶层和整个经济发展均需服从于政府的绝对领导。独立的社会团体是不允许存在的，但是，理论上，公民可通过政府控制的“群众路线”组织（mass-line organization），如中国妇联、共青团以及各部委领导下的各协会，如中国计划生育委员会等获得发言权。对独立社会团体及其他民间团体的限制一直到1979年才结束，当时，作为发展自由市场经济和实行政治自由化的“改革开放”政策的一部分，中央政府逐渐下放权力，减少对人们日常生活的干预，这为社会自由开辟了更广阔的空间。法律制度的全面改革，包括20世纪90年代大量法律和政策的起草，开始允许公民社会有节制的发展，并允许非政府组织在中国得以合法建立。

中国社会的快速改革促进了财富的更快积累，赋予人民更多自由，它同时也带来了许多新的健康和环境问题。这些变化促进了独立的非政府组织在多个领域的发展，并鼓励了新型的政府领导下的非政府组织

---

* 本文来源于2006年伍德罗·威尔逊国际学者中心网站（http：//www.wilsoncenter.org）。德鲁·汤普森（Drew Thompson）是中国—默沙东艾滋病基金会研究人员，陆小青是美国战略与国际问题研究中心（Center for Strategic and International Studies）研究人员。

（GONGOS）的成长，例如，中国防治性传染病及艾滋病协会、中国环境联盟等。此种发展动力以及政府领导下的非政府组织相对于其主管部门的独立性形成了一种具有吸引力的趋势，这将决定中国公民社会的发展前景。然而，本文将探讨环保非政府组织（ENGOS）是如何作为最早的公民社会团体于20世纪90年代中期形成的，以及政治环境是如何发生转变从而使卫生部门的非政府组织得以建立的，特别是那些致力于艾滋病问题的组织。这些辅助性组织在一种多变的政治环境中展开运作，这种政治环境能够促进或者阻碍其发展和成功，决定其表现，与此同时，这些组织的行为表现以及其他外部政治因素都将反作用于其运行环境。

虽然前一代的中国领导人对于“绿色非政府组织”的发展给予了监督，同时积极促成其发展，但新一代领导集体是在2003年SARS爆发之际上台的，因此投入了更多的关注与财力来改进公共卫生，包括促进卫生领域的非政府组织的发展，这已成为公民社会发展中的“第二次浪潮”。

一、非政府组织与环境保护

经济发展极大地提高了许多中国人的生活水平以及增加了扩大社会自由的机会。正如处在工业发展飞速膨胀时期的西方国家一样，中国忽视了自改革开放以来经济恣意增长所带来的环境问题。各级政府将经济发展视为当务之急，这引发了严重的空气污染和水污染以及整体生态环境的恶化。这种环境恶化状况对社会和经济发展，特别是对贫困人口和弱势群体产生了严重影响，进一步加剧了贫富分化。在个别极端案例中，恶化的环境引发了社会动荡，更宽泛地说，阻碍了经济增长。兰德公司2003年发布的一份报告显示，水污染对人们健康的危害使中国每年要花费4亿美元，该报告还援引了世界银行发布的一份估算数据，水污染每年要花费中国3.9亿美元，相当于1995年的国民生产总值的 1%。

中央政府已经清楚地意识到，如果缺少有效的环境控制和保护措施，环境问题将会制约经济的发展，吸收新的工人以及那些从国有部门下岗的工人加入经济建设的各种努力将遇到障碍。若是不能持续刺激就业可能会间接引起社会动荡。

虽然中央政府不断地颁布保护环境的法律，但是地方的官员和企业管理者常常相互勾结以逃避法律责任。除了加强管理和向地方政府施压以惩治污染企业外，中央领导层中的务实主义者还考虑将绿色环保组织视为另外一种动员群众加入政府行动中去的途径。此外，政府，尤其是中央政府，看到了鼓励民众揭发当地污染制造者、提高公众意识以及参与环境影响评价（EIA）过程所带来的诸多好处。但是，那些地方官员们（他们代表的当地政府同时是制污企业的所有者）对于鼓励群众挑战自身的权威以及政府支持的工业企业缺少热情。不过，上层领导对于环境保护的承诺不断增强，逐渐地，环保领域成为公民社会组织参与其中并积极发挥作用的一个相对安全的领域。

1994 年中国第一个环保非政府组织自然之友（FON）的成立标志着允许非政府组织成立的政策环境开始形成。该组织由中国著名学者梁从诫领导，是第一家在中国依法注册的公民组织社团。自那时起，政府允许众多绿色社团注册并鼓励其通过环保教育、清洁运动来提高民众的认识，并从那些不愿直接与中国政府合作的国外组织那里吸引资金及技术上的支持。民间的环保积极分子人数剧增，填补了政府提供的活动空间，并积极推进大众对于政策制定的参与。

环保非政府组织已证明其自身的务实性及灵活性，成功地与国际非政府组织及国外的援助政府建立了合作关系。这种务实性不仅表现在已注册的非政府组织的活动中，还表现在诸多未注册的绿色组织的行为上。在官方注册为非政府组织的环保社团大概有 2 000 家，大约有相同数量的社团注册为盈利性商业实体，但是有更多的社团根本没有注册，例如互联网、志愿者或是自然俱乐部。在中国的各大学校园里还有各种以环保为主旨的学生社团和“绿色俱乐部”。这种多样的绿色非政府组织处于真正的公民社会发展的最前沿，它在一种完全由政府控制了40多年的政治和社会体系中建立了一个官方接受并认可的非政府部门。

（一）中国环保非政府组织的作用

过去的十年里，非政府组织已经成为了支持中国政府所实施的环保努力的一个重要力量。迄今为止，一些成功的非政府组织，如自然之友、北京地球村和绿色家园志愿者等，在提倡更加有效地实施现有的环保规章制度、加强政府在环保中的责任、向大众普及环保知识等方面起着宝贵的重要作用，它们甚至在某种程度上，影响着政策方针的制定。

和西方的许多环保非政府组织与其政府的关系不同，中国的非政府组织所采取的是一种没那么具有对抗性的方式。中国的大部分环保非政府组织都切实地致力于环境的保护，并通过与政府紧密合作来实现其目标，因此，它们对公共政策以及各级政府产生了积极的影响，尤其是中央政府大力鼓励环保非政府组织参与中国的环保事业。例如，1996年国务院《关于环境保护若干问题的决议》就鼓励公开报道和曝光违反环保法律条例的事件，并鼓励公众参与环境保护。环保非政府组织在政府批准的框架内，通过一种非对抗的方式与政府紧密合作，已经获取了一定程度的信任并得到了许多政府官员的支持，他们将非政府组织的行动视为对中国环境保护事业作出的积极贡献。

中国新兴的环保非政府组织在倡导全民行动和志愿者行动方面起到了先锋作用。通过公众动员和宣传环保事业，环保非政府组织不仅教育公民要更积极参与政策的制定，而且也有助于鼓励新闻媒体。报刊积极地报道了目前的环境状况，这有助于提高政府的责任感，尤其是当政府部门疏忽职守的时候。环保组织和新闻媒体逐渐成为了社会变革的参与者，也开始在中国建立了一种公众参与和基层行动的理念，对加强政府问责制作出了贡献。

（二）达到极限

中国的环保非政府组织无论是在规模、范围还是影响力方面都已经得到了快速稳定的发展，但是中国政府对于非政府组织的自由发展一直心存担忧，因此对其发展继续进行严格的监控和管理。导致这种忧虑的部分原因来自中国非政府组织推动的关于增加大坝建设决策透明度的全国运动。另一个加剧紧张关系的因素就是高层领导对于已经发生在塞尔维亚、格鲁吉亚、乌克兰和吉尔吉斯斯坦的“颜色革命”的关注。中国对于这些革命的研究使得高层得出了如下结论，即这些国家的反对派运动受到了一些国际组织的大力支持，这也使得政府日益重视中国的公民社会团体和国际非政府组织。

根据刊发在2005年10月《外交政策》中的一篇文章报道，中国政府已经怀疑某些国际非政府组织是对人民洗脑并鼓励政治反动势力的组织。国家环保总局（SEPA）在2006年5月公布的调查报告指出，政府的有效管理和非政府组织的严格自律是中国环保非政府组织进一步发展的两个基本要素。

在目前这种政治上受制约的时期，许多基层的“社会企业家”正在通过各种创造性的途径和方法，一面继续探索环保行动可以触及的界限，一面应付官方对他们潜在的或实际性的怀疑。政府也陷入了一种尴尬的矛盾中，一方面需要保护环境，保持经济持续增长，另外一方面又要防止过度的社会行动。但是有人乐观地预测，随着政府对环境保护问题的关注增加，非政府组织发展的政治氛围将会得到极大改善。

除了外部的政治压力，环保非政府组织部门的长期发展也受到了许多结构性因素的制约，包括有限的内部能力和获得资源的途径。许多非政府组织缺乏系统的管理知识，很少有机会获得信息和资金来进行自身的能力建设。目前这一代环保非政府组织往往在很大程度上依靠个别领导人的超凡魅力和热情。该领域的进一步发展将需要加强治理、人员配备和内部管理。也有批评认为，中国环保团体的工作多在指出环境问题，而非提出技术解决方案。在它们忙于指出问题的同时，也需要大幅度地提高技术技能，找到解决问题的办法，提供解决方案，而不是简单地提高人们的认识。此外，大多数环保团体严重依赖外国资金；在政府对外国资助的活动加强监督的情况下，中国的非政府组织将被迫越来越多地寻求其他的资金来源，尽管法律限制国内的筹款活动。

日益严重的环境问题有助于形成中国环保非政府组织发展的政治空间，这为环保领域之外的更多的社会活动奠定了更好的基础。在过去几年里，卫生非政府组织的表现尤为活跃，这是因为医疗改革和医疗领域的私有化导致了医疗卫生服务中的不平等，使得公共医疗系统在应对非典、艾滋病和禽流感等传染性疾病带来的重大危机中表现不力。

二、非政府组织与公共卫生

自中国共产党 1949 年执政以来，对医疗部门的投入极大促进了公共卫生事业的发展，衡量标准就是人民的寿命延长、婴儿死亡率降低、一些传染性疾病减少或消除（其中包括性传播疾病）。初级卫生保健和预防保健服务得到广泛普及，大多数人口能获得医疗服务和医疗保险。然而，自改革开始，医疗系统已日益私有化，保险覆盖面已大大降低，只有少数公民可以使用或有效地享受医疗保健制度。可悲的是，当医疗系统趋于衰落并主要为富人提供医疗服务时，传染性疾病目前已经向政府主导的公共医疗系统发出了突出挑战。政府认识到没有足够能力应付这些挑战，因此在控制传染病方面正在越来越多地寻求外界的支持，调动国际资源和技术支持，并呼吁“社会各界”发挥作用。

2003 年非典的爆发——它在初期并未引起政府的重视——表明了卫生系统的脆弱性。迫于国际和国内压力，政府调动了相当多的资源处理疫情，补救危机。对于中国的高层而言，这一事件凸显了一种不受控制的传染性疾病可能带来的社会和经济影响，它也刺激了中国政府决定与国际组织在对付其他传染性疾病方面展开更多的合作。而像艾滋病病毒/艾滋病（HIV/AIDS）这样的疾病在许多方面都提出了挑战。随着20世纪80年代和90年代的经济改革，人民生活水平得到提高，人员的流动性日益增加，以往社会结构对老百姓生活的诸多限制也逐渐瓦解，这些都使得HIV/AIDS日益蔓延。其他疾病，如禽流感以及全国性流感带来的危险，都对经济和社会构成了独特的威胁。及时有效的应对行动规模大，范围广，成本高，这降低了政府独自应对流行疾病的可能性。

由于其显著的社会经济影响，以及对处于生产能力高峰的年轻人的影响，HIV/AIDS备受关注。该病毒还可以通过无症状的病毒携带者进行传播长达10年。在中国，HIV/AIDS仍然集中在政府无力进行有效管理的边缘人口里，如静脉注射吸毒者和性工作者。虽然这一流行疾病集中在这些被边缘化的群体，艾滋病毒的蔓延是令人担忧的。政府最近的统计显示，中国大约有65万艾滋病病例。虽然新的估计数字低于以前的数字，但是病毒感染率仍在上升，2005年增加了7万新病例。

（一）政府对艾滋病危机的回应

为了认识到卫生非政府组织正在成为中国一支强大变革力量的潜力，考察中国的一些专门针对艾滋病的非政府组织是很有助益的。艾滋病不仅受到国内外政府的高度重视，而且全球多方面的资源也被汇聚在一起来对抗这一疾病，这些都是支持非政府组织力量的重要因素。中国的艾滋病患者仍然主要集中在静脉注射吸毒者、卖淫者以及男同性恋者中，艾滋病传播的根源在于经济因素而非单纯的医学因素，因此，政府的公共卫生体系明显不足以解决艾滋病传播的根本原因。和其他面临吸毒与艾滋病同时泛滥的国家一样，中国政府必须解决与艾滋病传播相关的非法活动。

毋庸置疑，解决艾滋病和其他疾病需要全民应对，这会远远超出单独的政府卫生体系的手段和能力。尽管政府从2003年SARS事件中得到了教训，但有关公共卫生事件的准确数据并不总能保持透明和得到及时披露。被授权解决各种健康危机的多个政府部门经常不能协调好其行动。而且，中国自上而下的行政系统缺少有效的机制为那些处于正规的经济和政治体制之外的民众提供援助。政府清楚地认识到，需要动员非政府部门来应对卫生挑战，并帮助填补政府医疗保健体系中的缺口；有效的疾病预防和控制，需要动员民间社会组织，使公私合作伙伴关系正式化。

尽管政府准许了环保非政府组织在过去12年来的发展，但对卫生非政府组织（特别是在艾滋病领域）而言，政治氛围只是在最近才有所改善，这突出体现在2005年政府官员的诸多讲话中。

在2005年春季，在北京举行的应对艾滋病联合峰会上，国务院副总理吴仪说，中国的反艾滋病斗争不可能单靠政府来取得成功，并说："中国已形成了政府主导，多方面合作，全社会共同参与的防治艾滋病工作的机制和社会环境。"

在2005年世界艾滋病日之前的新闻发布会上，中国卫生部部长高强强调，尽管防治艾滋病是政府的一项重要职责，但如果没有与非政府组织的有效合作，这一传染性疾病还是不能被有效地控制。

2005年6月，卫生部常务副部长王陇德博士在美国战略和国际问题研究所（CSIS）的一次发言中承认，虽然中国政府和中国疾病控制中心针对高危人群一直在做大量的干预，但是非政府组织除了给予技术支持外还发挥了更大的作用，包括为"难以达到的"群体提供服务和预防教育。

说到非政府组织参与防治艾滋病的工作，中国官员不只是"说说"而已。中央机构正专项拨款，以协助非政府卫生组织提供社会服务，如意识教育和护理。在2005年，政府从全球抗击艾滋病、肺结核和痢疾基金资助的"第四轮项目"的2 400万美元的预算中抽出25%，用于支持隶属政府的非政府组织和民间非政府组织。2005年7月，中国疾病控制中心下属的性病和艾滋病中心与非政府组织举行会议，讨论男同性恋者问题。官员讨论了向非政府组织提供600万元资金对男同性恋者进行研究和预防教育的机制。中央和地方卫生官员已开始积极推动非政府组织的发展，包括一些大城市和受到严重影响的村庄中的艾滋病毒感染者及艾滋病患者的支持团体。卫生部在应对艾滋病方面对非政府组织的伙伴关系的实际回应，就如同过去环境官员与非政府组织共同努力一起动员得到整个社会的支持从而建立起他们共同的目标一样。

（二）当今中国的 HIV/AIDS 非政府组织

很像环保团体所表现出的多样性一样，中国的 HIV/AIDS 非政府组织以各种名目在进行运作——注册的社会组织、注册的商业企业和机构、未注册的民间团体、艾滋病毒感染者和艾滋病患者组成的自助团体以及学生团体。在 26.6 万个向民政部注册的非政府组织中，已知的卫生非政府组织总数仍然有限。大多数总部设在北京和遍布全国各城市社区和农村的 HIV/AIDS 组织，非常注重行动并开展了大量防治艾滋病的项目，它们通过向静脉注射吸毒者发放干净的针头，为性工作者提供安全套，对那些受艾滋病影响的居民和社区进行健康教育，从而为那些难以达到的社会边缘群体提供服务。许多非政府组织为城市和农村地区提供艾滋病预防和教育信息，另外一些组织则对处于危险和受影响的个人进行电话热线咨询服务。

这些 HIV/AIDS 组织也提供服务以增加预防知识，并帮助受影响的人接受治疗，其他一些组织则为受影响的社区提供物质上的支持，包括捐赠衣服和生活用品，资助孤儿的教育，甚至在城市青年和学生中发起“笔友俱乐部”，与农村受影响的儿童进行通信。HIV/AIDS 非政府组织进行活动的范围极其广泛。

和绿色环保组织相比，这些 HIV/AIDS 基层组织仍处于初创阶段，并且能力相对有限。它们常常规模很小，只有一两名支付薪水的雇员，或是完全依靠志愿者。许多团体预算紧、能力受限，影响了它们发挥的作用。与绿色环保组织一样，HIV/AIDS 非政府组织还面临取得稳定资金方面的种种困难。国外资金往往是短期的，因此难以支撑长期运作。此外，政府对国际非政府组织基金的谨慎态度——源于担心它们的政治动机——增加了对接受外国基金支持的中国非政府组织的疑虑。本地筹款受到政府有关禁止全国性集资制度的限制，而企业和富裕的个人很少甚至没有动力去给独立的非政府组织捐助，因为他们得不到减税，还面临被政府官员疏远的潜在风险，因为这些官员鼓励向与他们相关的政府领导下的非政府组织捐赠。

独立的 HIV/AIDS 非政府组织冒着与政府发生冲突的风险，它们不仅要作为政策的提倡者行事，同时还要作为面向受影响社区的服务提供者。非政府组织可能也会面临官方的反对，因为它们根本上是在与政府的收费服务供应商进行竞争，或者因为它们从事的某些活动被政府认为是非法的。

三、环保非政府组织与卫生非政府组织：步履维艰，休戚与共

（一）联系

在中国，环保非政府组织与卫生非政府组织的出现有很多相同的特征。中国领导层都为这两种组织在协助政府应对威胁中国经济、政治稳定及社会福利的复杂、紧迫的挑战方面创造了活动空间。不管在哪种领域，非政府组织的发展速度总是由政府决定的，政府把它们的角色定位成辅助政府应对各种危机。

这两种非政府组织也面临许多相似的挑战。作为新生事物，能力建设是其重要目标，包括管理、经营、资金筹集，以及提供服务和代表委托人与利益相关者发出倡导的技能。非政府组织不能站在政府的对立面，只有得到政府认可才能发挥实际作用。受现行的有关社会组织注册和管理的法律法规的制约，环保与卫生非政府组织有多种存在形式，这两种组织都得到了大量的国际资助，而被政府怀疑。非政府组织的活动

者们意识到，他们处在一种多变的政治环境中，因为政府的政策在如下两种情况中摇摆不定：支持解决实际问题、缓解社会冲突的非政府组织，恐惧最终可能挑战党的权威的民间运动。

（二）展望

在过去的12年里，环保组织积累了宝贵的经验，可供卫生非政府组织借鉴。环保组织除了为其他非政府组织开辟了政治空间以及建立了其作为政府合作者的信誉，它还能在能力建设方面为卫生组织提供帮助。长期来看，许多卫生组织如果遵循环保非政府组织开创的模式，协助政府、避开敏感的政治问题、动员整个社会、以非对抗性和非竞争性的方式提供服务，那么，它们是可以取得成功的。卫生组织现在所动员的公众更具有大众参与意识和志愿者意识，这些理念是由走在了前面的环保组织灌输的。尽管面临诸多挑战，卫生非政府组织已经渐渐具备了推动中国公民社会发展第二次浪潮的能力。第三次浪潮可能是这两种组织联合起来应对日益严重的由环境导致的健康问题。

2005年11月松花江危险物质排放事故生动地说明了环境管理不善对健康造成的威胁。当地政府试图掩盖排放问题并控制新闻报道，这激起了群众的愤怒。新闻媒体对于哈尔滨停水的原因进行推测，认为是上游工厂爆炸所致，后续又对政府的反应进行报道，一定程度上揭示出政府是负有责任的。哈尔滨停水可能是“敏感”事件，而在中国，污染对健康的长期影响非常显著，污染导致更多的儿童夭折、先天缺陷以及更多癌症高发地区的出现，特别是在农村地区，某种癌症的罹患率比其他地区明显要高。污染直接导致许多地区的健康水平下降，正在日益成为不稳定因素，引发受污染人群的自发性群体事件。这种民间运动并未形成一种持续的环保与卫生非政府组织，但它显示出来的各种力量将能够推动围绕环境恶化与健康危机之间关系而展开的各种行动和倡议。

环保与卫生非政府组织的未来不可避免地联系在一起。每个组织开拓的政治空间最终会使整个公民社会受益。尽管民间组织作出了积极的贡献，但各级政府对于公民社会团体的自由发展依然会保持警惕。随着卫生组织更多地联合环保组织，以非对抗性的方式使当地受益，其所处的政治环境会逐渐改善，会允许更多组织在更广的范围内开展活动。

（三）对未来的猜测

好的状况。如果非政府组织继续辅助政府的工作，不直接反对以政府为主导的现状，不涉及敏感问题——如宣扬对党的权威构成挑战的民主或法制改革，公民社会的发展前景还是乐观的。在政府认识到非政府组织在应对环境、健康问题方面的积极作用后，现有对于非政府组织严格的管理、控制也会松动。随着更多地方政府对于非政府组织积极作用的认识加深，会把后者看做是能够实现公共利益、对社会经济发展有所贡献的合作伙伴。在“十一五”规划中，政府意图通过增加对教育、医疗、环境的投入以实现“和谐发展”。政府利益与非政府组织目标的联合能够进一步推动公民社会的发展，并促进私有部门在提供政府不再能有效提供的公共产品方面的作用。此外，政府与私人组织在多方面加深合作也可能提高管理的有效性——更加公开、透明，更有责任感——并由此形成良性循环，符合政府对于更稳定发展的要求。

坏的状况。在最严重的情况下，国家与私人部门将会出现内在的对立，尤其是当中国的政治制度缺乏有效的权力监督与制衡时。政府由于效率低下、腐败等原因不能有效地提供公共服务，而且又不愿将提供公共服务的权力交出，在这样的环境下，非政府组织经常会产生不满情绪。政府部门，特别是地方政府部门会将非政府组织——尤其是在医疗卫生部门——看做是提供收费服务的竞争对手，从而压制私人组织。当公共利益与私人组织的目标发生分歧，政府很有可能对公民社会以一种建设性的、非威胁的方式展开运作的能力失去信心。非政府组织在缺少国内支持的情况下对于国外资金的依赖也会增加政府的疑虑，使后者认为非政府组织是破坏性的，企图通过“和平演变”颠覆政府。紧张关系与猜疑升级，导致限制非政府组织的注册、会员资格、资金筹措方式、活动的更为严格的政策，现有的非政府组织无从发挥作用，公民社会的发展也受到限制。

令人窘迫的状况。前面已经提到过，环保和卫生组织的未来是联系在一起的，这也可能会带来风险。“局外人”的争议性表现可能被政府解读为反映了公民社会的核心。例如：这两个领域的非政府组织均从事或只有一方从事政府认为是威胁性的活动，那么所有其他领域也会受到波及。因为环境、健康问题对个人及居住区有直接影响，这两个领域的非政府组织将发现自己处于与政府官员对立的位置，例如，它们代表受影响群体，组织民众向政府或政府扶植的企业寻求补偿。其他非政府组织可能会直接寻求政府在环境、健康问题方面负起责任，这可能会遭到政府官员的强烈反对。虽然只有一部分组织在从事直接威胁政府的活动，但各种矛盾可能会导致令人麻烦的事件，例如群众骚乱，这可能会最终带来对全部非政府组织的打压。如果政府认为足够数量的非政府组织持公开的反对立场，其反应可能使过去 12 年间积累而来的活动自由大幅削减。

四、结　论

总的来说，中国环境和卫生非政府组织已经在很大程度上避免了直接对抗政府，而专注于它们的核心任务，从而建立一个积极的运作环境。政府希望维持其在经济和社会中的主导地位，而非政府组织试图改变导致环境恶化及恶劣的公共卫生的根本的政治原因，如何解决这两者之间的紧张关系，最终将决定中国公民社会的未来。

（高华　张东昌 译）

中国的环境问题与粮食安全*

〔美〕杰瑞·马贝斯　〔美〕杰妮弗·H. 马贝斯

自古以来，许多力量影响着人类的粮食安全，尤其是自然灾难和全球人口日益增长所带来的挑战。新中国建立以来，粮食安全就是中国政府的首要任务，到21世纪初仍然是首要的国家目标。2008年，中国基本上实现了粮食自给，并且95%的粮食消费来自国内的农业生产。然而，世界粮食供应的任何巨大动荡，例如世界粮食价格的上涨，都会产生全球性的影响。中国的环境状况也直接影响了它的粮食安全。

作为一个发展中国家，中国的粮食安全和环境保护体制相对较新，也未经受过考验。正是这些因素——庞大的人口、有限的耕地、严峻的环境挑战以及处于现代化过程中的政治、社会和经济体制——的结合，促使莱斯特·R. 布朗（Lester R. Brown）于1995年出版了《谁来养活中国?》一书。布朗预测说，到2030年中国将不得不进口2亿吨粮食。这种危言耸听的预测引起了学者和政府官员关于粮食安全的争论。这场争论关注的是中国的耕地面积以及它能否足以维持主要农作物的生产。20世纪90年代末，政府的官方估计是中国大约有9500万公顷耕地，相

---

* 本文来源于《中国政治学刊》（*Journal of Chinese Political Science*）2009年第14卷第1期。杰瑞·马贝斯（Jerry McBeath）和杰妮弗·H. 马贝斯（Jenifer Huang McBeath）是美国阿拉斯加大学政治学教授。

当于人均0.8公顷，仅仅相当于全球平均水平的四分之一。自20世纪70年代末以来，中国失去了以前用于生产粮食的大量耕地。

一、耕地减少的原因

中国耕地所承受的压力来源于三个相互关联的因素：人口、城市化和经济发展。

（一）人口的增长与压力

中国是世界上人口最多的国家，而且自封建朝代以来一直如此。从1949到1999年的50年里，中国的人口增长了2倍多。只有从1979年之后，中国才实施了一种明确的人口限制战略。从目前来看，到2030年中国的人口有望达到16亿的峰值。中国人口的规模给土地带来了巨大的压力，但是这种压力并不均衡。在中国西部的沙漠地区，人口压力微乎其微；西藏也是如此。不过，东部沿海省份尽管只占中国15%的面积，但却拥有中国41%的人口。人口密度的统计数字概括了这些差异。2000年，中国的人口密度是每平方公里351.3人，并不是世界最高（孟加拉的人口密度是每平方公里1520人）。然而，江苏省是人口密度最大的地区，达到每平方公里1567人，而西藏和新疆则是每平方公里不到4人。

中国人口的增长带来了住房和居住用地的相应增长。尽管人口增长已经放慢，但仍然在继续。此外，经济状况的改善释放了对更多、更好和更大住房的被抑制的需求。不论在城市还是在农村，住房建筑都出现了明显的增长，使用了包括耕地在内的大量土地。

（二）城市化

中国快速的城市化吞噬了大量的耕地。在头20年的经济改革中，中国城市的数量从193座增长到666座。1995年，中国农村的人口达到

7.5 亿的峰值，而城市人口则继续增长。到 21 世纪初，中国城市的人口超过了 5 亿。随着城市人口的增多，城市扩张到了农村，消耗了原来的农业用地。据估计，仅在“八五”规划期间（1991—1995 年），城市的扩张和交通网络每年占用了 140 万公顷的土地。

中国城市的居民比农民拥有更多的可支配收入（一种全球模式）。日益壮大的中产阶级期望能够把闲暇时间用于娱乐活动。城镇附近的许多农田转变成高尔夫球场、公园和其他的娱乐设施。

（三）经济发展

1978 年以来的经济改革推动了中国各地的经济发展，但却牺牲了耕地。工厂、办公楼、酒店和度假村以及购物中心占据了中国城市和郊区的空间。在减少耕地的数量上，它们就像住房一样重要。有人估计，因工业发展而减少的耕地数量被低估了 61%。所谓的“开发区热”或许是土地减少的最明显的例子。

改革伊始，中央计划部门就在中国南方沿海地区建立了试验性的“经济特区”。计划人员在广东和福建建立了四个经济特区，1988 年又宣布海南岛为“经济特区”。1989 年，国家为台湾投资者在厦门建立了两个特区。1990 年，“经济特区”扩大到了上海的浦东新区。随后在 1994 年，中国建立了“新加坡苏州工业园”。到 1995 年，中央政府批准了大约 422 个开发区。

非法征用土地涉及中国的各级地方政府。这对中国日益减少的耕地来说或许是最大的威胁。问题的根源在于农民对土地没有财产权。地方政府非法地出租土地。出租价格由于日益繁荣的土地和产权市场而不断高涨。对地方政府来说，出售和租赁土地成为一项有利可图的生意。腐败变得猖獗，因为官员们抽取佣金和为了不正当地分配土地而滥用土地使用权。

二、社会经济变革的影响

人口的增长、城市化和经济发展给中国的粮食生产也带来了一些有利的影响。当然，快速的经济增长使中国成为世界第三大经济大国，并且赚取了购买中国维持人口生存所需要的粮食的外汇。但是，我们关注的是中国国内的粮食安全，而且尤其是经济发展和工业化给粮食生产带来的主要的负面影响。

（一）土地退化

所谓土地退化，是指土地降低或失去了生长植物和维持人与动物生存的能力。土地退化的直接原因是水土流失、土壤营养均衡的变化和有毒物质对土地的污染。水土流失是大多数生态系统中的自然现象，但我们担心的是人类行为造成的水土流失，例如砍伐森林。土壤营养均衡的变化是因为天气和气候变化，但是原因也包括过度使用化肥和其他不良的耕作习惯。土壤污染的主要原因是人类的行为。

1. 水土流失

水土流失是中国生态退化的普遍问题。我们提供三个地区的例子：东北、西北和华南。东北——包括黑龙江、辽宁、吉林三省以及内蒙古的部分地区——是中国的粮仓。在过去的60年里，东北黑土层的厚度从80多厘米急剧下降到不足30厘米。土壤有机质的密度从12%下降到不足2%。大约85%的土壤缺乏足够的营养。水土流失和退化的原因包括过度耕种、滥用化肥和过度砍伐。反过来，水土流失造成了更加频繁的干旱、洪水和沙尘暴。

水土流失已经成为中国新疆自治区的一大问题，因为过度放牧和耕种超过了国家的保护努力。水土流失甚至在繁荣的广东省也是一个严重的问题，该省已经成为中国大陆第二大土地退化地区。单在“十一五”规划期间，广东出现了2 200平方公里的水土流失，而在下一个五年规划期间情况将会更加严重。就广东省而言，工业发展是破坏土壤的首要因素。

2. 砍伐森林

人口的增长和木材工业是造成森林大面积减少的主要因素。自1949年以来，中国大约一半的森林遭到了破坏。目前，中国的森林覆盖面积是1.34亿公顷，覆盖率是14%，但是仅有少量的原始森林得以保存。近年来，中国的森林以年均5 000平方公里的速度减少。采矿和砍伐破坏了山区的森林，从而造成了水土流失，减少了蓄水能力，造成了华北严重的沙尘暴。农业的发展和居民住房也是造成森林和植被面积减少的因素。

3. 荒漠化

沙漠占到中国国土面积的27%。近年来，沙漠面积的扩张急剧加速。荒漠每年增加了3 400平方公里。荒漠化造成河流和湖泊干涸（导致土壤盐碱化，因而无法种植农作物）、植被面积减少和地下水水位下降，对1亿多人构成了直接的威胁。特别是，荒漠化造成农田和牧场退化，从而造成农作物产量的下降。此外，荒漠化也对长城和莫高窟等国宝构成了威胁。

中国各地的荒漠化是因为砍伐森林以及北部和西部干旱和半干旱地区保护不够和过度利用水资源。中国某些地区的荒漠化还应归咎于农业、商业、工业和住宅的发展。草场退化是荒漠化的主要形式。草场退化不仅包括草地的退化，而且还包括土壤的退化，是对整个生态系统的破坏。由于土地开垦、放牧和砍伐木材，中国的许多草原出现了大面积的退化。

4. 土地污染

三种类型的污染困扰着中国的农田：工业废弃物、采矿活动以及化肥和杀虫剂的使用。第一，化学和其他工业设施排放出的污染物和有毒物质，减少或杀死了植物。农村工业造成的污染比城市工业更为严重。第二，中国存在大量的小矿场，尤其是小煤窑，因为中国将近70%的能源需求依赖煤炭。煤炭的废弃物——包括硫化物——以及其他的有毒化学物破坏了相邻地区土壤中的微生物群落。第三，过度使用化肥和杀虫剂也是土地污染的原因。

5. 空气污染

中国每年烧掉20亿多吨煤炭，把大约2 000吨汞排放到土壤中，这对农业生产和人类健康构成了威胁。空气污染对农田产生了严重的影响。2005年，中国三分之一的土地受到了酸雨的影响；在某些地区，全部的降雨都是酸雨。由于2005年排放出2 600吨二氧化硫，比2000年高出27%，中国成为世界上最大的二氧化硫污染国家。焦化装置和火电厂是这些二氧化硫的排放者。

大气中的污染颗粒造成中国许多地区降雨量减少，尤其是东北和西北地区。空气污染也是肺癌的主要原因，因为有毒颗粒吸入肺部，并且不可能排放出来。近年来，关于“癌症村”的报告不断增多。然而，中国政府机构2007—2008年的报告乐观地说，严重的空气污染可能有所降低。

（二）水质降低

当中国土地退化日益严重和恶化的时候，许多观察家认为，中国的水质退化也达到了危机的程度。我们首先讨论中国的水资源充足问题，然后分别讨论淡水和海洋污染问题。

1. 水资源的充足性问题

中国的水资源总量位居世界第五，但人均水平比全球平均水平低25%。未来的预测更令人担忧。到2030年，人均水资源供应量将会从2 200立方米下降到不足1 700立方米，而且这个水平将使其成为世界银行所定义的水短缺国家。中国农业的耗水量从70%增至80%，但是随着供应的紧张，工业和家庭用水的增长对农业用水构成了威胁。

中国不仅水供应量有限，而且水的利用也效率低下。在中国的灌溉系统中，许多水由于蒸发而失去。最后一个影响水供应的因素是水价。

直到最近，商业、工业和家庭用水的价格还没有充分区分开。中国许多地区和城市的水价没有按照用水量进行调整。此外，在一个仍然是共产主义的国家中，由于明确的平均主义政策目标，过渡到以市场为基础的用水体制特别困难。由于这些原因，用水体制鼓励了过度用水而不是仔细的保护。

2. 水污染

水资源专家一致认为，对中国来说，目前的问题与其说是水资源的供应量，不如说是水资源的污染。水资源的污染主要有三个来源：倾泻到河流和湖泊中的工业污染物、农田流失的化学杀虫剂与河流中的人类废弃物和垃圾。2006 年的一项研究调查了中国 30 条带着处理水入海的大河。结果显示，长江、珠江、黄河、闽江和其他一些河流排放的污染物比上一年大幅度增加。在主要的污染物总量中，化学需氧量占到 86.3%，营养盐占到 12.5% 左右，其余的则包括油污、重金属和砷。

污染对中国的地下水供应产生了越来越严重的影响。一份最新的报告发现，中国城市 90% 的地下水遭到了某种程度的污染。这构成了一个严重的问题，因为中国将近四分之三人口的饮用水依赖地下水。政府官员通过严格立法和增加检查来解决这些问题。然而，问题依旧存在，并且在发生频率和严重性上都日益加剧。

3. 海洋污染

中国的海岸线长达 1.84 万公里，主要有四大海域：渤海、黄海、东海和南海。2006 年，中国海洋的产值达到 2 700 亿美元，占到 GDP 的 10% 以上。然而，由于海洋的日益退化，沿海地区经济的蓬勃发展受到了威胁。这些威胁包括过度捕捞、毁灭性捕鱼方式、污染和沿海土地的开垦。来自工业、农业、家庭污水、石油天然气开采和渔业的污染破坏了中国的海洋环境。沿海湿地由于农业、水产养殖和开垦计划而不断缩小，这破坏了野生生物和海洋资源。一些物种已经灭绝：海象、海藻和海龟受到了威胁。现存有关污染的法律法规的执行仍然存在着问题。

三、国家对环境问题的反应

中国的耕地和水资源面临着巨大的环境挑战，而国家采取的解决办法是一般的官僚方式和大规模的计划。我们考察了中国政府解决环境问题的六种不同政策：保护耕地政策、独生子女政策、灌溉系统投资、南水北调工程、大规模造林运动和退耕还林工程。

（一）保护耕地政策

20世纪80年代和90年代初，中央政府建立了一种关于耕地转换用途——工业、商业和居住——的管理体系。然而，这个监管体系存在一些漏洞。此外，地方官员拥有巨大的动机来避开法规，因为省、市、县从集体土地转换成商业和工业用地中获得了好处。政策的最新变化是修订和通过了土地管理法。

为了遏制耕地的减少和保护未来的粮食安全，中国政府采取了三方面的措施：（1）设定耕地红线；（2）严格土地用途转换法规；（3）寻找各种方式增加耕地面积。总之，这些措施的目的是确保近期内有足够的耕地用于粮食生产。它们似乎产生了一定的作用，例如，2007年的耕地减少率是2001年以来最小的。

（二）独生子女政策

人口的压力包含在每一个环境问题中，并且是中国政府积极解决的问题。1979年，中国实施了独生子女政策。在全球过去一代人的时间内，这是缓解环境压力的一个最重要的因素。独生子女政策首先在城市地区中实行，而且城市居民拥有少生孩子的动力。在农村地区，这项政策实际上是“一胎例外”政策。官员的强制执行通常容许家庭生育两个孩子，有时甚至三个孩子。独生子女政策也不适用于少数民族家庭。最近，这项政策作出了改变，允许双方都是独生子女的已婚夫妇生育两个孩子。重男轻女导致杀死女婴和瞒报的情况以及性别比率失调和数千万男子无法找到配偶。

（三）国家对水利系统的投资

中国之所以能够实现粮食自给，通常的解释是国家对水利基础设施的庞大投资。20 世纪 60 年代和 70 年代，水利治理的投资在农村的发展中发挥了重要作用。2000 年，政府在水利上的开支占到中国农村总支出的 30%。不论是富裕地区还是贫困地区，在灌溉系统上的开支是农业发展的最重要的形式。中国大约 51% 的耕地得到了灌溉；将近三分之二的灌溉地区使用地表水，而其他地区则使用地下水。一些关于灌溉对农作物产量和家庭收入影响的研究发现了积极的结果。

（四）南水北调工程

另一项规模非常庞大的工程是中央政府通过调入南方的水资源来解决北部和西部地区缺水问题的计划。“南水北调工程”（东线）于 2002 年底开始动工，计划于 2008 年完工。这一部分工程是容易建设的部分，因为它可以利用现存的河流和湖泊。第二阶段的工程不会这么快完成，因为路线更长，并且需要更多的新建项目。西线工程仍然处在设计阶段，并且许多观察家认为它不会进行建设。通过湄公河和其他国际河流来引入青藏高原的水资源的计划充满了极端的争议。不仅工程的规模庞大，而且遭到了诸多的反对。

（五）大规模造林工程

1998 年长江大洪水背景下的最大的造林工程不过是 20 世纪 70 年代以来不同的造林工程之一。其他的造林工程包括：“三北防护林”、长江中上游防护林、沿海防护林、平原农田防护林和间作林、太行山绿化工程和治沙工程。然而，这些造林工程存在一些问题，尤其是单一种植的发展限制了物种多样性。这些造林工程都是自上而下的运动，对地方的利益和情况照顾得不够。最后，对良好的做法缺乏长期的规划和发展，或许加剧了其他的问题，例如水土流失和物种入侵。尽管存在这些问题，但这些造林工程还是大大改善了水土流失问题。

（六）退耕还林和退耕还牧工程

最后的国家项目也是最新的保护土地项目，始于1999—2000年。由于共有400多亿美元的预算，退耕还林或许是中国最有抱负的环境保护行动，无疑也是世界最大的土地保护工程之一。这项工程的直接目标是解决水土流失问题，尤其是山地的水土流失问题。到2007年，退耕还林和退耕还牧已经恢复了2 400万公顷的森林和草场，占到中国新增森林面积的60%左右，受益的农民达1.24亿。随着耕地接近1.2亿公顷的红线，中国政府再次关注退耕还林和退耕还牧工程，并且支持把107万公顷的土地转换成森林。

四、结论：对当前粮食安全的总体影响

在改革期间，耕地面积由于人口增长的压力、城市化和超快的经济发展而持续减少。这些压力加剧了水土流失、森林砍伐、荒漠化以及土地、空气、淡水和海洋环境的污染。不过，由于农业技术和实践的改进，中国仍然能够养活自己的13亿人口。然而，中国政府密切关注耕地面积尤其粮食自足性。在2007年全国人大的会议上，温家宝总理宣布中国必须维持1.2亿公顷的耕地红线。

中国的一些科学家和政策精英担心耕地的减少。许多外国观察家——例如莱斯特·R. 布朗——发出了警告性的预测，认为中国将来无法养活自己。从对许多此类文献的解读和对农业科学家、土地资源专家和政策制定者的采访中，我们认为，目前来看中国的耕地面积是充足的，并且由于政策的适当调整，中国在近期内可以保证自己的粮食安全。然而，当2030年人口增长到16亿和中国日益达到小康水平的人口

使粮食需求增加时，如果没有重大的改变，土地资源无法维持粮食生产。这还没有考虑到气候变化和动植物疾病问题，这些问题也会对粮食生产产生负面的影响。

（李冬梅 摘译　吕增奎 校）

海外当代中国研究丛书
Overseas Studies on Contemporary China Series

科技与知识创新问题

countrysi
implemen
rural refo
the villag
the villag
of the vill
aims of u
various a
sanitation
democrac
maintaini
populace.
The ne
from the
state-own
under the

The Myth of Growth

评估中国科技发展的“十五年规划”*

〔瑞典〕西尔维娅·施瓦格·泽格　〔瑞典〕白瑞楠

2006 年 2 月 9 日，中国国务院提出了在未来 15 年里加强中国科技发展进程的规划。国内外都在迫切等待着这项规划的宣布，原因有好几方面。它不仅是中国在新世纪里第一个长期规划，而且是中国成为世贸组织成员后的第一个长期规划，同时也是胡锦涛主席和温家宝总理 2003 年上台后的第一个长期规划。对于国际社会而言，这项规划预示着北京将如何增强中国未来经济和技术的发展，毫无疑问这对世界其他国家有深远影响。本文将对中国的最新的科技长期规划作出批判性的评估。

一、背景：中国的研究开发

从 20 世纪 90 年代后半期开始，中国开始通过实施一系列政策，努力建设更加以市场为导向的、高质量的科学研究体系，研发经费迅速增加。中国的研发经费占 GDP 的比重比美国、日本和任何一个欧洲国家都增加得快。

---

* 本文刊登于《亚洲政策》（*Asia Policy*）2007 年 7 月号。西尔维娅·施瓦格·泽格（Sylvia Schwaag Serger）是瑞典增长政策研究所（ITPS）高级顾问，瑞典隆德大学科研政策研究所高级研究员，白瑞楠（Magnus Breidne）也是瑞典增长政策研究所高级分析员。

与此同时，中国的研究开发体系进行了影响深远的结构变革。第一，企业对研发资金与运作的参与显著增加，企业在全部研发支出中所占的份额从1994年的30%增加到2004年的64%。

第二，中国传统上的大型研究机构被明显压缩。许多科研院所转制成为企业，或者合并成为现有企业的研究开发部门。1991年在中国有将近6 000个政府研究机构，雇员100万，到2004年时，研究机构只剩不到4 000个，大约56万名雇员。

第三，教育部门在近些年里发生了重大变化。自1999年开始，新生数目以平均每年24%的比例增加，毕业生也以同样的速度增加。211和985政府项目的目标在于给一部分高校特殊支持以创建世界一流的大学。根据一项估计，到2010年中国在科技方面将会比美国培养出更多的博士。

中国同时也在加强知识产权方面的立法和建立国内技术标准。政府也在花大力气吸引外国企业和它们的专门技术到中国来。北京希望通过国外直接投资以及可能与这些投资相伴随的技术转让，来增加国内的创新能力。

中国的技术政策已经在很多领域产生了令人印象深刻的结果，包括电信和纳米技术。中国向国际科技出版物的投稿和申请专利的活动也有了相当大的增加。2005年专利数目增加了大约40%。

中国吸引的国外直接投资数量排名世界第三，仅次于美国和英国。在过去5年里，外国企业在中国建立了数百个新的研发中心。据几个近期调查，多国企业的执行官们把中国列为未来在研发投资方面最具吸引力的国家。中国已经成为高科技产品的出口大国，2005年占中国全部出口总量的1/4。

中国的研究和教育体系仍旧面临着相当大的挑战。企业的研发活动增加很快，但是研发经费占新增价值的比重仍旧较低。2004年中国制造业的研发经费仅占全部新增价值的1.9%。相比之下，法国、德国、日本、韩国、英国和美国则达到7%—11%。在高科技产业，与韩国的

20%左右，日本、英国和美国的接近30%相比，中国企业的研发经费只占到开支的4.6%。在中国被分配到基础研究的研究开发经费只占总经费的6%，与韩国和俄罗斯的14%，美国和欧洲的25%相比，这个比例是很低的。

中国的大学正在努力应对公共开支维持不变甚至下降的情况下入学人数急剧增加的问题。学术腐败也是一个日益引起注意的严重问题；学术腐败与别的形式的腐败有显著不同。这种腐败是对教育和研究质量的明显威胁，而这两者都是中国未来发展和繁荣必备的先决条件。

许多指标也表明很多中国大学提供的教育与劳动力市场要求的技能很脱节。教育体系在加速制造大学毕业生——2006年中国的大学毕业生未就业人数达75万，比前一年增加22%——但尽管中国严重缺乏高技术人才，这些毕业生中仍有相当大一部分找不到工作。

最后，国内外观察者认为，中国吸引外国技术和知识的长期策略只能算部分成功。中国研发政策的一个重要目标是使国内具有制造高科技产品的能力。北京致力于把国外直接投资和理论技术专家的培养结合起来，目的在于引导中国从引进技术到消化吸收技术，再到发展出本土科技转变。许多领域仍未实现这个目标，结果中国出口的高科技产品中，大部分仍是由那些进口的高科技元件在中国组装而成。

二、规划：关键点

该规划的标题是“国家中长期科学和技术发展规划纲要（2006—2020）”。该规划最重要的方面可以总结为以下三点：

首先，中国将会增加研发经费在GDP中的比重。2020年的两个关键目标是把目前占GDP比重1.4%的研发经费增加到占GDP的2.5%，最低要达到2000年其所占GDP比重的四倍。从1996年到2006年研发经费从占GDP的0.6%上升到1.4%，但GDP每年增长接近10%。用购买力平价来衡量，中国在研究开发支出方面已经是世界上第三大国，紧随美国和日本之后。

其次，中国将会增强国内创新能力，减少对国外技术的依赖。该规划最让人感兴趣的特点是以增强“自主”或者“本土”创新为目标。

中国严重依赖外国技术，2003 年中国高科技产品的出口总额中，外国投资的企业占 85.4%。自 20 世纪 90 年代开始，北京就实施一项提供了相当大的经济和别的形式的激励政策，鼓励多国企业在中国进行研发活动，期望它们能将相关的知识和技术传递给中国企业，从近年的情形看来，该政策失败了，这也日益成为让中国领导层感到失望的原因。而且，学者和政策制定者们都批评了在华外资企业的行为表现，声称这些企业在收取专利许可费时，过分要价，把国内企业从高技术劳动力的市场上“挤出”来，垄断技术标准，阻挠技术转让和知识外溢。这些批评认为，外国企业控制了技术标准和技术平台，使中国企业被限制在低利润产品制造者的角色上。因此新规划的目标在于建立国内技术平台，使中国引领新技术领域的发展。这会使中国在制定消费产品的技术标准上发挥更大作用。

中国的政策制定者认为创新能力低是中国无法提升技术能力的最重要的原因，所以希望国外直接投资可以使本国制造出世界一流的产品。在华的大的外资企业在中国的专利活动占主导地位，它们 2004 年约占中国授权的发明专利的三分之二。该规划的很多方面就是专门为此问题而设计的，例如把对外国技术的依存度降低到 30% 以下为目标。

中国的领导层想减少对外国技术的依赖，部分是由于外国技术控制着战略领域（例如中央处理器和软件），同时也是为了避免支付高额的使用许可费用。例如，新浪估计，根据国际标准（MPEG－4），广播数字电视每年要花费中国超过 100 亿美元的使用许可费。由于缺少核心技术，中国的企业没有别的选择，只能将每一部中国制造的手机的价格的 20%，电脑的 30%，以及每一部计算机化数字控制机的价格的 20%—40% 支付给外国的专利持有方。

北京想减少对于外国技术依赖的另一个动机是本土技术的议价杠杆

作用，本土技术可用来获取别的领域的外国技术。最后，减少对外国技术的依赖也事关中国的国家声望。

第三，企业将成为创新的核心推动力。北京的规划是一个技术导向型发展策略，将会优先考虑能源、水资源供应和环境方面的科技，并且意识到知识产权和技术标准将会增强中国的竞争力。近年来，企业的研究开发经费支出显著增加，30 年前几乎不存在这种情况；从 2001 年起，企业投入的研发经费就超出了政府的投入。在新规划中，北京的目标是增加企业在决定战略领域的研发投资中的作用。为了增加中国的竞争力和创新能力，这项规划鼓励中国企业在海外进行研究开发活动。

三、规划详案

新规划确定了许多领域的优先考虑项目，例如增加能源和水资源的获取渠道和使用效率，发展环境技术，鼓励发展受知识产权保护的以信息产业和材料技术为基础的技术。在新规划中，继续得到优先发展的有生物技术、航空技术、空间技术和海洋技术。最后该规划强调需要增加基础研究尤其是在交叉学科研究上的投入。

该规划确定并详细列出了 11 个优先发展的领域：能源、水资源和矿产资源、环境、农业、制造业、交通运输业、信息技术和服务、人口与健康、城镇化与城市发展、公共安全、国防。对军事技术的投入在规划中被限制在北京所强调的军民两用技术上。

该规划列出了要实施的 16 项关键项目。确定项目的共同标准包括能够解决影响深远的社会经济问题，进一步发展中国已具相当竞争力的相关技术领域，使花费可控制，生产出军民两用的产品。关键项目还包括送一名中国宇航员上月球，发展新一代的大型喷气式客机。别的项目关注的是发展快速中央处理器和高效能集成电路，油气勘探开发，核能技术，水净化，发展新药控制艾滋病和肝炎，发展新一代宽带技术。

该规划也列举出了对于下一代高科技具有同等重要性的技术，按照重要性依次为生物技术、信息产业技术、高等材料技术、制造业技术、高等能源技术、海洋技术、激光技术和航空科技。

与以前的规划相比，实施该规划的手段要明晰得多。其中最值得一提的新方法是该规划建议对中小型企业实行税收鼓励。这些和别的经济刺激的目的在于鼓励企业投资研发并在海外进行研发活动。

四、规划实施：第一期的99项支持政策

2006年2月该规划出台，2006年6月国务院就出台了第一个“国务院有关部门负责制定的《国家中长期科学和技术发展规划纲要》配套政策实施细则汇总表”。99项支持性政策的每一项都有一个部委或者政府机构牵头负责实施。汇总表在指明领导机构外，还指明了负责帮助实施政策的机构，并指出了实施的最后期限。尽管这些政策的范围或者详细程度不同——例如有的建议吸引更多的海外精英，有的提出了一项“国家工业技术政策”，但这些政策都是为了目标得到全面实施而制定的具体的政策工具或行动规划。

实施支持性政策最多的机构是国家发改委，共29项。其次是财政部，21项，科技部有17项，教育部有9项。发改委和财政部不仅在很多支持性政策上，而且在实施该规划的一些支柱性项目上，都处于领导角色。因此，发改委要负责增强中小型企业的创新能力，也要负责为一些特定项目制定计划，以促进自主创新能力。财政部负责制定相关的财政政策，以鼓励企业的研发和创新能力，同时制定政府采购政策，以鼓励自主创新。

科技部要负责为建立和强化孵化器、科技园区调拨资金，以及实施各种支持科技研究开发的措施，这都是中国科技政策的关键领域。该规划把大量任务交付给发改委和财政部，表明新规划强调企业是中国创新体系的引擎。最新的规划表明中国正在从科技政策转向创新政策。

五、一种批判性的评估

（一）为什么规划？——中国面临的挑战推动科技发展

北京从上世纪 80 年代早期就决定要加强国家的知识库和创新能力，其动力来自中国面临的挑战。第二个推动因素是北京的强烈信念——技术将会帮助中国战胜这些挑战。北京希望技术发展会帮助中国战胜贫穷，能确保国家未来对于水、原材料、能源的需求，能够控制诸如禽流感或者 SARS 之类的流行病。最后，北京也有雄心提升国家在国际经济和政治舞台上的地位和影响。中国在空间研究上的投资是其想成为国际知识库的雄心的表现。

（二）谁的规划？——中国的新企业

谁将会执行该规划？尽管呼吁把企业置于研发活动的中心，该规划仍是政府部门的产物，且为政府部门服务。虽然提到了企业家这一概念，但该规划并没有把企业家称为规划的实施者。中国许多真正的企业家是在私营的中小企业里工作，它们中的绝大部分都不属于高科技或者技术集中型企业。这些企业——在别的国家往往是创新的重要驱动者——不大可能被这个规划影响或者提及。大型国企占了企业研发经费支出的大部分；2006 年在研发经费支出最多的 50 家中国企业里，超过 80% 是国企。然而，和私企相比，国企的创新能力和吸收知识的能力常常是低下的。

与此相关的问题是，除了科学家，私企和别的企业主在制定这个规划的过程中发挥了多大作用？需要注意的是，中国企业对于该规划的态度是复杂的，并没有简单地与企业的所有权类型或规模相关。

（三）如何实施该规划？——企业发展技术的新动力

在实施中国的长期规划时，政府财政政策是一个重要的工具。财税激励，也许是最新奇的政策，目的是为了鼓励企业进行研发投入。规划提出的建议包括把研发支出扣除150%的税收，有效地给予净补贴，同时对价值30万人民币以上的研发设备实施加速折旧。政府采购也是鼓励中国企业进行创新的一个新的重要工具。该规划指示政府机构通过购买创新型企业的产品和服务来鼓励这些企业。这项更为积极的政府采购政策意味着外国企业在获得国家或者地方各级政府在诸如电信领域的订单时，要和国内企业进行竞争。

该规划也鼓励中国的企业和机构获取并进一步发展外国的技术，同时仍强调提供财政支持或者财政鼓励来发展国内创新。例如，中国发展银行就有为高科技企业提供"软贷款"（soft loan）的任务。

六、结　论

中国的科研政策在极大程度上是由需求驱动的，因为它把发展科技当成一个多目的的工具——与环境问题、传染病以及贫困作斗争；满足中国日益增加的对原材料的需求；确保国家未来的竞争力和发展；实现政府的政治雄心。中国长期规划的总体目标在于解决社会和环境问题，同时保持经济的高速增长和发展。能源、水资源和环境议题也许在技术领域的优先发展次序上排首位，但是北京想放慢速度从而保护环境的尝试迄今为止是不太成功的。某些地区和部门的高失业率使政府面临压力——既要保持增长，同时又要避免由于失业进一步增加而导致的可能的政治不稳定。而且，高经济增长也一直是各省和地方政府的最高目标。

增加中国创新能力的努力都源于一个强烈的信念，就是只要在科技上投入足够多的钱，中国就会产生有创新力和竞争力的企业。简言之，政府正在投资于世界一流的科学家，装备完善的实验室、科技园，但是仍旧忽视了"无形的要素"——比如有利的制度和机制条件，这对一个国家的创新能力有着重大影响。中国创新的环境并没有达到最理想的状态，原因有许多，其中包括风险投资不充足，大部分高校提供的技术与开发、管理各种项目、工序和知识组织所需要的技术之间存在脱节，学术腐败，社会资本欠缺。这些因素反过来又损害了那些有助于创新的联系和合作，导致资源配置达不到最理想的水平。中国面临的挑战之一是如何处理创新和现行的政治体系、教育和组织文化之间的冲突，创新在很大程度上是由创造性、批判性思维、乐于冒险和接受失败的精神所决定的，政治体系、教育和组织文化却是不鼓励争论和个人主义的。

中国的专家和政策制定者也意识到了增强中国创新能力面临的挑战。最近的一篇新闻指出了中国研发体系中的关键弱点，认为中国虽然已经是一名“出手阔绰的研发投资者”，但仍需要走较长一段路才能成为一个“科技领域的强国”。在2005年的一篇文章中，中国科学院科技政策与管理科学研究所的穆荣平指出了中国创新体系中的关键弱点。穆荣平呼吁增加市场—人民导向的创新，并呼吁为创新活动和创业企业创建一个健全的环境，他还建议政府建立一个可以培养、吸引、发展创新者的环境。国务院发展研究中心的一篇更近的文章指出，中国在发展一个强有力的国家创新体系的过程中面临许多政策挑战，包括改革教育体系以发展相关技术，改进创新融资，加强知识产权保护。文章也呼吁创新政策应该更加协调，并呼吁创新政策能较少地受科技目标和指标支配，而更多地去关注创新的经济和社会效益。

与以前的规划一样，中国新的长期规划在很大程度上是由供给驱动的，并假设创新可以“自上而下”地产生。规划并没有集中关注市场可能需要的技术、产品或服务，许多目标指定的是北京想要实现的研发数量和类型，或者是北京打算“制造”的工程师和科学家的数量。而创新过程的重要催化剂——市场和顾客却几乎没有被提及。国内许多企业也低估了顾客和市场在推动创新成功过程中的重要性。近来一篇研究中国信息技术产业创新的文章指出：国内企业落后于外国竞争者；国内企业虽然拥有必要的核心技术，但其产品开发太过于由技术驱动，而缺乏充足的市场导向。该文章指出，“技术本身并不能使中国企业成为世界一流的生产商。它们也需要建立工业链，为相关的知识、产品和服务制定策略”。

这项规划的特点还包括所谓的技术民族主义倾向。一个具体目标就是把中国对外国技术的依存度降低到30%以下。该规划强调国内创新，以减少对于国外技术的依赖；另外一些政策鼓励政府采购以加强国内企业实力。那些认为外国直接投资会损害中国企业创新能力的主张引起了在中国的外资企业的强烈反对。为此欧洲企业在中国的子公司发起了一场名为“我们也是中国企业”的运动。

这个规划的另外一个决定性特征是技术因素分析法。例如，其目标之一是创新对中国未来经济增长的贡献率应当比劳力和资本投入带来的增长多50%。

中国最新的科技发展规划在目标和工具方面并不新颖。跟以前的规划相比，新规划在出成果的雄心和决心方面（尤其是环境和能源供应方面）有了相当大的提高。最近的发展表明中国可能要从优先关注于产生世界一流的实验室和科学家的科技政策，转向旨在创造出有利于把知识和思想转化成经济和社会效益的环境的创新政策。

尽管中国仍旧按照长期规划工作，但它们也并非一成不变。用一位政府官员的话说，“我们设立了目标，但并不意味着我们不能改变它们”。该规划最好被看做是一个充满活力的工具，它允许对其的解释、实施甚至目标随时间进行调整。

七、其他国家的应对政策

中国的发展是全球性知识资源分配正在发生的深刻改变的一部分。尖端科技和世界一流的科学家不再是发达国家所特有。发展中国家不仅要求增加其在世界贸易、制造业和原材料消费中的份额，而且要求增加其在全球知识资源中的份额，包括拥有高技术的劳动力和开展合作研发。中国正在积极地为这些资源而竞争。最新的长期规划反映出北京不但渴望通过科技解决国内日益增加的社会和环境问题，而且想要成为世界的知识中心之一。

中国作为前沿科技和高技术的磁铁，甚至现在作为制造者出现，要求别的国家制定出与中国相关的研究和教育战略。尽管中国想在科学和创新领域成为一个世界领导者的诉求还面临相当大挑战，但中国为研究和教育上的互利合作、为知识密集型的商品和服务的贸易都提供了相当多的机会。中国对世界开放，优先发展科学、教育和创新，渴望掌握知识和技术，这都为国际社会提供了重要的机会和媒介去建立有关全球事务方面的合作——包括环境保护和企业社会责任问题。最后，通过与中国的合作——双边的和在国际论坛上的合作——国际社会有可能阻止其技术民族主义倾向，从而避免刺激中国走向孤立或者保护主义。对国际社会来说，中国想要成为知识中心的抱负能够成为提供机会而不是威胁的一种积极发展。

为了设计出与中国的发展相适应的建设性的战略，公私部门的决策者都需要更好地理解现代中国的政治、经济和文化。

（张玲 译）

中国的研发：高科技的梦想*

〔美〕凯瑟琳·A. 沃尔什

一、导　言

英特尔、微软、摩托罗拉、爱立信、诺基亚以及其他主要的跨国公司宣布，下一批新的商业研发中心极有可能将设立在中国大陆。事实上，在中国大陆地区设立研发计划被认为是在当今全球化经济中发展业务不可或缺的一部分，尤其是为了在具有重要战略意义的中国市场获得成功。因此，一项关于跨国公司的研发中心今后将设立于何处的国际调查显示，在包括发达经济体与发展中经济体的所有国家中，中国名列榜首。事实上许多公司的行政总裁今天所面临的困难抉择不是是否要在中国开展研发工作，而是在中国大陆的何处设立研发中心以及采取何种形式开展研发。

虽然在过去的十年间跨国研发中心在中国和其他几个发展中国家的数量增长迅速，然而向着这些新目的地挺进的外包和海外研发项目在最

---

* 本文来源于英国刊物《亚太商业评论》（*Asia Pacific Business Review*）2007 年第 7 期。凯瑟琳·A. 沃尔什（Kathleen A. Walsh）是美国海军战争学院（US Naval War College）中国问题研究专家。

近才引起主流媒体、行业分析家和决策者的注意。这会产生什么效果？这一关键问题依然未得到答案。换句话说，是否会出现赢家和输家？（它是一个零和游戏么？）或者说海外研发是否会给彼此带来利益，尤其是像中国这样的仍然处于发展中的经济体。这种新形式的研发投资对国内经济和技术的发展会带来什么样的影响，还是如反对意见所说的只是加强了跨国公司的资本？并且就长期而言，研发的全球化趋势会使硅谷或北京中关村的工程师的创新方式发生显著地变化吗？作为一个不断地接受外国研发投资的国家和为数不多的几个在未来可与美国在同行业竞争的国家，这个议题对于中国尤为重要。

这项研究首先试图超越数据来进行分析：是什么驱使外国的研发投资流向中国？这个不断增长的投资是如何影响中国大陆长期的科技发展战略的，以及该趋势今后将会给亚太地区带来什么样的影响？

二、中国的梦想

据报道，到 2005 年中国大陆拥有多达 750 家外商投资的研发中心，这个数据显著地证明了这种类型的外国投资的迅速增长。例如，来自美国的研发投资从 1994 年仅有的 700 万美元上升到 2000 年的超过 5 亿美元，使中国在接受美国研发投资的国家中居于第 11 位。事实上，现在的实际数额可能会更高。

现在这些研发计划中的大多数属于外商独资企业，它们往往将研发中心设立在中国东部沿海的主要城市：北京、上海、广州、深圳及周边地区。造成这种地域偏好背后的原因是显而易见的。中国广阔的中部和西部地区在很大程度上仍然是贫困和欠发达的，而其东部沿海省份接受了前所未有的大量外商投资。在国家和地方政府投入大量资金的共同努力下，外商资本承诺投资于——在某些情况下，外资企业实际参与了——以西式风格的办公大楼和居民住宅为形式的现代化高科技基础设施的建设，扩大能源和电力供应，改善道路及运输系统，以及发展中国主要城市的光纤通信枢纽。

一些重要的因素会继续“吸引”外商研发投资流向中国（例如，大大降低的成本，庞大和技术日益熟练的劳动力）。正是国家、省市和地方各级政府对基础设施的投入使得中国成为了有别于其他发展中国家的研发地点。

中国正在努力建设类似于美国硅谷的地域性高科技创新中心。现在中国各地正在建立创新型的现代化科技发展中心（新科技园），以吸引特色鲜明的、高科技方面的投资者。跨国公司利用现成的高科技工业园区、中国松散的监管环境、优惠的税收政策及其他促进投资的有利政策进入市场，全球化促进并强化了各种国际贸易、投资、旅行和通信的发展，因此中国市场吸引了许多跨国公司资助的研发中心，这并不完全出乎人的预料。

然而，比研发中心的总数更重要的是以这种形式进行的投资和技术转移的增长。为什么突然之间有这么多的跨国公司投资于中国的研发？这与时间有关。首要的理由和推动因素是要在一个重要的和庞大的潜在消费市场建立创新型的情报信息中心。另外一个关键原因是为了满足中国官方的需要。许多外国投资者认为这样做对于深化在中国市场的长期利益来说是必要的。第三，技术的引领者走到哪里，哪里就有跟随者。因此，当做为行业巨头的英特尔、微软、摩托罗拉、通用汽车公司以及其他公司在中国投资于研发时，这引起了竞争对手、合作伙伴和供应商的注意，它们像这些公司一样在中国建立起了自己的研发投资项目。第四，向中国这样的发展中国家进行研发投资是为了在已经进行海外制造和生产的情况下，为研发寻找定位。因为在过去的十年或者更长的时间里，许多低端制造业转移到中国，而当跨国公司的理念、设计和技术已经不再适合市场的需要，要保持已有的市场份额并牵制中国竞争者就需要新的思路，重新进行设计和创新。中国决策者使这个问题变得容易，中国加入了世界贸易组织（WTO），取消了更多的市场障碍。另一个促使公司首席执行官决定向中国等地区进行研发投资的理由是中国有供应充足的熟练工程师。相对来说，中国在这方面的供应不仅充足而且日趋成熟。综上所述，外国研发中心的数量在中国的激增并不奇怪。

不幸的是，相关讨论往往到此结束，它只提供了非常少的关于这些研发投资是如何影响到中国自身发展的见解。许多学者和评论家倾向于认为这对中国的科技发展能力有着深刻而积极的影响。也有推论认为这将削弱或威胁美国自身的技术实力和领导地位。产业代表通常认为，在中国市场越来越重要的全球化时代，海外研发投资是必要的。还应当指出，虽然有些产业感到不得不融入这一趋势，但是它们依然发现这一趋势是令人不安的。有观点认为没有什么可以担忧的，他们倾向于认为这种向国外转移技术的方式没有影响到中国，因为中国本土的技术研发能力是以过去半个多世纪长期不引人注目的科技发展努力为基础的，其中也包括众多的吸收国外技术的尝试的失败（中国的导弹、核武器和空间技术的突破被这些人认为是例外）。最后，无论中国是否得益于不断增加的来自美国和其他国家的研发投资，一大批拥护者依然对美国在技术方面的潜在竞争者中保持领先地位的能力充满信心。

中国的民众对此也存在意见分歧，一些人在鼓吹国外投资带来的光明前景，另一些人则认为他们受到了外国利益集团的过度剥削（这是一个贯穿中国历史的主题）。尽管如此，他们都认为中国继续需要国外的技术和研发投资，但必须更好地利用这些投资，否则薄弱的本土创新能力将会使中国成为外国剥削的对象。事实上，中国最新的长期科技发展计划强调了有效利用外国研发投资的必要性。

关于这些研发投资是如何影响中国本土的科学和研发的，这些研究仍然只提供了非常少的见解。理论研究已经展开，主要集中于与管理相关的议题。如果美国等国家的学者要充分了解研发全球化趋势中发展中国家，尤其是中国的动态，那么就需要更系统的研究方法。与此同时，关于这一趋势在中国大陆的发展，分析家必须依靠科技进步的传统指标、独立的研究、定期调查和其他一些流传的说法。中国研发趋势的一个显著特征就是，实施的研发的类型正在发生变化。

三、中国研发的崛起

十多年来跨国公司一直以商业为导向对中国大陆进行研发投资。然而即使在很短的时间内，目前这一趋势的演变已经经历了好几个特色鲜明的阶段，每一个变化都是国内外利益集团及其动机发生变化的结果。外国研发投资起初是慢慢出现的，到了20世纪90年代中期在中国开始激增，但是到了20世纪90年代末21世纪初，随着信息技术产业的低迷，一些公司开始巩固它们在中国的研发资产，中国的外国研发投资又稍微缩小了一下规模。当外国研发投资进入中国并进行扩张已成为常规时，其他的海外投资者也设法进入中国市场。有理由相信目前的这种扩张趋势将持续一段时间。

几个关键因素都有助于推动当前海外研发在中国的扩张，并很可能将这一趋势扩展到可预见的未来。第一个因素是支持研发投资的理由发生了转变，从强调迎合中国科技以研发计划形式实现技术转移的需要（通过维持与中国官方和合作伙伴的良好关系以实现公司的长期利益），转变到对企业内部利益的重视。换言之，跨国公司在中国寻求研发投资的前提是为了实施全球经营模式。这种观念上的转变导致跨国公司在中国开展研发的方式发生了切实的变化。例如，与许多跨国企业在20世纪90年代为了满足正式或非正式的技术转移的要求而进行的不必要的“作秀式研发”不同，现在中国大多数外资研发中心进行的是真正的研发项目，主要集中于应用研究以及项目的设计和开发。

当中国的外资企业开始在中国进行真正的商业研究时，它所带来的其他变化改变了中国的外资研发的展开。例如，研发中心建立了更加严格的安全措施并采用了额外的手段以保护知识产权。跨国公司利用中国加入世贸组织的机会对其研发中心进行了改造和巩固，使其成为了外商独资公司的一部分，以减少对中国合作者的需求，因为国内外联合研发常引发更加复杂的问题。而且，向着更为实质性的研发的转化，可以使建立在中国的研发中心整合到全球研发网络中。除非有重大的政治或区域动荡，外国研发机构是不会突然终止在中国所做的努力的。另外，研发机构已经将其视野聚焦于长期努力。这再次表明，跨国公司为了获得以后的长期利益，愿意在时间、人力、培训和措施方面花费大力气。

相信在中国进行研发投资的趋势将持续下去的另一个理由是，中国的外国研发投资的增加及其实质性转变反过来也刺激了中国本土公司对研发的投资。例如，华为、联想、中兴和其他一些公司已经将更高比例的公司利润投资于研发。

另一个因素是鉴于应用研究在国内外的升温，中国官员警觉到有必要投入更多，使中国科研人员花费更多的时间、精力和开支开展基础科学研究，以确保实现中国自身长期的技术发展目标。因此重视基础研究并加大对其资金投入成为中国第十一个五年计划的一部分。中国作出了战略性的决策，将推进科技进步（科教兴国）作为中国经济的长期发展战略。而作为这个战略不可分割的一部分就是充分利用外国研发投资、国际科技合作和技术转让。

但应该看到，尽管这些计划和政策经常强调致力于提高本土的科技研发能力，使其达到国际水准，然而这些做法的目的也包括致力于使中国摆脱对外国的技术的依赖。中国的想法是寻求并加强对外国技术的引进和吸收，以实现本土科技的发展。因此，最近公布的国家科学和技术发展中长期方针要求中国对国外技术的依赖在未来 15 年内从现在的 50% 减少到 30%。

最后，国内外研发的竞争同样会使外国企业加大对研发的投入，以保持在中国这一关键市场的竞争力。这也是国外风险投资涌入中国大城市的动因。而结果也会如中国决策者所希望的那样，对研究的投入所形成的潜在的良性循环将使中国本土实现技术进步和创新。然而这种可能性也引起了新的担忧，特别是在经济竞争力和安全领域，它使中国与美国、亚洲邻国、欧盟国家以及其他国家之间的关系更加复杂。

四、影　响

第一方面，外国研发投资进入中国，将对中国的经济发展、技术进步、政治、与其他大国的安全关系这四个方面产生影响：中国如何利用外国研发投资，如何使这些努力透明化，这些努力将取得何种成功，如何迅速实现并看待这些成就。正如前面所指出的，目前中国近期和长期的科技发展战略很大程度上依赖于外国研发投资。如果上述目标实现了，它将为中国的技术转让提供巨大的潜力和机会。

第二方面，数百亿额外的研发资金增加了中国的研发资金投入，事实上，一些分析家认为中国正处于技术腾飞的关键时期，这些资金若能有效地用于技术发展，就将加快技术转型的实现。技术腾飞的实现迫在眉睫，这将会对跨国公司和它们的母国经济产生什么样的影响？

虽然从商业和贸易的角度来看，部分由外国研发投资所推动的中国潜在的科技腾飞很重要，但是它对于美国和其他区域大国的军事和安全利益而言甚至有着更重要的意义，人们已经针对其可能引起的反弹展开了争论。尤其是中国进行的军事现代化运动引起了更多的关注，五角大楼最近发布的四年防务评估报告（Quadrennial Defense Review）反映了这一担忧，该报告指出中国最有潜力成为能与美国进行军事抗衡的国家。事实上，有强烈迹象显示，中国目前的防务战略是将商业技术应用于军事领域。然而，这些不明朗因素使得跨国公司及其政府在与中国进行研发协作和投资时更加谨慎。因此中国政府在将商业科技推广到军事应用方面的目的和努力越透明，西方国家就越希望在中国进行研发投资；反之，越缺少透明性，投资者和外国政府将越谨慎，从而影响到中国的全盘努力。

第三个方面，外国研发投资影响中国大陆技术的发展的程度取决于中国在何种程度上有效地吸收了外国的技术、研究并将其应用于中国自身的科技发展，为了切实有效地开展外资研发，中国必须促进更多国内外研究机构和企业的互动，最近的研究表明中国在这方面的作为非常少。中国也必须加强自己的研究团体之间的横向联系，弥合研究人员与国内产业之间的差距。如果中国不能有效利用外资研发的投入，其技术发展将受影响，这种情况可能加剧人们对零和式结果的恐惧，在这种结果中，跨国公司的研发投资被认为正在不公平地剥削中国的人力资源和其他有形或无形的资源。

最后，如果中国成功地利用了外国研发投资，实现了其科技发展的目标，这种成功的规模和速度就成为主要问题。这种情况下，并非越快越好。中国快速上升成为发展中国家中接受外国研发投资的首要国家，这使观察家觉得惊讶和反常。此外有关人士也对中国在利用外资研发实现军事现代化方面的速度存在担忧。因此，在中国分析家中常听到的问题就是中国的外国研发中心是否在进行真正的创新，这个问题的潜台词是："什么时候我们需要担心？"

在外国研发投资进入中国十来年后，表明其在适应和创新方面的结果的证据才开始浮现出来。最近的例子包括由英特尔研究人员与中国科学院联合研发的以处理器为基础的开放源码编译器芯片的设计。

然而，像刚刚所描述的这些成就的整体水平极有可能被低估了，甚至不为人所知。原因之一是，在中国开展研发的跨国公司也未必想突出这些研发中心取得的技术进步，它害怕这会引起自己国家的反弹，其本国的一些高技术职位和低技术职位在某些地区已经明显减少，这已经使得它们国家的人们对于外包和离岸问题的关注高涨。另外，设在中国的研发团队在新产品设计或创新中可能只占了一小部分。事实上，这是全球性高科技产业中的通常情况。因此总部设立在中国的研发中心有效地隐藏了其作用。这种情况不会给双方带来好处，因此，公开这些投资对促进彼此长期的研发和创新目标的实现的作用，对双方来说是非常重要的。如果没有这方面的保证和具体的例子，怀疑会随着研发投资的增加而上升。

这些挑战不仅限于中国。外资研发向中国的涌入影响了亚太地区的局势，包括中国与日本、韩国的关系以及大陆与台湾地区的关系。中国吸引更高水准的外国研发投资的能力引起了该区域其他国家的关注，促使各国展开新的努力以增进双边甚至是三边（中国—日本—韩国）的商业研发协作。这种类型的区域伙伴关系的形成反映了其他国家惧怕落后于中国发展的紧张情绪，因此都加强了对中国的学习和合作，例如韩国。

如果这后一种趋势得到更充分的发展，它将影响到整个区域的政治和经济形势。东北亚地区的三个新兴的经济体（日本、韩国和中国）之间在经济技术方面存在的互补性使三者加强了整合和相互依存关系，但是随着时间的发展这将带来什么影响这一点依然不清晰。

有关以中国为中心的经济区域主义的全新考虑引发了这样的猜测：一个类似于欧盟的亚洲经济集团在亚太国家之间是否是可行的。按常规来讲这在短期内是不可能的，但是随着中国成为新的经济秩序中的经济引擎，这一想法对于亚洲主要的工业和高科技经济体来说是非常有吸引力的，因为它可以作为它们在全球竞争中增强集体力量的潜在手段。虽然这在短期内是不可能实现的，但中国、日本、韩国为发展全亚洲的技术和技术标准所正在进行的努力将是向着这个目标前进的第一步。

五、结　论

中国作为一个新兴的国际级研发中心的崛起开始引起了应有的重视和研究，中国有潜力站在美国国家科学院所称的“新工业秩序”的最前列，如其所述：“在日益激烈的全球霸权的争夺中，最大的赢家将是那些在人才、技术、工具的开发方面无可匹敌的国家，而不是仅仅在制造商品的速度和商品的价格上占优势的国家。”

可以明确的是中国迅速增长的外国研发投资是由许多因素的整合而形成的，其中，首要的原因是中国对外国投资的开放，对于市场需求的有效利用，特别是持续不断地吸引外国研发的努力以及对现代化基础设施建设的大量投入，这一切发生于新一轮的全球经济互动浪潮中。总之，中国正处于正确的位置和正确的时间。而现在的中国政府清楚知道，在全球化进程中，或者如某些人所说的在一种平的世界经济（flattened world economy）中，发展一个现代化的、高科技的、有竞争力的市场需要做什么。关键问题是中国是否能够有效地利用这个难得的机会，或者是否会如过去一样由于制度的弱点削弱了科技发展。同时，投资者很可能会继续在中国寻求新的研发机会，这有可能带来快速的甚至是革命性的结果。

（刘丽红 摘译）

中国的知识创新：历史遗产与制度变迁*

〔丹麦〕埃里克·巴尔克

一、引　言

胡锦涛在2006年1月国家科学技术会议上，提出了一个具有战略性任务的纲领，即建构一个以创新为方向的中国。预想中华人民共和国能够踏上一条具有中国特色的创新道路，核心就是坚持创新，在关键性的领域寻求跨越式发展，在主要的科学技术方面有所突破，重点放在知识创新与制度及政策的变革上。在这其中信息技术则是关键的核心领域，因为它不仅能够加速中国的现代化进程，而且能够创造新的工业与服务部门。

在中国的背景下，这些观点是什么意思呢？在中国能够进行创造活动与知识产出的社会机构是什么样的呢？中国的历史遗产与当代价值观念怎样才能形成创新的实践呢？专家和学者对中国的知识创新与传播所

---

* 本文来源于英国刊物《亚太商业评论》（*Asia Pacific Business Review*）2007年第7期。埃里克·巴尔克（Erik Baark）执教于香港大学社会科学系。

处的社会环境进行了进一步的研究，发现了中国创新动力与获取自然知识之间的一致性，从而勾勒出一种中国科学知识发展的内在历史。一些研究证实了政治、经济、文化等因素与中国科学知识发展的关系，特别是中国与欧洲在经济技术发展方面的潜在差别。

二、理论背景：社会认识论与机构变化

中国的知识观念的根源可以追溯到中国哲学的丰富历史，有许多方法可以分析中国的知识观念所具有的认知性或形而上学性，并且在跨文化的比较中，根据语言特性，我们可以发现中国哲学家的“真理”观念的独特性。然而，对于现在研究的目的而言，它不仅仅是中国思想中存在不同的方法论的问题，也是文化认识论关心的主要领域，而且现在研究的主要问题已经超越了人们所能看见的真实有效的知识范围而进入了社会认识论领域。在这里，权力是知识能力的表达方式，反过来知识也有助于维护或颠覆权力关系。

在分析受机构管治的知识积累和创新活动时，宝克教授认为，在中国首先应建立一个适当的环境，它包括正规与非正规的社会规范以及其他方面的限制所施加的一个社会的信仰和价值观，也包括以技术知识和条件为转移的长期性的价值观念和为知识产权制度或保护商业秘密所提供的社会及政治上的支持。他认为，非正式约束形成的研究者、创新者和企业家，构成了一个特定的文化框架。这个框架不仅有利于提供一个稳定的环境为金融市场的交易提供便利，而且它也必将影响到人的行为。正式规则则帮助建立一个可靠的委托代理关系，而它对保护现代经济运作的知识产权制度是十分必要的。

他认为，机构是由传统历史遗产塑造而成的，并且有可能持续地变化或突然地变化，因此有必要把迅速发展的机构和缓慢发展的机构作出区分。文化遗产通常缓慢、持续地发展，而政治机构则会发生突然性变化。在改革时期的中国，由传统塑造而成的机构通常会和快步发展的机

构结合在一起，而快步发展的机构在受全球化影响的同时通常与领导阶层的政治愿望相关。换言之，机构的变迁与传统历史遗产相关，也与当代的社会影响相联系。

三、传统中国的遗产

（一）知识：有效性与正统性

从专业方面考虑，很少有文明像中国传统文化那样具体一致。孔子十分关注教化上层人，并宣称："默而识之，学而不厌，诲人不倦。"（《论语·述而》）在古代，通过书本获取知识成了走向上层社会与获得政治权力的一条可取之路。官方考核评审候选人，常常以候选人的知识水准来评价其是否能进入政府为大众服务。科技知识通过印刷的方式广为流传，尤其在明朝（1368—1644），那时市场扩张尤甚。中国文人也从外国吸取知识，包括基督徒把新的数学知识与方法带到中国。

然而，中国科技知识的概念不同于西方占主导的知识观念。在古希腊，学者在学校任教、求索知识是为了扬名和生计。古希腊的学校充满无止境的辩论，人们以此成名，知识的应用排在第二位，很少有哲学家有机会在希腊统治者中施加影响，相反，中国学者积累的知识经常用于国家管理，或学者成为统治者的参谋。从以上分析中，我们得到的最重要的观点是，在中国的文明中探索知识和运用知识的观念在其形成之时就已经受到了早期的思想家和科学实践家所构建的文化和社会环境的影响。这些环境依赖于古代的一些信条，并且这些信条按照政府的意愿被加以提炼。

儒家的信条认为任何事物都应该有其存在的顺序，无论是在人类社会还是在自然界中，这种信条使统治者有责任对所有相关的事务都负有责任。它的中心是模仿先辈们的模式，即从君主那里获得无限的权力，这种模式保证了只要获得官方的承认，任何情况都会被理解。统治者与人民之间存在的义务与责任的思想，同时也存在于家庭观念中。教育的影响也是极权主义世界观形成的重要因素，教育促进了社会的责任原则，而且加速了交流与合作，使得那些杰出人物能够在一起工作，共同讨论和解决问题。教育同样促进了自律，使人们遵循先辈的美德。

（二）学习：传播和探索

在传统中国，知识的学习趋向于对已有知识的积累、传播和提炼。

知识分子社会地位的获得依赖于考试体系，这一体系已成为进入政府管理机构的关键。在汉朝就已经发生的这个重要的社会变革中，知识分子作为一个阶级就已经取代了衰落的贵族和武士阶级，成为拥有主要的经济和政治权力的阶级。中国的阶级划分强调道德知识的传习，特别是具有社会组织特征的知识的习得，而知识主要是通过传统儒学思想进行传承。

按照中国传统哲学的主流，学习也被定性为知识的开发，在一个更加思辨的层面上，学习的目的在于改变惯例并创造新知识，这包括发展惯例或者是改革惯例的能力。

（三）革新：创造性挑战

改革被界定为引进新事物的行为。这暗示了改革不仅仅是发现新事物，它也包括新事物在社会上应用的程度。在这一层面上，改革通常是有风险的，它也可能产生适得其反的效果。

中国当代社会中的“改革”概念最早来源于西方。在西方，对“新”这一词语的最先的理解被认为是启蒙思想的智慧根源。由于对中国传统思想和社会秩序的崇尚，当新方法被引入到中国时常常会受到不应有的忽视，也就是说，中国更为强调的改革形式是对过去的解释。

中国发明了许多新的科学技术，包括著名的三大发明——印刷术、火药和指南针，这些对于现代欧洲社会的发展来说都是非常重要的，但是除了这些重要的发明，中国并没有把快速的改革作为推动其经济发展的手段。

在中国，改革和科学技术的传播与农业发展有关，改革的目的主要是有效地适应自然环境或者有效地扩展资源。传统中国在接受过传统行政管理培训的掌控上层社会的学者和为了防御而应用科学技术的人员之间推行强硬政治结构的意义在于，保持中国体制的完整性和统一性。

四、中国因知识创新和传播而出现的公共组织机构

这一部分将讨论中国进行的改革对公共机构产生的影响。公共机构始终处在复杂的不断变化的不稳定状态中。正如我们之前提到的，历史遗产与公共机构之间不仅仅是简单的偶然联系。

对知识实效性的务实关注与无处不在的权力和知识的结合，导致知识经济在中国有可能出现。对于新知识的开发而不仅仅有助于发明的利用与传播，并且会形成新的主导知识产权的体制。

（一）知识与权力：合法性与实效性

第一个出现的特征是知识与权力的融合。中国已经把寻求知识放在主导社会的权力的功能之中，这也限制了“合法”知识的范畴，并且减少了革新核心元素中的多元主义。在当代中国，权力已被具有非常强烈的民族主义价值观和原则的占人口主体的大多数人所使用。这样，为中国利益服务的知识的实效性便有了高于一切的意义，如以发展知识经济或是高新技术来提高中国经济的竞争力和中国主权的防御能力，或是确保社会与政治的稳定性和避免大多数中国人所惊惧的恐慌。

（二）研究与开发：发明、模仿及普及

中国的组织机构坚持追求进入到现有的知识体系之中，以便把经济发展上去。中国的各个组织已把对各方面知识的有效运用放在了优先位置之上，而且这种优先性一直持续到现在。为了科技的发展，它发布了

众多的计划与政策来集中力量赶上国外的先进技术水平，这种优先性从基础上构成了中国的革新之路。当现存知识的传播就像从前一样对中国的经济产生不错的作用时，它可能就在事实上降低了人们去从事那种最真实的创新的意向。尽管中国政府事实上在基础科学领域创造了更广泛的保障手段，如国家自然科学基金委员会，但是很大一部分公共资金在用于研究和开发时还是被更先进的工业国家的科技成就所误导，没有取得成效。

东亚其他国家对现有知识资源的探索所具有的优势一直存在。韩国就是从仿造模仿型的阶段走上创新模仿阶段的，而好几个公司最终达到了自主革新阶段。那种高效的旨在生成新知识的努力得以成功，在其中主要应学习的就是“研发”。通过积极途径开展研发已被看成是与革新有着最紧密的联系。为了在越来越激烈的国际竞争中占据有利位置，学习和创新被看做是一个公司竞争策略最重要的部分。在经济体制改革下产生的受市场驱动影响的中国企业也极其清晰地认识到保护知识产权的重要性：它们明确地想要保护好基础知识的安全。同时，几乎没有中国的公司去急于占据研究的最前沿，事实上，大多数公司将和各式各样的国外公司或组织进行联合，以便于达到它们现有的技术水平。即使当一项研发被独立地进行了，由其他的先行者所进行的创新通常仍决定了它的目标和范围。

（三）创业精神与创造力

在一个具体的社会情境中，革新的过程由带来成功的创造与新知识的开发的行动构成。通常情况下，工艺革新的过程大都集中在知识的转化之中，这一过程常要求知识的创造以及它在某一产品生产过程中被有效地运用。不仅如此，把这种创造性与革新性嵌入社会与文化的情景中，强调创造行为带来的认知的、社会的和动机性的影响也是十分重要的。对于中国改革的考察揭示出一些在西方已经被高度重视的关于创造性的重要问题，如“创新性破坏”带来的贡献在中国并没有得到足够的重视，创造和革新行为被为了保持稳定性的现存的工业所束缚。

在研发和生产中，创业精神是一个至关重要的元素。因为创业精神和机构对创造性的培养，还有在革新网络中创造工作的联合是关键的竞争资源。在中国20世纪八九十年代的计划经济体制改革中，研发和生产的联合已经成了一个政策制定者最重要的考虑事项。然而，那些潜伏在基本的政策之中带有从前体制特点的遗留物，可能对未来造成严重制约。

中国的经济改革已经经历了由计划经济到市场经济的转变。中国现今的过渡型改革系统的特征是，在改革过程中所有企业的更大程度的参与，使中国经济从以计划经济为中心的劳动力的严格分工中脱离出来，使得更多的企业成为在改革过程中的有机组成部分。但是中国的企业改革依然是一个长期的任务，我们不仅仅要为曾经取得的社会和政治利益而欢欣鼓舞，还要对人口的分层保持清醒的态度。创造性的企业正在挑战经济和改革中已有的劳动力等级分工方式，他们试图打破传统标准，并以新的方式管理和运营他们的企业。在这种层面上，中国的改革不仅是一项意义重大的任务，同时，也是一项需要长期坚持的任务。

五、结　论

由中国传统知识积累的社会认识论所导致的一个很明显的问题，就是知识和权力的共生问题。在这方面，已经证明了中国知识分子对于知识的利用和实践价值的关注，这些知识可使他们帮助中国统治阶级统治中国。不仅如此，中国知识分子将他们的探索和对连接人与自然的宇宙的整体认识连在一起，目的是保证稳定性与一致性，而不是为了对现存体制提出改革的问题。在现在的知识研究和创新的体制中，这样的问题导致了国家对于研发的过度重视，以及对于那些与统治阶级观点不一致的知识的打压。

与知识和权力共生问题紧密联系的另一个问题就是中国的学习传

统，这一传统就是注重对现存知识，尤其是由过去知识衍生的知识进行传播、同化和改进。该问题导致了在现存的鼓励模仿而非创造的体制中知识探索与利用之间的紧张局面，尽管通过模仿和改进所达到的知识的快速传播可以帮助中国赶超其他国家，但是当国家的知识组织更接近信息前沿，当基于知识产权的竞争更加激烈时，它就有可能成为一个问题。

中国的传统观念中有一种对于创造和改革的自相矛盾的态度，尤其在改革机制的创建方面，挑战社会稳定性和经济结构被认为是消极的，即使这些改革会打破旧秩序（例如清政府皇太极时期的政府改革）并得到了下层统治者的拥护。

（刘国新 摘译）

中国向创新的转向*

〔美〕艾伦·沃尔夫

中国正在制定一项涉及多方面的方案以进入到技术前沿地带，何种因素会促进或阻碍它的各种努力呢?

许多观察家将中国看做一个正在崛起的技术大国，这肯定是中央政府及每个省和大型城市的领导人的目标。毕竟，中国是世界信息技术产品的生产地，在全球占据着很大的份额，而且这一份额在不断上升。但这些产品主要由外国公司生产并依据的是国外的设计。成为一个庞大的合同制生产基地并不是中国官员用来衡量未来经济成功前景的标准。中国将其未来的发展依托于本国的自主创新。

中国国家主席胡锦涛曾指出，他的国家必须优先发展科技自主创新，以使中国能进入到科技发展的前沿。对于一个主要贸易国家的领导人而言，这种表述并不罕见。美国前总统乔治·W. 布什在2006年国情咨文中也特别突出了同样的目标，他指明政府必须在美国帮助开创新一代的创新，创建良好的、能够使创新蓬勃发展的氛围。日本前首相安倍晋三在对日本议会所做的首次政策陈述中也号召采取类似的措施。欧盟

---

* 本文来源于美国刊物《科学与技术问题》（*Issues in Science and Technology*）2007年春季号。艾伦·沃尔夫（Alan Wm Wolff）就职于美国杜威律师事务所，曾任美国贸易代表。

委员会提出十点计划，建议马上采取行动使其成员国国内的商业环境更有利于创新。

相比其他国家的政府高级官员而言，是什么使中国政府的表态或多或少地更引人注目或可信呢？回答该问题需要对中国就它的既定目标将采取的后续措施进行审视，对它成功实现目标的可能性进行评估。

在中国的管理体制当中，领导层的表态就在某种程度上决定了国家和地方的政策。这在其他主要贸易国家中是看不到的。在中国存在着一种在西方国家极少看到的目标的奇特性（singularity of purpose）。紧随中国政府高层领导的表态而来的常常是各级政府令人吃惊的一系列详细的政策措施。中国已经完全进入了工业化进程之中。北京下定决心要做的是“把中国由一个模仿大国转变为一个生产创新大国”，把“在中国制造”转变为“由中国制造”。

中国的领导层将创新视为国家保持经济增长，维护政治稳定，支撑先进军事力量，维持全球贸易和地缘政治力量的根本。中国国家发改委主任马凯最近对该政策作了令人信服的解释：“中国的经济增长在很大程度上依赖于原材料的进口，它的竞争优势在某种程度上基于廉价的劳动力、廉价的水及土地资源和巨大的环境污染代价，”他说，“随着原材料价格的上涨及环保措施的加强，这样的竞争优势将被削弱。因此，我们应该加强我们的独立创新能力，增强科技发展对我国经济增长的贡献率。”

简言之，对中国而言，创新是具有至高无上的重要性的一项政策。

一、创新的架构

与中国的创新计划和战略有关的最主要的文件是国务院2006年1月颁发的关于科技发展的中长期规划。为了实现该计划的目标，中国正在利用各种政策手段来促进、支持和奖励本国的创新技术。总体目标是到2010年使研发支出在国内生产总值中所占的比例增加到2.5%，这将是目前比例的两倍。中国2010年的目标和美国当前支出所占的比例相当，比日本少0.6%，比欧盟多0.6%。中国预期会增加一倍的支出，伴随而来的是完成各种国家重点项目，以生产出重要的战略产品。这些项目涉及的范围和规模是巨大的。在美国，只有1945—1991年期间的向电信、太空探测、通讯、航空及能源领域的投资才能与之相媲美。

该计划确定了16个中国国家重点项目，涵盖了许多优先发展领域。这些领域包括核心电子元件、高端通用芯片、基础软件、制造超大型集成电路的技术、新一代宽带无线移动通信、高端数控机床及基础制造技术、大型油气田开发、具备先进压水式反应堆或高温气冷反应堆的大型核电站、水污染的控制和治理、转基因生物物种的开发、重要新药的开发、艾滋病和其他重大传染病的控制与治疗、大型飞机的制造、高分辨率地球观测系统、载人航天飞船的发射和月球探测项目等。

无论怎样衡量，这都是一个雄心勃勃的计划。但是这些举措都不是孤立存在的。中央政府承诺在今年实施99项计划以实现其战略计划中的一些特定政策目标。相对于其他努力而言，这些计划希望加快建立自主的“知名”中国品牌，支持中小型企业的技术创新，为具备资格的高新技术企业发行公司债券，规范对创业投资资金和初创公司融资能力的管理，对建立和完善区域知识产权提出建议，规范外资对中国重点装备制造业企业的收购，建设研究导向型大学，促进国家支持高新技术产业开发区的建设，针对风险资本投资建立规范和进行资助，建立支持初创公司发展的税收政策，建立“绿色通道”以帮助留学海外的人才归国。

二、行动蓝图

中国现在努力在做的就是期望在短期内完成相当于较发达市场经济国家在几十年甚至一个多世纪里所完成的工作。中国正在试图搭建经济、教育和法律架构，期望更大程度上依靠创新实现未来的加速发展。

即使就中国而言，新的创新政策和先前中国政府的倡议也有着显著的不同。其深度不同，因为它涉及长期技术规划而不仅限于单个部委的技术开发项目。其广度不同，因为它的实施由中央一级政府的六个部委以及省和地方各级的大量机构来分担，也因为强有力的政策手段而得以加强。

为了完成相当多的目标，中国将采取一系列的直接和间接的政策和行动。

政策手段。鉴于中国的政治历史，相对于其他许多国家而言，中国促进创新的政策将更倾向于干涉主义性质的，这不会让人感到惊讶。中国的首要政策措施是在落后于其他经济体的高端制造业和创新领域寻求外国直接投资。在这一方面，中国走了一条不同于日、韩的道路。接受外国资本和技术并不被认作和意识形态相冲突。根据中国商务部的说法，外国直接投资是“中国对外开放基本国策的一个重要部分”，是“建设有中国特色的社会主义市场经济的一次伟大实践”。为了吸引外资，中国实施了大量的税收优惠政策。一个主要目的是促进技术转让并采取措施使这些转让享受税收优惠。

中国也认识到如果希望外国投资者引进专利技术，它需要大幅度地增加对知识产权的保护力度。因此，中国制定了国家知识产权战略。国务院发展研究中心技术经济部的副总干事陆伟部分地将该政策描述如下：“针对中国的发展状况要调整战略……，我们不仅要鼓励自主创新，也要鼓励对引进技术的吸收、消化和创新。”

此外，为了吸引外国直接投资，促进外国公司的技术转让，提高本土创新能力，中国在人力资源上投入巨大。据一些新闻报道，据估计，中国在 2004 年培养了 60 万名理工科领域的大学毕业生和技术学校毕业生，而美国据估计只培养了 7 万名此类毕业生。尽管中国的数字有些夸大，因为它将本科毕业生、技术培训生和具有国际竞争力的研究生工程师都计算在内，但其数目确实庞大而且在不断增长，因此其人才库也在扩大。此外，中国正在为在其他国家工作的中国工程师的回国提供便利。如果硅谷和类似地区的经验是一种指标的话，那么，随着工程师变换工作，技术转让将通过这一扩散过程而达到高峰。

在介于广泛支持和特定行业干预之间所采取的政策行动中，中国正在建立高科技孵化园区，其规模和决心在其他国家是看不到的。据中国官员称，2004 年高科技园区内共有 38 565 家企业，产值达到 2 264 亿美元，基础设施方面的投资达 197 亿美元。政府表示计划到 2010 年建立 30 多个园区。特别是将重点放到吸引外资的研发机构上。15 家韩国公司在中国拥有研发中心，其中 14 个自 2000 年就已建立。三星电子和 LG 电子都各有三家，它们都专注于为中国市场开发技术和生产模型。

这类园区的一个典型例子是占地 16 平方公里的上海张江高科技园区，它致力于成为中国的硅谷和药谷。在制药领域，该园区从 42 家公司吸引了 106 亿美元的外国资本，包括罗氏、葛兰素史克和美敦力公司，并已建立了 31 家研发机构和一家用于临床试验的医院。在电子领域，园区吸引了 70 家“无厂”的计算机芯片公司（只负责设计、开发和销售其产品，但并不负责生产）、3 个工厂、2 家光掩膜制造商、12 家封装和测试公司、34 家设备供应商以及众多的系统应用公司。

对标准的需求。设立标准的过程就是一种手段，不同的中国政府官员说过他们希望通过这一手段来促进本土创新，抑制外国竞争。最近颁布的上海市政府知识产权战略就阐述了这种可能性。这一战略要求政府“积极推进具有自主知识产权的技术标准的制定和执行，并将技术优势转化为市场优势以追求知识产权利益最大化”。国家的科技发展中长期计划则更进一步，要求政府“积极参与制定国际标准，并推动将国内技术标准转化为国际标准”。

将此项政策付诸实施的一个例子是中国针对手机、笔记本电脑等产品建议强加使用国内的 WAPI 无线安全标准，而不是使用国际标准，此事引起高度争议。尽管针对国内消费强加一项标准是中国的权利，但该计划将要求外国无线电设备供应商与中国的合作公司分享它们的专利技术。作为回报，中国的合作伙伴将提供一个基本的服务中国市场所需要的加密算法（encryption algorithm）。在接收到美国高层官员的强烈表态后，中国政府将该计划无限期搁置。然而，关于 WAPI 的事并未结束。中国试图让世界知识产权组织承认和接受其 WAPI 国内标准。迄今为止，在实现该目标上，中国没有取得多少进展。

政府采购。许多国家都利用政府采购来为本国产业提供优惠和保护。世界贸易组织政府采购协议（GPA）的目的是确保成员国政府使用公开的、透明的、竞争的、公正的、突出优点的、在技术上中立的采购程序。在 2001 年，中国承诺“尽快”启动加入到该协议的谈判，在 2006 年中美商贸联合委员会的会议上，中国宣布“中国加入到 GPA 的谈判将在 2007 年 12 月底前启动”。然而，最近的中国政策文件表明中国想要其国家机构不遵守 GPA 的基本原则。例如，根据其某一文件，“省级财政部门应该与同级别的科学技术部门通力合作为形成各省的本土创新型政府采购政策而确定实施计划”。

由于中国中央集权的政府机构在国家经济中所发挥的突出作用，中央、省及地方各级政府的歧视性购买政策能为促进本土创新提供大量的保护，并对贸易产生强大的负面影响。中国国务院颁布法令说：“政府应该针对拥有自主知识产权的国内企业所开发的重要高科技设备和产品制定优先采购政策。（我们应该）对购买国内高科技设备的企业提供政策支持，通过政府采购支持技术标准的制定。”关于软件的政府采购政策一直是中国与其贸易伙伴之间的磋商主题。

进口政策。根据国际规则，相比进口而言，政府可以更加容易地管理外国投资。虽然目前还不清楚中国将如何运作，但有证据表明这个国家当前关于进口的想法。在一份有关设备制造业的声明中，国务院说，利用外资进口关键设备将经受“严格的审查和研究”，鉴于对世贸组织的承诺，为减缓不受欢迎产品的进口，能够通过直接控制合法采取的措施很少。但是什么时候，只要政府愿意的话，有极大的可能性影响特定投资者引进的进口产品的种类和数量。国务院的既定目标是在 2010 年前建立起拥有自主知识产权的有竞争力的中国设备制造业企业，以满足中国在能源、交通、原材料和国防领域的需求。

竞争政策。为了鼓励创新，中国已提出一部反垄断法，但尚未付诸实施。竞争方面的法规服务于不同的目的。在美国、加拿大、英国以及德国，这类法规的主要预设目标是保护消费者。在其他地方，经济发展、行业政策或者社会目标都可能会成为主要的政策源动力。在中国，高层决策者们很显然有一种担心：中国本土企业的知识产权的总量和贸易伙伴公司的知识产权的总量之间的不平衡已成为一个较大问题。中国社会科学院研究员王晓晔指出，跨国公司拥有资本和技术优势，使它们能够迅速占据市场。她总结道："反垄断法的实施对中国而言将成为一个重要工具，以监督跨国公司的影响力。"

一脉相承的是，国家工商行政管理总局有关公平贸易的部门在2004年发表的一份报告中称，某些跨国公司利用它们的技术优势和国际知识产权垄断了部分的中国市场。该报告特别点到了柯达、利乐以及微软公司，和其他公司一样，它们都有可能成为即将实施的反垄断法的潜在目标。更多的新闻报道显示，其他先进的技术和创新公司，如英特尔公司，也可能是该法规的目标。

2006 年 1 月反垄断法草案公布，关于该法案的一个主要关注点是"如何界定垄断行为"，其中包括"滥用市场支配地位"。草案指出：如果一个实体在单个市场内所占的份额超过一半，两个实体的联合市场份额超过三分之二，三个实体的联合市场份额超过四分之三，那么，在"相关市场"（relevant market）内的实体就会被认定拥有市场支配地位。当然，这在很大程度上将取决于相关市场的界定。在中国，拥有强大专利总量的外国公司很容易在某种产品市场占据较大的份额。正如中国的战略计划所指出的："（我们将）防止滥用知识产权，它将不公平地限制市场公平竞争机制，阻碍科技创新，阻碍科技成果的推广和应用。"外国公司已被提出警告：新反垄断法的管理者（未定）可能在拥有强大知识产权地位的西方国家的公司中寻求潜在的目标。

直接资助。正如所有国家试图促进创新一样，直接的政府财政支持将是中国政府创新政策的一个重要部分。因此，在大多数情况下，中国和它的竞争对手步调一致。但是，当资助集中于一个或多个特定部门时，很有可能出现投资和贸易的不平衡。我们所能看到的一个例子就是，中国政府为促进国内装备制造业的发展而会采取一些措施。这些措施包括对该部门实施优惠税收，鼓励购买中国国产机械，对进口的零部件和原材料实施增值税退税，分配专项资金用于技术先进的产品，并对企业减免一定的社会责任。虽然政府没有完全确定减免企业的社会责任意味着什么，但美国汽车和钢铁企业的主管能够证实：如果这意味着减轻它们的"遗留成本"（legacy cost），包括退休职工的健康和养老费用，那么，这些措施可能意味着盈利、巨额损失甚至破产之间的天壤之别。

迄今为止，最新的关于政府资助的最引人注目的例子是两个城市的市政府公布了协议，宣布资助了一家私企所有的投资费用以吸引半导体生产线。受益人是上海中芯国际公司，一家大型半导体公司。该公司宣布它将接收成都和武汉当地政府机构建好的两条新的芯片装配线。这等于赠与了数十亿美元。据新闻报道，该公司还将收到一笔"管理费"，将来还可以选择买下工厂。该公司将保留所有利润。重庆市最近已宣布，它也将提供类似的支持，以建立起本土的半导体产业。

三、创新的动力

在中国，各种不同的因素正在促成本土创新的前景。更广泛地看，中国的国内生产总值正以令人钦佩的速度在增长。尽管这种增长在某种程度上是一把双刃剑，在快速增长的经济中，资源会变得稀少，而常规是，在前途看好的经济中，寻求创新奖励的个体更容易得到资源。

中国还拥有巨大的人才库，庞大的资源正在被投入到毕业的工程师和科学家们身上。考虑到巨大的人口基数，这一努力带来的人才绝对数量将相当于中国的几个竞争对手的总和。

中国庞大的国内市场，既刺激着本土生产，又吸引着外国直接投资。的确，这是任何全球性公司不能忽视的一个市场。中国希望从这些外国公司学到许多东西，使它能够跨越痛苦的创业早期阶段，那需要外国公司援助技术。中国市场正变得日益成熟这一事实也有助于吸引更高端的外国投资。

中国正在加强保护知识产权，但仍有许多工作要做。官方的知识产权保护在中国许多地方开展不足甚至没有，直到最近才出现转变，尤其是在北京和上海。许多官司的结果对于外国和中国的知识产权拥有者而言是令人满意的。该举措得到了本国申请专利的各种动机的鼓励，这些动机在一个正常运转的知识产权制度中形成了国内的利益共享者。

这些优势中最大的优势是政府——更准确地讲，是中央、省和市一级的各级政府——保证全面动员经济以支持创新。在省和地方一级政府中，为了实现往往很宏伟的目标，甚至出现过某种程度上的竞争。当目标很具体的时候，优先权的确立会变得尤其有效，例如信息产业部在当前的五年规划中关于集成电路的优先权。该规划号召中国“针对用于信息和国防安全的集成电路，要大力提高自给率至70%以上，用于通信和数字家电的集成电路自给率要超过30%……我们应在关键产品的供应上基本实现自给自足”。

这些不同的因素使中国能够取得一系列具体措施的成功。在过去的5年里，高科技产品的出口一直以超过40%的年增长率在不断增长。中国的研发支出在各个国家中位居第三。对成功的另一个粗略的衡量是，越来越多的国内专利被提交到国家知识产权局。在2005年，共有171 619件专利被提交，远多于2001年的99 278件专利，增幅为73%。这是否代表了真正的创新只有事后才能作出判断，因为高科技的出口产品可能主要集中由外国跨国公司和它们的中国合资企业生产，出口产品往往由DVD播放机和类似电子产品构成，一些人可能将其称作科技产品，而不是高科技产品。

四、创新的障碍

然而，在造就中国成功的因素里，有许多因素能够而且的确阻碍着创新。显然，在中国还存在着计划经济的巨大影响。制定国家和地方方案的人可能并不总是身处创新前沿，他们可能并不完全理解创新的需求。非市场因素往往会扭曲经济活动。这种模式在日本就已出现。当大家的兴奋稍微平息一点的时候，“日本奇迹”的观察家们开始注意到，日本深受裙带资本主义问题的困扰，这种资本主义将不良贷款强加给银行系统，使经济增长受挫长达十年之久。在中国，大约三分之二的经济由国家投资企业和国有企业构成。没有人将这些公司看做一个处于创新前沿的整体。尽管这些企业往往受到政府支持的青睐，总的来看它们不会成为创新的温床。

国家的影响可能是无处不在。市场力量的主导所带来的积极表现现在被复杂化了，被描述为近期共产党参与商业的复苏。判断它的影响现在还为时过早，但是它有可能会加强这种以关系为基础的、往往违背市场准则的交易模式。

中国还面临着一些紧迫的劳动力问题。在世界的其他地方——尤其是美国、欧洲、日本，也包括印度以及其他与中国竞争的国家——中国每年获得工程学学位的学生的庞大数目正在引起关注。但最近的研究发现中国，尤其是和美国之间的比较有些误导。例如，杜克大学研究人员所作的一项研究发现，在 2004 年，中国在工程学、计算机科学和信息技术领域共培养了 351 537 名毕业生——刚刚超过新闻报道中广为报导的数目的一半。此外，中国大学毕业生的质量也经常因为追求数量而被牺牲。中国教育以国家为中心和死记硬背的学习方法，非常重视理论学习和马克思主义的学习，培养出来的“脱离实际”的工程师缺少解决问题的能力和团队合作的技巧。工程学课表中也经常充斥着意识形态的课程，从而降低了加入劳动力大军的毕业生的质量，也降低了其创新能力。科技部部长以及其他的中国规划者们，不是不知道这些不足，已经公布了新的国家指导方针和意见，“进一步加强短缺人才的培养”，但是，这是一个巨大的需要克服的障碍。

加快创新的一个主要障碍是对知识产权保护得不够。这种情况的存在，部分是因为中国相对缺少保护知识产权的历史或文化，保护私有财产的历史也是最近才开始。其结果之一是，中国在全球专利中所占的份额极低。中国官员报告说，大约99%的中国企业没有专利。官员进一步认识到，许多中国专利的质量很差。这种情况可能会发生变化。国家知识产权局提供的中国专利所占份额的数字的确有所增长。2005年，外国公司在中国已公布的专利中占54%，而本国公司占27%。2002年，外国公司的数字是73%，本国公司的数字是16%。

但是，在中国贯彻知识产权在一段时间内有可能仍然是一个问题。即使有再好的想法，在中国的法律体系和公司的管理中，知识产权专家严重短缺并将持续短缺。国外的观察家也认为，中国政府在加快贯彻知识产权方面，在某种程度上面临着政策尴尬。仿冒产品远远比名牌产品便宜。鉴于拥有可自由支配收入的人们和生活在贫困之中的人们之间存在巨大的分水岭，加强知识产权的意愿和减少贫困的意愿之间的天平将轻松地偏向后者。

技术被迫转让可能会造成另一种问题，也许是更大的问题，尽管永远没有统计数据来说明这个问题的普遍性。当外国农业想要进入中国市场销售或生产商品时，它们为入境支付的价格所依照的协议是关于转让给中国公司的技术的种类和数量。这种问题不时地浮出水面，说明这种问题很普遍，很重要。其中一个例子是中国不支付DVD影碟机的专利费给日本制造商，那是一个非常庞大的细分市场。这些专利费看来是不情愿地被放弃了。一些业内人士认为中国政府就不支付专利费给予了官方行政指导。当然，政府官员作了许多次常规性的表态：只要可能，中国公司应该避免支付专利费。毫无疑问，外国公司会容忍这种违反合同承诺的行为，这是因为进入中国市场会盈利，或者期望在将来盈利。

强迫技术转让也有成本。由于对知识产权保护不够，外国投资者保留核心技术和尖端技术，这样就将技术转让更多地限定在常规技术上。也有报道说，由于担心知识产权，这些公司隐瞒了关键工序和产品部件。中国的规划者们也充分意识到了这些问题，显然，这种意识正在促使他们更加重视培育本土创新。

最后，政府颁布的一些措施联合起来的结果却阻碍了创新。中国政府远非是铁板一块，这远不只限于省和市一级政府之间的分权。一些政府官员认为，越少干预越好，在某种程度上不受约束的市场的运作就是最好的发展过程。但是其他的官员相信并实施着技术民族主义（technonationalism），实施了一些通过疏远外国公司而最终阻碍了创新的政策。

五、前方的道路

在通往苏州市区的道路上，一个大型屋顶标语用英语写着“发展是硬道理”。这口号来自中国领导人邓小平，在过去尽管它以各种其他的方式被解读，但这条口号是明白无误的，对于中国而言只有一条道路可以被接受，那就是发展经济。邓小平被誉为中国经济的“伟大舵手”。他开放了中国经济，他的经济改革成就了中国本身的经济奇迹。20 年前，亚洲研究专家经常说，在地理上讲，日本是远离中国海岸的几个小岛屿，但是在经济上讲，中国是远离日本海岸的一个岛屿。现在，没人可以那么说了。

很显然，认为中国在不远的将来不会发展成为一个主要的创新基地，那也会是一个严重的错误。当政府集中全国的资源以实现特定的行业目标的时候，它们就能成功。此外，外国公司仍然将中国视做一个庞大而重要的市场，以及视为一个主要的生产平台，以供出口。尽管外国公司在转让技术上会很谨慎，但技术转让的最高形式是人的转让，现在在外国公司工作的大量的中国工程师有朝一日，也许很快将返回中国。参与到中国新领域中会得到股票优先认购权和其他形式的经济和精神奖励，加上不断改善的生活质量和较低的生活成本，这些都极具吸引力。与此同时，美国移民政策有效地推动了在美国大学获得博士学位的中国公民返回国内。国内正变得更加诱人。

中国，尤其是它的创新能力，仍然在不断地取得进展。中国官员通过积极的干预和允许更多的不受限制的私人活动来设法促进创新。外国公司参与到中国经济中是至关重要的，它们与本土公司的对外合作也同样重要。迄今为止，结果有好有坏。关键问题是，中国是否会继续采取其当前官僚计划中所需要的那样多的国家干涉行为，以及是否会继续创建一个能诞生大量创新的市场经济。

对于中国而言，唯一可以确信的是，今天认为是正确的，一年后将变得不同，也许五年后将无法得到承认。任何在 20 世纪 80 年代前往中国旅游的人，在看到上海黄浦江对岸的浦东空旷的田野时，他是不会预见到那里现在极其繁荣的工业和科学发展的。

现在，人们在中国通常看到的是一种追求成功的强烈意愿和一种对中国经济增长潜力及科学工程前景的兴奋。这种兴奋有点让人想起 19 世纪上半叶美国向西部挺进的移民所拥有的那种信念。中国正在从事一项激动人心的冒险，也是当代最伟大的人类实验之一。正如绿色革命或载人航天飞行项目一样，一片广袤大陆甚至是更广大人口的经济发展是一个巨大的挑战。尽管世界还没有看到第一批占主导地位的中国的创新——Ipod 播放器、特效药或 Windows 操作系统，但没有理由认为这些贡献不会马上到来，甚至比怀疑者的想象来得更早。中国已经吸收了高端的合同制造（contract highend manufacturing），正在进入合同设计（contract design）阶段。看空中国在创新的前沿会赢得一个受人尊重的位置，那将是一个错误。唯一的问题是时间。

（宫武 译）

中国推动创新型经济发展和知识产权法规：软件和软件服务市场取得的发展和挑战*

〔英〕保罗·欧文·克鲁克斯

一、导　言

本文将考察中国国家领导人发出的持续推动创新型导向的经济的号召，并根据中国软件和软件服务行业所面临的挑战来评估这些设想。它将设法找出如下这些重要问题的答案：中国现在的技术发展有多少是建立在自主创新能力而不是进口技术的基础上？处于软件这类专业市场中的国内技术公司如何形成能够挑战国外公司主导地位的创新战略？作为引领企业在关键行业进行创新的促进因素，一种有效的知识产权制度有多重要？

我将从三个相互关联的方面来分析这些主题：首先，在国家政策层面，我们将在中国广阔的社会和经济发展背景中审查各种促进创新的号召背后的动机，还将考察创新力度在何种程度上成为了国内在以知识为

---

* 本文是其在英国中国经济学协会2008年年会上的报告。保罗·欧文·克鲁克斯（Paul C. Irwin Crookes）执教于剑桥大学。

基础的产业中所做努力的特点。第二，作为一个有用的产业案例研究，中国软件和软件服务市场的开发和增长值得进行更详细的考察。第三，中国知识产权管理的演进过程将被更新，以便探究其对软件行业的影响以及目前的实施现状是否为促进该产业在本国下一阶段的扩张提供了足够的市场刺激。

最后，本文认为，在中国建立创新经济的过程将揭露国内一些技术产业的结构中存在的许多缺陷，而纠正这些不平衡问题需要政治人物和企业参与者之间在利益、态度和结果方面达成共识。

二、广泛经济背景下的创新

中国建立创新型经济的推动力需要被放在更广泛的经济发展环境中。为了在一个广泛的议题中找到关注点，提出一些初步的问题是非常有用的：第一，促进中国创新的哪些计划已经准备就绪？第二，这些计划要努力克服什么难题和缺陷？第三，这些潜在的制约因素将如何有效地被克服？

在政治、经济和商业评论家中有一种广泛流行的观点，即中国作为21世纪工业和技术强国的快速崛起是不可避免的，而且这种崛起正在进行当中。这种观点坚持认为，“世界正在经历历史上最大的变革时期之一，即经济实力正从发达国家转向中国和其他新兴大国”。商业调查指出最近的经济和商业预测坚持认为，中国可望在本世纪上半叶，甚至早至21世纪20年代中期会超过美国成为世界上最大的经济体。现有数据的这些解释可能是对经济排名表的准确的线性预测，但它们没有充分考虑到未来经济增长推动因素的质量方面，即中国的人均国内生产总值仍然是发展中国家的水平，而显著的收入不平等将继续是民众日常生活的特点。尽管在过去实施了改革和市场开放战略的30年里，中国取得了许多巨大的社会和经济成就，但是在全球一体化供需物流网络中，仅仅提供建立在有说服力的成本基础上的制造业解决方案，很难看到国家未来成功的确定性。

此外，应该认识到，美国经济（它被中国视为在未来几十年内想要超越的对象）一直极大地受益于它在尖端技术领域促进企业活力的能力。在过去，美国人通过创造新的商业产品和建立在原创基础上的、挑战现状的突破性新服务，已成功地创造了大量财富，假设性地认为美国新的一代将无法继续这种辉煌，可能过于仓促。到目前为止，如下这一点并不清楚，即开拓颠覆性技术，发明新的商业模式，吸收一种创新导向的冒险文化，这些出现在美国的传统是否已经在中国扎下根来，以至于能够确保因此得到一种美国式的经济实力和全球创新领导地位的飞跃。

探究中国现有经济结构中的矛盾及其创新能力已成为认识中国经济在未来几年将如何发展的关键。在学者们继续指出“中国的科学和技术实力正在扩大”的同时，关于中国在高科技领域的成功的预测却不容乐观，因为“矛盾比比皆是”，事实上，中国获取、传播和应用创新的能力比其引人注目的经济实力和潜力所表现出来的要弱得多。正是这些存在争论的领域需要一种更具分析性的视野，一方面要对外部观察者进行宣传使其更好地了解中国，另一方面要帮助那些努力推动中国沿着一条新的道路前进的本国人支持创新，并将创新视为中国未来成功的基础。这些问题也是中国国内政策辩论的核心。

2007 年 10 月，国家主席胡锦涛在中国共产党第 17 次全国代表大会报告中公开承认，中国目前的自主创新能力非常薄弱，需要解决长期存在的结构性问题。他要求极大增强创新能力，使技术发展的成果能够对经济发展作出更大的贡献，促进中国成为一个创新型国家，使其成为增强综合国力的关键环节。

中国政府最新颁布的《2006 年至 2020 年科学和技术战略》（以下简称科技战略）规定了他们希望借此实现其目标的基本原则，延续了过去关于培育高科技孵化器和资助未来发展项目的各种政策的主旨。特别是，创新将以三种方式得到支持：通过原创性的科学发现和发明，通过整合相关技术来创造新的产品和服务，通过更好地吸收和利用现有的全球技术资源。

一方面，看起来存在一种促进本土企业发展的推动力，以培育能得到国际认可并且可以减少中国对国外技术进口依赖的本国知识产权。在某种程度上，这些倡导也可以被看做是本质上延续了经济开放的二元主题，即国内产业的支持和被严格控制的市场导向的改革，这是迄今为止的发展进程所特有的。然而这可能不符合所有国内企业的最佳利益，因为有些企业可能会认定一个能实现全球销售和使品牌得到国际性认可的成功战略最好是通过开发创新型产品和服务来实现，这些产品和服务符合现有的公认的国际标准，并通过海外网络渠道来销售。

另一方面，科技政策方面的声明似乎反映出官员对扩大和发展外国科技公司和中方合作伙伴之间的合作的热情，以促进进一步的技术溢出（technology spillover）的前景。这无视一些学者将迄今为止已经取得的有限成功归因于如下趋势的事实，即更多是把一些跨国公司的存在看做是公共关系的实践，而不是看做中国进行真正的研究和发展探索的框架。

中国科技战略的目标显然是建立在中国的国力和迄今已经取得的成就基础上的。经济合作与发展组织与科学和技术部最近共同发表了一份报告，该报告综合阐明了中国领导人在保障有效的科技政策落实方面面临的实力、不足和机遇。该报告肯定了中国在增强本国研发领域的承诺方面迄今取得的进展。自 1995 年以来，中国每年的国家研究开发经费增加了 19%。

然而，这些成就因为中国的信息和通信技术生产存在的结构性缺陷而必然受到影响，这一缺陷能够直接影响到中国将本国创新融入生产成果中以实现长期可持续发展的能力，这种可持续性是中国领导层在科学技术方面的抱负的核心。许多相互联系的困难必须予以考虑，然后将作为中国国家政策发展中的问题予以解决。

首先，中国作为世界技术和制造工厂的地位掩盖了外国公司在其多数产出中占据支配地位这一事实，同时外国企业的全资子公司或外国合资企业控制了中国外贸的50%还多。而且，如果更进一步地分析信息和通信技术行业的状况，那么情况更严重，高达88%的中国的高科技出口来自外国（或台湾）的企业。同样重要的是，中国信息和通信技术行业中大多数真正的本土公司却远远没有成为国际IT市场中的领导者，既缺乏管理技能，又缺少创新的眼光，拘泥于设法创造本土技术以替代已存在的国外创新这一旧有战略。

第二，中国在高科技产品生产中获得的附加值估计是有限的，估计低至10%—15%，许多学者描述中国的贡献并不比一个为了进口技术知识使用各种无差别生产流程的高效终端装配地（final assembly location）更高，这些流程因为提供了引人注目但简单明了的低成本价值定位（value proposition）而具有国际竞争力。

第三，从长远来看，如果没有沿着价值链向上发展，这种独特的专门化可能会使中国在未来面临来自能够进行这种装配工作的其他可选择地区的威胁。产生这种可能性的两个原因看起来特别明显：首先，因为海外客户而通过有效率的流线型生产程序来转移成本是可以做到的，这种生产程序已经存在并且能在不同国家被复制。此外，在经济全球化的背景下，最近几年增长的贸易一体化意味着寻求先进的加工服务的企业现在可以选择将正在进行迅速经济改革的越南或柬埔寨涵括进来作为生产地点，这跟它们选择留在中国一样容易。这可能有助于解释中国领导层对于中国目前的增长模式在未来的可持续性的关注。

然而，不论是来自中国台湾、香港，还是来自更远地区的海外华人社会的力量，至少在短期内能够缓和这种风险。这是因为海外华裔居民正在建立一种所谓的“人才回流”（brain circulation）文化，把他们的现实利益和家族忠诚（familial loyalty）依托于继续建立起进入中国大陆的桥梁。这些特性是更紧密的区域贸易一体化的一部分，可能反映了未来利用中国正在增长的国内消费模式以补充只针对来自中国大陆的出口市场的目标这一愿望。

第四，在中国，培育和维持一种促进创新型经济的推动力所需要的制度条件被发现存在不足。在许多关键领域，各种问题仍然存在，包括教育方面的不足、创新资金的短缺、中央和地方的政策举措之间缺少协调。

教育方面的缺陷仍然非常明显，它停留在一个仍然存在重大问题的总体系统内。中国坚持对于机械学习、消化事实（fact assimilation）和考试成绩的重视，这渗透于从小学至大学的各级机构，这一做法导致了诸如解决问题、发散性思维和团队建设等软技能中的缺点，一旦毕业学生进入就业市场，所有这些缺点都可能严重削弱企业层面的创新能力。新做法方面的实验是不全面的和不协调的，在没有同时改革国家考试制度和教师培训方案的情况下，很难理解如何能够做到课程设计和教学方法的变革。

在国有部门以外，要保证对创新的资金资助对于中国企业可能是困难的。风险资本的进入仍处于早期阶段，主要的银行似乎仍然拘泥于那些缺乏有效的风险管理评估的贷款标准，所有这些都可能严重限制了借款机会，尤其是对那些中小型企业而言，这些企业的积极性和研发投资水平往往处于最佳状态。

此外，在寻求国家支持援助的时候，这种制约与组织的错综复杂搅在一起。在现有的五个政府资助项目（重大科技攻关计划、星火计划、863 计划、火炬计划和 973 计划）努力将资金注入国内企业的同时，这些资金项目与不同政府部门之间的相互作用以及通过不同政府部门所实现的分发形成了一个复杂的资金分配方案，这一方案导致了如下这样一种风气：即在优先资助方面偏爱国家赞助的大型项目，而不是规模更小的企业项目。

在中国，在尊重知识产权和执法环境方面还有一些持续存在的问题，对这些问题的关注在更加广泛的国际、商业和政治社会中都有反映。

然而，尽管存在这些缺陷和政策领域的问题，国际层面的成功案例确实已在中国的高科技行业出现。这些问题的规模不应当掩盖在培育创新型企业方面重要的商业参与者已经出现这一事实，这些企业能够在国际市场上占有一席之地。华为公司和联想集团就是两个这样的例子，它们已经成为真正的全球参与者，它们表明旧的技术替代模式已经不再是中国可以遵循的唯一模式。它们说明无论是私有企业（如华为）还是公有企业（如联想），都是可以取得成功的。

在实施国家创新战略的下一个阶段中，中国的决策者面对的特殊考验是，如何从上述企业只是被援引作为单一的成功案例这种情况，发展到如下阶段，即国家能形成一种能够被更广泛的行业所采纳的创新模式，作为对新嵌入的国家行为标准（national behavior of norms）的采纳的一部分。如果没有在一些领域内的重大改革，很难看出以创新经济为基础的企业能够发展起来，这些领域包括：其复杂的筹资框架、其人力资源的培训及其有关的教育政策、在推进各项国家政策方面作为完整参与者的充满活力的私营小企业受到支持的方式。事实上，科技战略已经表明建立新的、更精简的面向中小企业的筹资机制将是一个优先考虑的事项，这很可能是一项非常受小型商业团体欢迎的发展，但这一许诺将如何以及在何种程度上很快带来进展，这仍有待观察。

显然，中国的决策者在追求建立创新导向的经济的目标时显而易见面临着重大的挑战，在中国政府设定为目标要给予特别鼓励的所有部门中，这种影响作用是明显的，这些挑战包括：促进科学发明、改进产品和服务、更好地吸收国际规范。

三、中国软件生产和服务行业的创新

软件生产和服务行业对中国大陆而言是一个重要性日益增加的行业。该行业本身有一个艰难的开始，而且即使是现在它也是中国 IT 行业中的“落后者”。与美国和印度的态度相比，中国软件行业的兴起处于硬件市场的阴影之下，并且在一段时间内，软件仅仅被视为使高科技硬件有效地发挥作用的一种机制，而不是一种拥有自身价值的增值产品。

就它的实际规模而言，尽管中国的软件业是一个价值数百亿美元的市场，但是中国的软件产业对于能够形成一个准确的估价提出了一些挑战。最近来自中国信息产业部的官方数字表明，2007 年中国软件产业的总收入刚好超过 800 亿美元，意味着比前一年增加了 20%。但是根据经合组织的统计："关于中国软件行业的收入和出口的数字变化非常大，似乎很高，但无法从官方获得。"该组织已经提出忠告，对于中国软件产业的总收入水平"必须谨慎看待"。

一项最新的报告整合了来自各种可靠来源的观点，认为 2006 年中国的纯软件和软件服务方面的收入是 123 亿美元。在海外软件外包服务方面，根据意见一致的估计，中国在这一方面规模仍然非常小，但它表现出了引人注目的增长率，未来具有潜力，似乎在中国更大范围的软件行业的出口份额中将占主导地位。

准确地估计该行业的规模和结构并不是唯一关心的问题，因为最近几年有一些公认的问题已经困扰了中国软件业。首先，它常常被描述为在技术上还不成熟。其次，该行业已经因为长期的结构不成熟而受到影响，在数量大约为 10000 家的软件及其服务企业中"只有一半的企业有能力独立开发自己的产品"。第三，它与其他创新部门一样受到人才问题的困扰，软件行业正在争取找到并留住关键项目的领导者和软件分析的技能，这些被视为突出的缺陷。第四，在核心产品领域，是外国公司而不是国内企业中的佼佼者在行业销售总额中占据统治地位。

所有这些缺陷对中国软件行业中的国内企业的发展产生了消极影响。根据国际金融公司的研究，自本世纪以来，只有五家中国企业表现出在生产专业性方面有能力挑战已站稳脚跟的国际供应商，所有企业只占有非常小的市场份额，甚至不惜与跨国供应商在产品性能和价格方面展开正面竞争。因此，今天中国的软件行业被视为与印度的软件行业形成了对照：严重依赖国内市场，外国公司占主导地位，以产品而不是服务为导向。

但是，最近几年在这个方面结构性转变正在发生，特别是在软件服务部门。中国企业正在依托日益增长的国内需求基础，以将市场扩大到海外拥有类似文化的地区，如日本和韩国，此外，中国企业也正在通过品牌发展、公司更名和网站设计演习等来提高知名度。

当它们通过建立当地的销售、客户支持和营销业务开始积极瞄准美国和欧洲，特别是英国的出口市场时，海外扩张就会进入到下一个阶段。这可能将一些中国企业推入软件服务市场与印度同行直接竞争。很明显，在其早期的某个时候，当一些中国软件服务公司在这些新兴市场上寻求巩固其日益增长的信誉的时候，诸如此类的行动似乎指向一个自信和成熟的市场战略。

因此，中国的软件服务供应商可能会通过设立海外子公司以吸引潜在客户来寻求扩大销售网络的机会，这些潜在客户对利用有竞争力的外包商业模式感兴趣，同时对提供一些最新的软件开发技能和技术以完善它们的价值定位感兴趣。这可以被看做是直接模仿印度 20 世纪 90 年代中期到末期采用的战略，它们自己的重要软件企业支持一种服务出口模式，以取代先前对劳动力出口路径的依赖，在现代互联网时代，这种劳动力出口路径不再是必要的。

驻扎在英国和美国的会讲英语的代表的存在有助于中国服务提供商在实施外包解决方案时克服当地的各种限制，特别对于小企业而言是如此，从而使更多的企业考虑与中国供应商合作的外包方式。

在软件服务方面，迄今为止还集中于国内和本地化交付模式的一些公司一旦下定决心与印度在服务领域展开竞争的话，现在就可能转向海外，这看来意义特别重大。在国内的软件产品市场，特定的本国商业市场日益放松管制可能会带来隐藏的潜在机会，如银行、保险和法律服务方面的市场，它们可提供特殊的机会，尤其那些定位于中小型企业的软件服务企业，因为这些中小型企业可能不太愿意或在财政上无力购买跨国公司的产品。

然而，在产品的国际出口方面，除电信软件领域的华为公司外，中国企业想要获得吸引力仍然是非常困难的，结果是这些公司想要获得的有效的市场渗透仍然是“几乎不存在的”。

本部分考察了中国软件产品和服务市场的一些最新趋势。它显示出伴随着不断的挑战和制约因素的是进展和扩张，同时也突出了软件服务相对软件产品所具有的不同潜力，前者看来是将自己定位为与印度直接竞争，而后者将继续为知名度而努力。

事实表明中国的软件部门正在积极处理的是中国各类创新企业共同存在的许多制约因素。国内管理的一个特别重要的方面就是知识产权方面的立法和执法的质量和效果。

四、随着中国软件行业发展而来的知识产权法规

从历史上看，中国对知识产权法规的实施是连续不成功的，具有中国为了从古代“人治”观念到现代“法治”原则转变所进行的斗争的特点。中国传统的社会法律制度中的实用主义和家长主义的本质与西方旨在立法和解决争端的公开裁决的方式是冲突的，这使得知识产权这样的西方法制观念获得吸引力变得很困难。在中国，缺少一种有利于作者和发明人对知识拥有私人权利的文化演变，这种文化演变可以对抗那些试图剥夺个人拥有的知识产权的人，这与17世纪欧洲出现的情况形成了鲜明对照。直到经济改革形成的1978年以后的时代，现代知识产权制度重获新生，其起点是1980年中国加入世界知识产权组织成为新成员。

因此，考虑到中国在社会、经济和政治发展过程中所面临的所有问题，最近几年知识产权法律发展的速度和程度是不同寻常的。整个法律框架都必须从头重构，最近所有的关键性立法都要按照加入世贸组织时的承诺和后来参与的国际知识产权规范被更新。2007年，这一成就因中国加入了世界知识产权组织版权条约得到充分说明，这被视为承认和保护互联网应用系统和以电子方式提供的文化输出的衡量基准。事实上，人们认为中国立法的立场，至少就其存在于纸面上而言，是很容易达到

国际标准的。

所以，不是中国知识产权法律方面的问题，而是中国知识产权法规的执行方面的问题，将继续成为国际和国内的争论和批评的主题。更多的关注源于对如下情况的不断辩解，即一些从事盗版活动的地方企业和省级政府当局的政治人物之间持续不断的、在地方上的勾结，这往往涉及经济腐败。最近，中国成为了美国贸易谈判代表的目标，因为中国的法律中适用于侵犯知识产权者的刑事制裁被指控存在缺陷，这一事态随着美国根据 WTO 纠纷解决规则向中国提起诉讼而到达高潮。中国在一定程度上减少了这些缺陷，中国是《承认及执行外国仲裁裁决公约》（即《纽约公约》）的缔约国，这使得外国公司能够将仲裁条款纳入与中国合作伙伴签订的商业合同中，这样可以促进国际纠纷的解决，随之而来的是仲裁决议在国内的执行。一些中国学者认为这种仲裁方法的特点是具有特殊的优势，包括它的灵活性、可执行性、保密性和终局性（finality）。

然而，中国对传统知识产权法规的态度似乎发生了一个突变，这也许与如下事实有关，即国内的参与者越来越认为保护政策和执法透明现在是符合自己的利益的，而不是外国对手强加给他们的外来观念。以这种方式，中国可以在一系列的原则上不断取得进步，其中，最新阶段的进展的特点是本国企业为保护它们自己的知识产权所采取的防御行动不断增加，因为中国公司开始认识到品牌、产品和累积起来的商誉的价值。我们可以看到，为了保护知识产权，中国原告提起的关于专利、商标和著作权的诉讼案件几年来不断增加，这些诉讼不仅针对中国公司而且也针对外国公司。所有这些举措有可能缓慢影响国内的态度，国际机构甚至已经注意到自世纪之交以来整个中国各个层面的软件盗版现象在减少，下降至 2006 年的 82%。虽然盗版现象本身还很多，但是趋势确实是指向进步的。

此外，世界知识产权组织认为，中国国家知识产权局（SIPO）现在是世界上新专利申请备案最活跃的五个机构之一，1995 年后的十年里，本国的专利备案的增加超过500%。一些分歧仍然存在，正如观察员已经指出的，许多国内专利是按照较低水平的“实用新型”（utility model）的类别而被授予为新增创新，而不是完全的发明专利，在“发明”类别方面，海外非居民（non-residents）在专利许可数量上仍旧占据上风，虽然2006年比前几年差距更小。然而，这种进展可以被理解为国内各产业正转向越来越支持知识产权原则，这一点因为2008年上半年“中国国家知识产权战略”的颁布而得到加强。

尽管软件部门依赖于版权，而不是专利来保护产量，这意味着在缺乏更多专利许可赋予的法定保护的时候，需要培养一种真正遵守规则的文化，在这样的背景下中国已经取得了一些进步。首先，政府已要求从2006年起在中国所有的硬件解决方案中使用正版软件，国务院副总理吴仪已经花了很多精力和作出决定，推动知识产权中心政策在政府高层的实施。第二，中国宣布，2006年打算在民事法律制度框架内建立一个国家一级的知识产权司法法庭，以有助于集中和提高有关版权、专利和商标争端等侵犯知识产权案件的审理效率。这是一个有点争议的问题，因为创新地区现有的知识产权专门法庭，如上海和广州，可能不愿意看到当地的知识产权诉讼案件移送到北京交由最高法院裁判。诸如此类的内部争议可能是法院的具体管辖职责要花费一些时间予以确立的部分原因。

中国海外回国人员对改变公司知识产权政策的影响是不可低估的。这些“海归”人士被爱国主义、创业激情和政府资助奖励办法吸引回中国，他们能够将关于知识产权商业化的国际视野注入创新型高科技企业的发展战略中，并能带领整个公司通过诱导而不是强迫的方式遵守知识产权保护的原则。毫无疑问，这似乎是中国软件服务公司的领导者采纳的策略，这些领导者现在正在海外冒险，以争取新客户和发展赢利的合作关系。

无论是从政策层面的声明，还是从公司层面的举措来看，如下这一点似乎是显而易见的，即中国国内的参与者已经认识到了提高知识产权实施的力度与为基于创新的经济增长和未来的成功确立基础之间的联系。

五、结　论

推动建立一种知识驱动的创新经济现在成为了中国经济发展战略中的核心阶段。本文概述了决策者和公司参与者在努力实现胡锦涛在2007年的讲话中设立的目标时所面临的各种挑战。现在结构性缺陷在一些方面依然存在，为支持和保障创新型企业，这些方面对于形成连贯的政策是至关重要的。持续存在的缺陷在一些领域是突出的：新公司资金安排上的复杂性、教育课程和人力资源的技能开发、知识产权的保护和实施。所有这些问题都需要解决，当然在一些领域也有迹象表明取得了真正的进步，特别是知识产权领域的举措。外国公司在中国高科技行业中占据的主导地位不能仅仅通过法律命令而被消除，因为中国已经不满足于贸易上的自给自足。相反，本地企业必须通过努力形成本国的价值链来提高它们的市场地位，它不再局限于提供以成本为基础的、低价值的、制造和装配的商品。

对中国科技战略至关重要的三个领域包括提供创新的、具有较高价值的商品和服务，本文考察了软件产业的情况来衡量这一背景下的机会。因此，国内软件开发企业日益认识到了知识产权对于客户和供应商的价值和重要性，它们为了接受一种提供最新技术的离岸服务模式而作出了战略上的变动，这种战略变动与积极的海外开发政策和合作策略有关，所提出的对未来的展望是令人兴奋的。它们对中国的高技术产业中这一重要部门的潜力的看法是引人注目的。

实现变革总是困难和具有挑战性的。对中国而言，为了实现其建立一个创新型经济的政策目标，这将需要许多不同类型的利益相关者之间展开对话，这些对话方式与那种在中国的政治制度和产业扶持制度中经常看到的由上而下的决策方式不会完全契合。相反，可能需要一种更加多元化的方式，将归国者、各地方的创新参与者和中央和省级政府的官员集合起来，为形成利益交集来解决其中的一些复杂问题。而且，考虑到中国迄今为止所取得的巨大成就，可能大多数人都会认为，这样一个包容性的战略所带来的未来潜力是非常值得努力的。

（穆美琼 译）

前景

The Myth of
Growth

中国不平衡经济增长及其对经济发展决策的启示*

〔加〕C. W. 肯尼思·肯

中国经济在过去25年中取得了年均增长超过9%的奇迹。在21世纪之初，当全球化推动世界走向成熟的知识经济之际，中国对世界政治经济的影响成为国际事务中最为引人注目的问题之一。关于中国政治经济的前景有多种观点，其中有一种观点认为，中国收入的不平等及区域发展的不平衡将会导致潜在的政治与社会不安定。本文沿着这一思路，对中国经济的不平衡增长现象及趋势进行了分析和预测，以期对中国的未来发展有所启示。

一、中国区域经济发展的前景：10个大都市经济圈的出现

中国经济的持续发展从本质上依赖于制度革新和经济的自由化。政府对经济活动干预的放松已经推动和必将继续推动中央政府对经济计划和控制权的下放。这可能已经导致了不平衡的区域经济的发展，而且将

* 本文来源于《当代中国杂志》（*Journal of Contemporary China*）2006年2月号。C. W. 肯尼思·肯（C. W. Kenneth Keng）执教于加拿大多伦多大学。

会进一步刺激区域化经济的出现。本研究为在21世纪前20年，大中华区（范围包括中国大陆、香港、澳门和台湾地区）将会出现10个大都市经济圈的预言提供了足够的事实和理论根据。

根据中国的历史、地理经济的特点及其在当前地区经济发展中的地位，本研究认为，到2020年，大中华区将会出现以下10个大都市经济圈。

6个沿海经济圈：辽宁（以沈阳和大连作为核心都市）、首都（北京—天津—唐山—石家庄）、山东半岛（济南—青岛）、大上海（上海—杭州—苏州—宁波）、台湾—福建（台北—高雄—厦门—福州）、珠江三角洲（香港—澳门—深圳—广州）。

4个内陆经济圈：吉林—黑龙江（长春—哈尔滨）、长江下游（南京—扬州—合肥）、中南（武汉—长沙—南昌）和四川（成都—重庆）。

这10个大都市经济圈包括了将近65%的中国人口，占有中国平原面积的75%，生产出超过80%的中国的国内生产总值（GDP）。当前这些经济圈都已经建立起相对现代化的区域内公路系统，也都依靠相对独立的产业结构建立起自己的区域性市场，或者正朝着这样的方向发展。

当中央政府放松了对区域经济决策的控制后，市场力量就会引导经济行为建立低交易成本的产业结构和市场体制。这时资源就会由于向城市中心配置而得到更好的利用，因为城市中心的基础设施和商业服务为生产单位提供了规模化生产的条件和相对于其他地区的比较优势。这种区域经济集中化和城市化的过程已经被最近50年日本的成功发展经验所证实。

二、中国的贫富不均和区域差异的实证研究及其发现

总的来说，中国的贫富不均并没有显著超过世界上人口最多的10个国家的平均水平，也没有显著超过16个发展水平与中国接近或者是可供比较的发展中国家的水平。事实上，在20世纪90年代中期，中国

的贫富不均与当时的美国非常接近。然而，中国的区域不平衡与美国或日本相比则是它们的两倍还多。中国的收入分配不均在很大程度上是由其相对较大的区域发展不平衡引起的。

（一）中国国民收入分配不均

国际上，基尼系数比较是用来衡量一个国家全部人口中收入分配不均最为通用的方法。2000 年，中国的基尼系数为 43. 8% 。在 20 世纪末，世界上有 10 个人口超过 1 亿的国家，在 20 世纪 90 年代中期，这些国家的基尼系数的平均值为 38. 8% ，标准差为 10. 3% 。可见中国的收入分配不均与 10 个人口大国的平均水平没有明显的不同。

（二）两分法与三分法背景下的经济区域差异现状

以省级行政区划作为基本的分析单位，我们可以将中国的区域经济总体差异（Overall Regional Economic Disparity）界定为中国 31 个省级行政区域两两形成的 465 对对子间存在的平均收入差异。用来衡量总体区域差异的区域基尼系数（Regional Gini Coefficient）则可以计算为区域经济总体差异与全国国内生产总值比率的一半。

传统上对中国区域的划分有两种流行的方法：沿海—内地两分法和东部—中部—西部三分法。研究发现，2000 年，沿海—内地的区域经济差异（314. 5 美元）是中国总体区域差异（443 美元）的 71% ，而沿海地区的区内差异（79. 4 美元）和内陆地区的区内差异（48. 7 美元）分别是中国总体区域差异的 18% 和 11% 。这是从两分法的角度研究所得出的结论。从三分法的角度来看，2000 年，东部的区内差异（79. 4 美元）、中部的区内差异（17. 2 美元）、西部的区内差异（4. 4 美元），分别是全国总差异的 18% 、4% 和 1% ；而东部与中部的区间差异（172. 8 美元）、东部与西部的区间差异（141. 8 美元）、西部与中部的区间差异（26. 6 美元）分别是全国总差异的 39% 、32% 和 6% 。

一个非常显著但常常被忽视的事实是，沿海地区的区内经济差异

(79.4美元）是中西部区间经济差异（26.6美元）的3倍。这无疑表明，沿海—内地或东部—中部—西部的划分方法过于粗放，它没有认识到，沿海12个省的经济过于多样性，不能被当做一个地区来考虑。这就启示我们用10大经济区域的划分方法取而代之。

（三）10大经济区域经济差异及其变化趋势

如前所述，中国经济按照地缘邻近的关系分成10个部分，通过这些区域之间的差异比较，我们有如下发现：

1. 最大的区域差异不存在于最富与最穷的区域间

2000年，中国最大的区间差异存在于东部沿海地区与中南部之间，而不是中国最富与最穷的地区之间。这一发现使我们认识到专门选取最富与最穷的区域来分析中国区域经济差异的局限性。区域差异不仅取决于区域间平均收入水平的差异，而且也与各区域的人口规模有关。当一个区域内存在着亚区域（如不同的省份），或者一个国家有众多区域的时候，区域之间的差异会非常复杂和具有多面性，这时局部的分析方法就不能全面地反映出实际情况（比如根据片面选取的几个区域，如最富与最穷的区域所进行的个案分析）。为了更加真实地描述多区域间的差异情况，我们需要对所有区域间的复杂关系作细致的研究。将中国经济划分为10个区域进行研究的结果这一主张提供了有力证明。

2. 10大区域的区间经济差异变化趋势

10大区域的总体区间差异在改革时期（1978—2000年）呈显著扩大趋势。1983年之前，在中国，最大的区域经济差异一直存在于东部沿海地区与北部沿海地区之间，然而从1983年以来，这一差异开始减小，随后被东部沿海地区和南部沿海地区之间的差异所超过，又被东部沿海地区同邻近的两个人口众多的内陆区域之间的差异所超过。从20世纪80年代中期开始，东部沿海地区与其相邻的两个人口众多的区域——中东部（河南、安徽）与中南部（湖南、湖北、江西）之间的差异显著扩大并超过了东部沿海地区与北部沿海地区之间的差异。然而，东部沿海地区与其他人口密集而不富裕的内陆区域——中西部（四川、重庆）区域之间的差异，在过去 25 年中保持了相对稳定。中国发展最快的区域——东部沿海地区与南部沿海地区之间的差异从 20 世纪 80 年代初期以来显著缩小。而东部沿海地区与西北地区之间的区域经济差异缩小幅度最大。

研究表明，在 1978—2000 年的改革开放时期，全国超过 1/3 的区域差异呈现出缩小趋势。

（四）中国经济不平衡对经济发展政策的启示

一个区域对全国总体区域差异的影响不仅取决于该区域相对的收入水平，而且也取决于其相对的人口规模。收入在中下水平但是人口众多的省份在区域差异榜上占据高位。这一事实清楚地表明，为了有效地减少中国的总体区域差异，至关重要的是提高那些中部人口大省的收入，而不是直接去救援那些大多数位于西部区域的贫穷的小省。更确切地说，中央政府有必要把减少贫困的政策与减少区域差异的政策分开来考虑。

从政策的设计和执行前景来看，减少贫穷小省的贫困可以通过相对短期内的直接转移支付实现，而减少区域差异的政策（平衡区域经济发展）则需要更为复杂和全面的谋划，也不可避免地需要长时间才能实现目标。下面我们提出一系列有关多区域经济发展的战略，以供中国政府参考。

1. 在“十一五”经济规划（2006—2010 年）开始阶段，中央政府应该对沿海区域实行全面的权力下放，让其全面自主经营，包括授予沿海区域完全的经济规划权与发展权。与此相应，中央政府应该全部停止对沿海区域基础设施建设的投资。换言之，沿海省份需要自筹资金进行投资，并依靠提高生产力来应对开放的市场竞争。沿海省份也需要贯彻自己的政策，减少城乡人口之间的经济差别和完善自己的社会福利制度。中央政府应该把自己的角色限定在协调省际政策和创建高效率的全国市场上，比如银行系统和金融市场的建设、省际运输系统（包括水路运输和空运）以及输电网络系统的建设。

2. 在接下来的10年里，中央政府应该向中部核心区域投资，以加快当地的基础设施建设、完善教育和其他公共服务体系以及社会福利体系。中部核心区域的经济发展应该是国家发展战略最优先考虑的对象。应给予优先考虑的是中东部地区（河南、安徽）、中南部地区（湖南、湖北和江西）和中西部地区（四川、重庆）。政府要特别设计有助于中部核心区域省份发展的政策，比如出口退税、有利于私人资本投资基础设施的税收和信贷政策，这些都被认为会必然加速中部核心区域的经济发展。

3. 政府应该继续实施以投资交通运输与环境保护项目为首要关注点的西部大开发政策。应该继续向国际资本竞争开放资源开发部分。另外，中央也应该通过直接转移支付的方式提升西部省份的基础教育、职业技术教育的水平。同时，高等教育体制应该对私人投资和市场竞争开放。当前行政主导式的人力资源发展政策也需要用中央政府补贴和直接转移支付方式来代替。中央政府也可以考虑增加一个新的税种（诸如西部大开发附加税）来资助大西部的经济与社会现代化。

三、中国经济发展的未来及其局限

中国经济发展的成功可归因于经济与非经济的因素。其中，政治和社会稳定、高速的人口增长和更高速的劳动力增长、持续增加的国内储蓄、渐进式的区域发展政策和制度改革以及国际政治经济环境的支持，被认为是主要因素。

（一）发展前景展望

本研究对中国未来直到2020年的经济发展可能途径提出了三种构想。这三种构想可以分为高增长、稳健增长和低增长。高增长构想的实现要以中国继续成功地执行积极进取的权力下放和自由化的政策为基础。稳健增长以继续顺应过去和现在的改革政策发展趋势为基础。低增长是假定出现了专制体制的反复。这三种构想的根据是中国官方经济计划的预测以及世界银行的预测。

在稳健增长的构想下，中国将走一条渐进的路线（摸着石头过河）。中国经济增长将达到年均 5.8% 的复合增长率，这样到 2020 年时，中国经济规模总量将是现在的 3.9 倍。与此相应，2020 年中国人均收入将相当于当前墨西哥的人均收入水平。在低增长构想下，中国经济年均复合增长率将会是较低的 4.3% 。如果中国成功地加速改变经济不规范行为和实行权力下放，直到 2020 年，中国将可能达到 7.4% 的年均复合增长率，如果这变成事实，届时中国大陆的人均生活水平将达到当前中国台湾地区居民的程度。

到 2020 年，本文作者预言中国经济发展可能出现的结果有 80% 的可能性将处在高增长和低增长构想之间。换言之，本研究将说明中国经济未来的发展只有 10% 的机会超出高增长的构想或低于低增长的构想。世界银行的预测高于稳健增长的构想，中国官方的预测高于世界银行，而这两方面的预测都低于本文所提出的高增长构想的预测值。

（二）中国经济发展的局限

中国未来经济发展不但严重地受到人口增长率下降和劳动力人口增长率下降的影响，而且因为自然资源的匮乏，也严重地受到有效利用自然资源程度的限制。中国拥有超过世界 1/5 的人口，却只拥有世界 7% 的可耕种土地。依据资源的人均基础，中国是世界上资源最缺乏的国家。可耕种土地与可居住用地的短缺对中国未来经济发展形成了基础性的自然局限，这启示我们要超越这一基础性的局限，关键的前期工作是实现经济的区域化和城市化。

1. 人口和劳动力增长的递减

从 20 世纪 90 年代晚期以来，中国的人口和劳动力增长已经开始放缓，而劳动力增长减缓比人口增长减缓的速度要快得多。中国人口到2040年将达到15.8亿的最高峰，此后其规模将开始缩小。然而，中国的劳动力人口将在21世纪20年代的早期达到高峰。中国劳动力增长率将于21世纪头10年的中期开始落后于人口增长率，而且，从那时开始的10年内将呈现出负增长。这就可能使中国未来的发展前景黯淡：在中国总人口停止增长之前的20年（2020到2040年之间），中国将面临着越来越少的劳动力必须养活越来越多人口的情形。因此，中国在未来的发展中，为了保持经济的可持续增长，必须有效地提高劳动力的生产率，以弥补其数量的减少所带来的影响。

加速教育投资可以提高未来劳动力的平均技能水平。然而，有利于知识创新、分享与转让的制度的现代化转型对未来劳动力生产率的提高是至关重要的。中国有必要实现其制度体系，如新闻媒体、社会福利、法律体系、财产所有权和知识产权、银行和金融制度以及继续教育等的现代化，以提高其知识的创新能力。

2. 自然资源的匮乏

中国人均农业用地面积是世界平均水平的28%，人均可供放牧的草原面积不到世界平均水平的一半，人均森林及野地面积仅为世界水平的15%，人均水资源占有量约为世界平均水平的1/3，除煤外，中国的人均能源占有量也非常低。除非采取高效的利用方式（如先进技术），中国自然资源的天然缺乏将严重地限制中国未来经济的发展和人民福利的增加。虽然政府干预的减少、市场的国际化、经济结构的全球化使中国能够解决大部分自然资源贫乏的问题，但是相对较低的人均可耕种与居住用地对于中国未来的经济发展仍然是一个关键性的、持久的和难以解决的自然限制因素。

当城市化与工业化导致城市用地增加时，土地价格和土地使用价格的上涨速度可能要高于其他物价的上涨速度。高昂的可耕种土地及居住用地价格，加上政府对城市用地的限制，将会对中国经济发展所需要的（像美国那样的）现代化国家运输系统的建设形成障碍。这样，与可耕种土地和居住用地密切相关的生产成本，就对中国的资本生产力和产品的国际竞争力构成严峻挑战。

（三）制订有利的区域发展战略的必要性

平原人口总数的比率低这一自然条件的限制将促使中国的国民经济向区域多样化发展。中国经济的每一个单独区域都将基本上形成相对独立的工业结构和市场体系，以减少区域之间的陆地长途运输成本，这样就会大幅度缩减占用大量可耕种土地和居住用地的后勤和运输系统的规模，从而使通常在所有经济活动的后勤交易成本中占极大比重的运输成本大幅度降低。中国经济从总体上将会在保持相同水平的产出的情况下，使用较少的资源，这将提高整个经济的生产率。

通过对不同区域间资源配置权的下放和分散，中国将在战略意义和经济意义上双向受益。这也是保证中国未来经济持续发展的有效措施。已经有研究估计，通过这一经济区域化战略，中国到 2020 年经济生产率平均每年将提高 1.5%。

如果中国的中央政府继续实行当前以市场为导向的制度改革和坚持稳健地向地方政府下放经济权力的政策，中国将会出现多个拥有相对自主的工业结构和市场的区域经济。如果中国宏观经济战略的设计者能认识到自然资源对中国未来经济发展的限制，从而加速经济权力的下放和区域化进程，中国经济的区域化和城市化进程将会发展得更快。

假如中国经济的区域化得以实现，在未来的 10 年或 20 年，中国将出现以大都市为中心的 10 大经济区域。如果这一构想成为现实，中国经济将可能持续实现高速增长，直到 2020 年都保持超过 7% 的复合年均增长率。

（四）政治与社会改革的前景预测

虽然本研究聚焦于经济分析，但是作者从经济发展与社会进步和政治演进的交互作用出发，对中国的未来发展提供了清晰的前景预测，那就是说中国强势的经济现代化不可能同其政治改革相分离。事实上，中国的政治改革自从20世纪80年代早期，邓小平开始建设有中国特色的社会主义的时候就已经开始。中国的许多乡村已经开始自由选举。江泽民的“三个代表”论断确定了未来中国政治与社会体制改革的基础，通过务实的政策和民主途径的探索，后江泽民时代的共产党领导人可能会进一步加快制度和政治改革的步伐。对于其结果，作者乐观地预测：到2020年中国将形成有中国特色的民主制度。

（崔存明 摘译）

中国的过去、现在与未来：从半殖民地到世界大国*

〔美〕詹姆斯·彼得拉斯

一、方法论和概念的说明

在计算中国的出口、投资、生产、融资和进口等时，几乎所有的学者、记者、顾问和国际金融机构的官员都把中国企业和外资企业混在一起。此外，他们普遍忽视了如下事实：外资企业增长越快，它们占中国出口（和进口）的份额、利润和对中国经济新增长部门的控制就越强。自中国加入世界贸易组织以及深化和扩大它的自由化战略以来，这种状况尤为真实。外资企业的增长意味着中国的投资、贸易、出口、融资、定位和决策越来越由跨国公司的全球需要决定，这些公司都得到了其母国的支持。随着跨国公司的增加，它们对经济增长动力部门的影响也在增强。相反，中国国家对经济的影响力和影响范围却在逐步缩小。更重要的是，就战略增长部门与国家之间的关系而言，跨国公司的增多很可能改变国家的本质，使中国减少“中国性”和更加迎合跨国公司的

* 本文来源于菲律宾《当代亚洲杂志》（*Journal of Contemporary Asia*）2006年第36卷第4期。詹姆斯·彼得拉斯（James Petras）是美国著名左翼学者。

战略。

如果我们把跨国公司看做主要帝国（美国、日本和欧盟）的延伸，视为帝国嵌入中国经济中的前哨或飞地，我们就应该把它们的扩张视为帝国增长的一部分。这将降低中国经济表现的级别。

这表明，关于中国是否拥有挑战美国、欧盟和日本的实力的争论可能建立在一个错误的前提上。

中国实力的增长是建立在如下观念之上的：在金融、制造和出口等战略部门中，由中国所有和控制的经济单位比帝国的跨国公司和国际投资机构增长得更快。正如我们在下文将证明的那样，数据并不支持这样一种假设。

另一个可疑的假设是：就像美国利用英国的铁路投资来发展美国的资本主义一样，外国投资和跨国公司屈从于中国，并被用来为中国的战略目标服务。这个论证存在如下问题：

第一，由于跨国公司控制了一些部门的制高点，或者至少控制了一些关键企业的管理，因此，“利用”外国资本来为中国的发展战略服务的观念也就失去了意义。在外国投资上，中国在21世纪的战略与美国在19世纪的战略背道而驰：中国把有利可图的增长部门让给外国资本，同时中国的财政又为高成本的、长周期的、大规模的、低回报的基础设施提供资金。

第二，中国的增长成就仅仅局限于某些地区和部分劳动人口。我们几乎可以看到“两个中国”：沿海和内地。事实上，中国的生产性地区仅仅局限于与内陆矿产地区有联系的港口地区。由于全国经济缺乏一体化并且沿海与外部帝国（日本、美国和欧盟）建立了高水平的一体化，我们很难称中国为一个“民族国家的”经济体。当沿海地区几乎集中了所有的外资企业时，这种状况尤为真实。在这些有限的地区内，最有活力的企业并不属于中国。从分析上来看，所谓中国的增长毋宁说是外资城堡的扩张。

把中国作为一个无差别的实体来讨论它的经济表现，所存在的第三个问题是积累和分配过程中的阶级性问题。极少数的外国和国内资本家阶级、国家的部分管理人员及其裙带关系网控制了整个积累、再生产、集中和分配过程，并且从中受益，中国的贫富差距在短时期内迅速拉大。一些精英以中国之名来行动，但却制定与其利益相一致的发展政策。在评价中国的生活标准时，人均货币收入掩盖了5%的最上层与75%的最下层之间的巨大不平等。

二、中国发展的诸阶段：从半殖民地到革命

（一）第一阶段：从殖民地到社会主义

中国社会主义革命的成功为持续和重要的经济发展创造了最基本的政治和经济条件。革命运动在打败日本殖民主义的军事斗争中发挥了主要的作用，并且在创立民族主权的过程中结束了欧洲人的势力范围和其在沿海地区的特权。中国的社会主义革命创立了一个统一的国家。它结束了飞速的通货膨胀、极端的腐败和对公共财产和金融体系的掠夺，为稳定的货币、财政秩序和运转正常的经济奠定了基础，从而能够重建遭到战争破坏的经济。它消除了美国在朝鲜战争期间对中国边境地区的威胁。在民族国家的主权框架内，由于消除了帝国主义的控制，中国的社会主义革命实施了大规模的基础设施工程，推动了工业、农业和贸易的高速增长，结束了西方和东方帝国主义控制时期的大规模饥荒。它带来了一些战略性的变革，为长期的增长奠定了基础：它对各个阶层实施了大规模的公共教育和医疗运动，创造了一支受过教育的、健康的劳动大军，包括数百万的工程师、科学家和高素质的技术工人。同样重要的是，它把大量的农民转变成一支训练有素的城市产业劳动大军。钢铁、煤炭产业和生产资料部门的迎难而上为轻工业和廉价消费品的顺利扩大创造了基础。

然而，在社会主义共识内，发生了秘密和公开的争论。在群众中，

反对这种共识的是农村的农民和城市的小业主。在精英中，反对这种社会主义共识的最有影响的人是党的领导干部、理论家和下级职员等重要的阶层。这些力量之间的公开的阶级冲突最终导致了“文化大革命”。

从一开始，“文化大革命”挑战了对剩余农产品的“封建榨取”、苏联式的等级制度和权力的滥用以及“泰勒制的”工作组织形式。斗争重新肯定工人在社会中的优先性，因而排除了任何走向市场的可能，至少将自由化延迟了20年。在城市里，尤其是对青年的动员旨在结束公共机构和专业人员的权力滥用——这些机构和人员垄断了教育、医疗卫生、科学和文化的公共机构——以便使它们符合平等主义的规范。但大众动员由于缺乏明确的方向，导致了群众运动的衰落和幻灭。

20世纪70年代末，中国出现转折。

（二）第二阶段：改革开放初期

改革加强了喜欢市场开放的那部分官僚精英的地位，重新激活了社会主义政权所包含的资本主义残余，更重要的是，为经济学家、科学家、工程师和其他干部提供了机会。同样重要的是，毛泽东的外交政策恰好转而接受华盛顿，中国共产党重新评价了它的国际政策和世界资本主义市场的核心地位。

技术官僚、市场取向的共产党官员、雄心勃勃的私营企业主、新的政治理论家和重新获得尊重的旧资本家构成了新的权力图景。他们制定出一种分阶段自由化的战略。这种新的权力精英尽力避免对社会福利体系和集体财产的正面进攻。相反，在整个20世纪80年代，他们采取了一系列相互交错的自由化措施。他们解散集体农场，乃至那些成功的集体农场，实行“家庭联产承包责任制”，鼓励私人贸易、个人积累和渐进的土地集中。作为国家的代理人，政府精英控制着财产的转让、合同、进口许可、土地使用许可、信托、贷款。精英把这些额外利益分配给新资本家：腐败模糊了公有财产和私有财产之间的界限，尤其是当大多数新资本家是政府官员的关系户时。

新兴的资本主义因素受惠于社会主义遗留下来的一个健康、训练有素的城市产业工人阶级、基础工业和轻工业。一个有序、稳定和统一的国家能够捍卫民族主权。基础设施和这样一个国家是资本起飞的主要条件。

此时有一个关键的因素导致社会远离共产主义：20 世纪 80 年代，精英的整整一代子女受到过国内外西方自由主义经济学家的教导。他们学习市场经济模式，把“现代化”等同于资本主义自由化，并且知道跨国公司和外国投资的积极作用。他们相信，效率即盈利和私有化，不平等是“能力”（或缺乏它）的结果。受过教育的一些精英普遍地和毫不迟疑地接受了对资本主义优点的一切歌颂。

国家转型的基础是一种“原始积累过程”或对公共资源的掠夺。到 2005 年，中国出现了严重的不平等。相比之下，20 世纪 70 年代初，中国是世界上最平等的国家之一。

三、自由主义时期

在几乎所有情况下，在“推动”民族私人资本主义的发展过程中，部分政府官员的腐败发挥了重要作用，新私有企业资本从政府承包合同、政府土地赠与、税收减免、国家控制的廉价劳动力和几乎垄断的市场中（尤其是在开始）获益巨大。在这两种途径中，自由化既是市场导向的，也是国家驱动的。干预主义的国家仍然是一个关键因素，但它的角色发生了从直接投资者到私人投资促进者的剧变。

新法规（或至少是惯例）取代了限制市场活动的法规，这给予了资本家土地场所、投资刺激和对财产权利的保护。在整个 20 世纪 90 年代和新世纪之初，一个不变的情况是私人资本生产、出口、利润、投资比例的不断增加。始于 20 世纪 80 年代初的“市场开放”在接下来的 20 年里转变成种种洪流。到 2005 年左右，私人资本占非农产出的 75%。

房地产和建筑业的繁荣把门路广泛的“企业主”变成百万富翁。对国有企业的买断也促使了新产业资本家的兴起。通过不择手段、诈骗、垄断市场和对劳动力进行无限制的掠夺，新资本家们在不到20年的时间里从小企业主迅速变成企业大亨，不仅拥有多栋豪宅和奔驰汽车，还拥有情妇和海外账户。

对劳动力的高强度剥削、成百上千万的工人和农民失业以及财富在10%的上层人口中的高度集中，使国内的需求开始受到相对的限制。

由于市场的重心在海外，发展最靠近港口的沿海地区和迫使劳动力从内陆向沿海流动就是逻辑的必然了。出口市场决定了生产地点，而后者又决定了国内人口流动的方向。沿海地区的生产地点、港口、商业和银行中心也成为学术研究中心，因此也是培育新自由主义意识形态的温床。

成百上千万的工人工作在最糟糕的条件下：工作时间长、最差的安全条件、最低的报酬和不卫生的工作条件。他们创造了巨大的利润，而新的富人则由此变得越来越富有，并且炫耀性的消费也变得司空见惯。在中国乃至资本主义的历史上，从未有一个阶级在这么短的时间内积累这么多的私人财富。与生产和分配的地理集中趋势相随的是财富、消费和政治权力的阶层集中。“两个中国”观念具有了一种全新的意义：不再是指美国对中国大陆和中国台湾地区的区分，而是指由新的大资产阶级控制的沿海中国和由成百上千万农民工组成并为沿海的加工、组装、出口和赢利提供廉价劳动力、原材料和制成品的内陆中国。

四、外国资本建立前哨基地阶段

与中国资产阶级精英的发展相随的是，外国大投资者在一些关键部门中建立了制造业的前哨和据点。转折点出现在中国加入世界贸易组织之后：大规模地关闭国有企业的长期政策随之出台；与此同时，国有财产被私有化和转移到民族资本或外国资本的手里。加入世界贸易组织明确地改变了私人资本和国有资本之间的均衡和后者的意识形态优势。

私人资本在产值、出口值和提供的就业机会上都超过了国有资本。私人大公司开始从国有银行获得越来越多的贷款，而在过去它们则受到排斥或限制。在民族资本和外国资本待遇平等的幌子和保护下，日本、美国、中国香港、中国台湾地区和欧盟的跨国公司加速进入中国市场，进入到从面霜到高尔夫球场、从工厂到高技术企业的大部分经济部门。实际上，并不存在任何“禁区”。

“官僚国家主义者”（bureaucratic statists）对此采取了各种抵制行动，经常拖延和不贯彻政治决策，以此来放慢私有化的步伐。一些人是基于政治信念，而另一些人是为了榨取利益。然而，最终，国家主义者显然在步步后退。

国家资本主义模式的基础是国有资本、民族资本和外国投资的三角联盟。现在，这种模式已经被民族资本和外国资本的新双重联盟所取代。到2005年左右，民族资产阶级已经达到了权力的顶点，超过国有资本，但尚未挑战冉冉上升的外国跨国公司的主导地位。廉价劳动力储备正在减少，竞争正在加剧，对外国资本渗透的反对仍然局限于官僚部门。中国大多数人很喜欢转包合同，并且与外国资本建立伙伴关系。许多大学生试图在私人民族垄断企业和外国跨国公司中求职。国有企业的职位是一个次要的选择。由于竞争加剧和利润下降，许多中小企业开始破产，被新的更大的垄断企业取而代之。

中国不仅仅是中国资本家的“乐园”，也是全世界资本家和投资者的磁石：每一个资本家都希望对中国近乎无限的劳动力进行无限制的剥削、进入由2亿中产阶级消费者、上千万个百万富翁和数千名超级亿万富翁组成的中国市场。

五、未来：从自由主义转向新自由主义——民族资产阶级的末日？

外国投资者和跨国公司正在快速地增长，开始走出它们最初建立的前哨，不再满足于只担当某些公司的少数派股东。从现在到未来的十年里，跨国公司和外国投资银行将把触角伸入整个沿海经济的生产、分配、交通、电信、房地产和服务业部门。这一进程将通过三种方式进行：（1）对新企业的直接投资；（2）最常见的是与战略伙伴共建合资企业；（3）购买现有企业的股份。在这三种方式中，有一个明确无误的趋势：跨国公司将不断扩大它们的影响和投资，最终控制这三类企业的战略性的管理职位。

随着大城市中劳动力、租金和“创业”成本的增加，随着内陆地区出现了一个相对繁荣的资产阶级和小资产阶级，跨国公司可能把它们的活动扩大到中国内地。尽管在中国内地大多数工人、农民和失业者的生活标准很低，但却有1到2亿活跃的消费者。由于中国继续充当外国公司的组装和出口平台，外国投资和跨国公司正在向获取大量乃至绝大多数的国内市场份额转变。这是一个历史性的变化。

跨国公司已经发动了一场全方位的经济进攻，目的是：（1）控制银行和金融体系；（2）控制中高端的国内消费市场；（3）渗透到电信部门；（4）增加文化、娱乐、宣传和商业市场的份额。

在银行体系中，外国资本将获得国内巨额储蓄和并控制大中小公司的贷款途径；而且更重要的是，它们将能够用中国人的储蓄为跨国公司的投资提供资金。中国主要的银行已经在向外国投资者出售股份，而且几家国际大银行已经收购了一些地方银行。到2006年当对外资所有权的限制放松的时候，外资对银行部门接管将会加速。到本世纪20年代初，外国银行很可能控制中国经济的金融杠杆。由于贷款、信贷、再融资和投资具有杠杆作用，外国资本将能够掌控中国工业。

外国投资者倾向于控制现有的消费市场，而不是创造一个大规模的平民化市场。当前的趋势是：外国投资者的目标是市场的高端——新资产阶级和比较富裕的小资产阶级。

在不久的将来，外国投资者可能利用新的世界贸易协定来渗透中国的电信和服务部门，尤其是大众传媒、娱乐业、广告、营销渠道以及重要的零售渠道。

在接下来的十年里，20 世纪 90 年代和新世纪头五年的渐进主义接管战略将被直接的买断和对新垄断公司的直接投资取代。

在竞争激烈的劳动密集型部门中，中国的公司仍然将占据优势。然而，它们的利润将受到跨国公司转包商的更大挤压，而且破产的比例将会很高，从而为所有权的更大集中开辟道路。

外国资本家和中国资本家之间的“劳动分工”已经开始形成。跨国公司将控制营销、融资、设计、技术、研发、生产目标和海外销售。它们的中国伙伴将负责政府公关（拉关系、支付“佣金”或贿赂等等）、劳资关系、招聘工人（但不一定负责中高级职员的招聘或解雇、升职和奖励）、公共关系和运营。

在某个时候，最可能是在本世纪 20 年代，由于在金融、生产、政治和出口中权力的不断增长，跨国公司所积聚的权力将会出现一次“大跃进”。“中国的经济”将失去它的“民族身份”，进而成为外国银行和跨国公司的附属物。量的渗透将会导致经济的制高点被外资抢占，中国执政阶级将发生质的变化。中国成为一个“世界大国”的企图将会遭到失败。相反，中国将变成帝国主义大国的一个巨大代理人，而不同的帝国主义国家将利用不同的政治精英、军队、学生等来加剧对控制的争取。

中国是否会从一个发展中的世界大国转变成帝国主义大国的代理人？这个问题的答案关键在于跨国公司何时会控制关键的生产资料部门、金融部门和贸易，以及这种经济权力何时在中国的政府内得以表现出来。跨国公司日益增加的存在与中国国家日益成为“自由市场”政策的推动者之间有一种象征性的关系，其中每一方都强化另一方。当利润份额从民族资本手里转移到外国资本手里的时候，中国将完成向帝国主义经济附庸转变的“大跃进”。在 21 世纪第一个十年里，这一过程将加速进行。

中国民族资本在过去的领导地位是建立在如下两个因素之上的：官

僚控制国家和政府官员残留的反帝国主义因素。一些政府官员一直破坏和阻止跨国公司的进入，从而增加了它们进入的成本。其他的障碍是外国投资者对腐败或无能的“战略伙伴”的错误估算。在利用农村失业储备大军的大多数劳动密集型产业中，中国的民族资产阶级实力最强。当这一“储备军”消耗殆尽和城市工人要求更高工资的时候，民族资产阶级对外国资本的比较优势将会减少。它们将会日益陷入工人反抗和跨国公司更大竞争优势的双重压力之间。“民族资产阶级”的发展前景将会是集中（垄断化），走向海外寻找新的廉价地点，以进行剥削和更新它们的技术和内部组织。结果很可能是，为了保住中国市场上日益下降的份额和在更贫穷的非洲、亚洲以及拉美市场和资源飞地上的少数海外投资行动，中国的全球性大资本将寻求与实力不断增加的跨国公司妥协。

中国正在非暴力地从自由主义的资本阶段转向新自由主义的资本阶段。与之相随的是，大众对世界上最残酷的剥削状况、最任意的土地侵占、最危险的工作条件以及1%的上层和50%的底层之间最严重的不平等的抗议越来越多。另外中国自由放任的农产品进口政策正在消灭成百上千万的农民并使他们陷入绝境。2005年左右，大规模地进口得到大量补贴的美国棉花、水稻和其他农产品，已经破坏了农业的各个部门。民族私人资本与外国私人资本之间的激烈竞争导致了几万起群体性事件，涉及数百万的农民和工人；他们抗议任意的解雇、工厂关闭、养老金窃取以及毫无补偿的财产任意强占。

六、社会危机的加深

在2001年至2004年间，重大的群体性事件从每年4 000起增至72 000起，2005年增至91 000起。中国政府开始承诺要建设“社会主义新农村”。

然而，这些措施力度太小，时间太迟。首先，那些实施负面影响的群体恰恰是那些被要求实施这些变革的群体。这是一种非常靠不住的建议。其次，对8亿贫穷的农民来说，仅仅增加数百亿人民币的支出只有微乎其微的作用。自由市场政策在农村的扩展将继续导致土地所有权的集中和农村失业人数的增加。与城市的土地投机商一道，富有的农民、交通运输人员、商业中产阶级和非法放贷者在农村紧紧地控制着政治权力，并且肯定会使最贫困的农民得不到绝大部分的新农村建设资金。中国政府促进国内消费的政策要求快速地提高最低工资和调节高度有利于资本的工资利润比。这些并不属于新自由主义的议程。既然大部分制造商都迎合出口市场的需要，因此，整个生产结构必须加以调整，以便适应国内需要。当前新资本家阶级并不愿采取这种代价高昂的选择。国内消费市场的大幅度扩大意味着工资提高和商品价格下降，但这就会影响与部分官僚关系密切的新资本家的利润。政府的困境在于：要想用逐步的结构调整来遏制日益增加的社会不满，将不得不壮大工农的权力，而且将不得不限制对外国投资者的"开放"政策。

有一些迹象表明，民族私人资本和外国私人资本对战略性经济部门的快速接管已经在党内遭到了尖锐的反对。中国已经出现了激烈的意识形态争论。这些争论的重要意义在于它们凸显出中国被外国接管和快速私有化正招致知识分子和公众的明确反对。尽管如此，这些争论不可能产生深远的影响。

在将来，如果由外资完全控制中国，外国资产阶级的统治将缺乏用来迷惑工人的"民族资产阶级的文化联系"、"民族主义伪装"和所谓"世界大国"的弥赛亚主义话语；工人和资本的关系将完全围绕着金钱轴心转动。以外国掠夺为基础的社会关系将再次唤醒知识分子、学生、小商人和农民通过阶级和民族纽带凝聚起来，进而在接下来的数十年里发动一场新的反外国资产阶级的斗争。

（李冬梅 摘译）

对中国可能出现的危机的再思考*

〔美〕何汉理

常有人说中国正走在一条极其危险的道路上：它的经济依赖国外资金，它以自己特有的方式选举领导层，并且它的扩军威胁了世界。但这个泱泱大国所面临的危机远比你意识到的严重。

“中国最大的危机是经济”？

并非如此。实际上，中国最严重的危机是生态方面的，尤其是环境问题以及易遭传染病袭击方面。当然，这并不是说中国没有经济问题。没有一个国家可以游离于正常的经济周期之外。但是北京正在摸索财政和货币手段来调节经济，以便阻止这些问题的灾难性爆发。

相比之下，中国在生态和卫生方面的危机比人们所意识到的要严重很多。中国的空气污染已经影响了诸如北京、香港和上海等城市的生活质量。农村和主要城市正面临日益严重的水资源短缺现象；上海的地表水中，只有1%是可以安全饮用的。作为这类事件中较早发生的一件就

---

* 本文来源于《外交》（*Foreign Affairs*）2007年3—4月号。何汉理（Harry harding）是乔治·华盛顿大学教授。

是，2005 年 11 月，东北某化工厂的爆炸使得大量苯类及其他有毒物质泄入松花江，导致大工业城市哈尔滨有数百万人断水达一周。由于化学物质泄漏和有毒物质的排放而使环境危机加剧的可能性很大。中国政府已经发出警告，二氧化碳和温室气体的排放将严重损害中国的农业产量。

中国也正面临慢性传染病的威胁。到 2006 年，报告的艾滋病病例已经达到约 65 万人。联合国估计，到 2010 年将有 1 000 万中国人被感染。肝炎患者占全国人口总数的 10%。未来中国还很有可能会爆发急性传染病，例如禽流感。现在的主要问题是这种病毒的危害性究竟有多大，其扩散是否可以得到控制。由于资金短缺，农村公共卫生系统衰败，加之地方官员不愿汇报新的疾病爆发情况，这一切都使得危机加剧，使得其一旦爆发就很可能演变成一场致命的流行病。

“大规模群体性事件不可避免”？

几乎不可能。中国存在许多将引起广泛不满的问题，包括环境恶化、社保网络中存在的城乡和地域差距（尤其是医疗保险和养老金方面）、关于土地和水资源所有权的争议以及政府官员的长期腐败问题。这些不满已使民众的抗议激增。据中国政府报告，在 2005 年共发生 8 000例此类事件，其中一些颇具规模，甚至对抗相当激烈。

但是，中国政府正在采取措施来消除那些引起农民不满的情况，例如增加在农村的投入，取消繁重的农业税，并且严厉制裁欺压乡民的地方官。当抗议真正发生时，他们会努力解决导致抗议的某些具体问题。最重要的是，通过控制媒体和压制独立的政治组织，北京正在努力将这些事件控制在当地范围内。而且，在许多阶层中，尤其是在中国与日俱增的城市中产阶级中，对政府的政治支持率看来相当高。

人们真正关心的是，如果发生更大的事件，是否会将政府的这些努力化为乌有。大范围出现严重经济问题（尤其是通货膨胀和失业），或者政府在处理国内国际重大危机中遭受指责（比如环境灾难或者即将到来的2008年奥运会期间可能会发生的某个意外），都会导致全国范围的不满。如果这种不满情绪不断蔓延，以致动摇了党对媒体和网络的控制，或者造成领导层的分裂使之不能作出有效应对，那么情况将会变得非常危险。这种情形下，就有可能在几个主要城市爆发很难控制的大规模抗议。

“中国的精英政治很稳固”？

是的，但并不完全如人们所想。中国的政治已经变得越来越制度化，精英们越来越务实，最高领导层想避免给人以内部长期不和的感觉。但是胡锦涛主席一直不得不选择比他的前任更加温和的路线。

胡锦涛的第一个五年任期已经接近结束。依惯例，此时应该有一到两个潜在候选人进入政治局。显然，在今年秋天召开的共产党第十七次全国代表大会上，胡锦涛主席将不得不为确定自己的继任者作准备，以便使其在自己卸任之前，能有足够的时间来赢得人们对这一选择的支持。胡锦涛最近强调了他的立场——中国需要处理最严重的国内问题，广泛分享经济增长成果，以减少社会冲突。但是在实现这个目标的途径上仍存在争论。一方面，共产党已经把建立“社会主义和谐社会”确定为它的首要目标之一，这就意味着任何非“社会主义”的政策——比如保护私有财产或者推进民主多样性——都不会被讨论。另一方面，尽管胡锦涛在谈论可持续发展，但党的各级领导还是把经济增长放在优先地位。

“中国的银行将崩溃”？

未必。直到最近，中国的银行体系仍面临很大困难。它是维持国家高投资水平的主要机制——投资在2005年占国内生产总值（GDP）的

45%。银行面临向效能低下的国有企业发放贷款的巨大压力。结果，中国的不良贷款总量已上升至警戒线。但是银行挺过来了，这在很大程度上是由于中国储户鲜有其他可供投资的渠道。银行体系的偿付能力不是那么强，但是它有资金周转的能力。

近年来，中国公司已经成为风险系数较小的银行客户。投资正越来越多地来自银行贷款以外的其他途径，比如债券、企业利润或股票上市。对于以前的国企来说，逐渐进行的合并、收购以及私有化过程也正在增加它们的盈利能力。

同时，银行的偿付能力也提高了。中国一直在对银行进行资本重组，把不良贷款转移给管理公司，并且引进了部分外资。除此之外，通过住房抵押和收费服务，银行的资产组合也日益多样化。

中国的金融体系并没有完全摆脱风险。因为银行的高层领导仍旧从党内选派，所以银行的借贷决定仍旧面临政治压力。较小的地方银行、各种各样的投资代理公司以及保险公司的状况也不尽如人意。随着投资机会的增多——包括股票市场、房地产甚至海外对冲基金，中国的银行现在不得不担心偿付能力不足将导致资金周转问题。

尽管如此，中国低水平的外债使得政府可以控制由金融危机所导致的经济后果。

“中国太依赖国际金融”？

并不然。中国确实已经高度融入了当今的国际经济。抛弃了毛泽东时代的计划经济后，中国已经变成了贸易大国。中国出口大批纺织品、机械产品以及电子设备。同时，它进口高端技术、石油和其他的原材料。它也是外国直接投资（FDI）偏爱的目的国，这不仅是由于中国作为出口制造平台的吸引力，而且由于它国内市场的规模和活力。中国现在吸引的外国直接投资是10年前的两倍。

出口在中国GDP中所占的较高比重以及它引进外资的巨大数额已经

引发了担忧：中国太依赖于国际经济，极易受到全球经济速度下降的影响。但是这些担忧被过度夸大了。首先，1 万亿的外汇储备以及高达 47% 的国内储蓄率，使得中国几乎并不依赖外资。它依赖的是随着外资一同进来的技术和市场网络，以便于促进出口。投资减少不会对它产生什么影响。

贸易也同样。中国是一个规模巨大的大陆经济体，贸易占 GDP 的 64%，但是它的贸易依赖度比中国香港地区和新加坡要低得多。而且，中国出口产品的大部分价值是来自进口零件和原材料——本土资源所产生的价值较少。标上了“中国制造”的电脑可能是在中国大陆组装的，但是它的屏幕和微处理器可能来自中国台湾地区或韩国。加工和组装型产品大约占 2006 年中国出口总额的 55%。这意味着贸易对中国经济的净贡献比看到的总数值要小。当然，如果全球经济严重衰退，或者发生一场使全球贸易瘫痪的恐怖袭击，中国经济肯定将会遭受打击。但是比起绝大多数国家来，它的抗风险能力要强得多。

“中国的民族主义正在上升”？

是的，但是不要刻意夸大其意义。自 19 世纪中期以来，大众化的民族主义一直是中国社会构造的组成部分。它是对那些技术比中国先进的民族发起的侵略——先是来自欧洲，后来是来自日本——所作出的反应。近来，中国共产党开始把民族主义作为维护其合法性的手段之一而加以鼓励。

但是共产党也认识到，民族主义是一把双刃剑。它可以成为其在国内的合法性的来源，也可以导致来自国外的疑惧和不信任。该教训已经多次被排外示威所证实——包括因为 1999 年中国驻贝尔格莱德大使馆被炸事件，以及因为 2001 年美国侦察机和中国战斗机相撞而引起的反美示威。尽管这些插曲并没有对中美两国关系造成持续性影响，但北京已经对抗议的热情产生了警觉，并花费一些时间才结束了这些抗议。中国的领导人知道，当他们被认为是维护了中国的利益时，民族主义可以使公众很容易就支持他们，同样，当他们被认为向外国政府“让步”了时，民族主义也可以使公众很容易就公开批评他们。

因此，在共产党寻求合法性的手段中，对于民族主义的宣扬现在所起的作用不大。在一定程度上，它已经被对“社会主义和谐社会”的诉求所取代。媒体反复强调中国将以和平的方式崛起，官员们也在努力地控制民族主义者的热情。

问题是，大众化的民族主义有其自身的动力，这个动力是不依赖于共产党领导的意愿的。但是如果没有更进一步的民主，民族主义反映的民意就不会强大到足以决定中国的外交。然而，它在一定程度上可以降低中国外交政策制定者的灵活性。如果在处理国际危机事件中，中国政府被指责没有捍卫国家利益，那么，这将成为政局不稳定的一个因素。

“中国的崛起将会导致军事冲突”?

极不可能，至少在可预见的将来是不可能的。当然，中国正在推进军事现代化，不仅在寻求更强大的核威慑力，而且也在寻求改善常规武器的力量。像任何强国一样，如果认为自己的核心国家利益受到威胁，中国也将会使用武力——尤其是在有关东中国海和南中国海的岛屿及其海下资源的纠纷、朝鲜的可能垮台以及最重要的台湾宣布“独立”等问题上。

但是中国不再是一支革命性的力量。在过去 25 年里，它从现行的国际经济和政治体系中获益颇多，因此它对这个体系并无根本性不满。而且，北京对世界其他地方的经济依赖将会阻止它的军事冒险，除非是它的核心利益受到威胁。反之，中国的崛起将会阻止其邻国来挑战自己的核心利益。北京划出了台湾海峡的警戒线——台湾从法理上宣布“独立”——这条警戒线绝不能被逾越。

因此，来自中国的挑战远比那些杞人忧天者所说的微妙。首先，虽然中国愿意加入现行的国际秩序，但它想发挥更大的作用，它希望自己成为一个规则制定者，而不仅仅是一个规则接受者。幸运的是，华盛顿当前也鼓励中国在国际体系中成为一个“负责任的利害攸关的参与者”，这一政策与北京想要发挥更大影响力的愿望相当一致。

第二个挑战源于中国企业不仅想要获得最大的国内市场份额，还想加入大规模的、有利可图的多国企业行列。中国是全球化的典型代表，但是北京的目标是看到中国的公司，而不是外国公司成为这场全球竞争的胜利者。确实，对世界来说，中国的经济民族主义将成为比中国任何其他形式的力量更大的挑战。

中国正同时在军事、经济、外交、意识形态以及文化等多方面崛起。从这个意义上说，比起20世纪30年代的日本和斯大林时期的苏联，它更像20世纪50年代的美国。中国崛起的最大风险不是北京将会使用武力去进攻别国，而是它将会利用日益增加的资源使全球力量平衡朝着有利于自己的方向转移，尤其是在亚洲。那是一个战略性转变，这一进程已经开始了。

（张玲 译）

2020年的中国经济：第二次转型的挑战*

〔美〕彼得·伯特里尔

对过去的经济增长的理解

在1978—2003年之间，中国经济的表现甚至好过乐观的预期。为什么发生严重经济衰退和金融危机的预言并没有实现——至少到目前为止？为什么经济表现持续超出乐观预期？1997年世界银行的“2020年的中国”研究指出，中国1995年的GDP是1985年世行预期值的2倍，并认为2001—2010年中国的GDP增长会从9.8%（1985—1995年的平均水平）降到6.9%。而截至2006年底，其实际增长率为10%，而且没有出现马上进入快速下滑趋势的预期。很多人低估了中国发展对世界的重要性。直到1999年，伦敦国际战略研究所主席、中国问题专家杰罗德·西格尔还写道：“中国只是一个对世界，尤其是亚洲以外地区无甚紧要的小市场。”在那时——仅仅8年之前——这一观点还深入人心。

我们可以事后诸葛亮地分析出15年来中国产出和生产率超常规增

---

* 本文是作者发表于全美亚洲研究所会议上的论文的修改版。彼得·伯特里尔（Pieter Bottelier）是约翰·霍普金斯大学国际关系学院资深中国问题研究专家，曾任职于国际战略研究中心（CSIS）和世界银行。

长的一些因素，其中一部分因素与标准经济增长模型并不完全一致。最重要的因素如下：卓有成效的领导和大众对改革的广泛支持；始终如一的改革方向；专心致力于政治体制各层次的改革和发展；优先于所有权改革的制度建构和市场竞争；异常高的国内储蓄率；中国乐于学习国际经验，并决定在国际惯例下使经济对外国贸易和投资开放。

自20世纪90年代中期到2003年进行大规模的经济重构（包括国企改革）以来，中国的制造部门——中国经济增长的引擎——年平均劳动生产率的增长超过了20%。这种增长率足以负担高速的实际工资增长率（每年8%—10%）、扩张市场的低成本（从而有助于保证全球较低的通货膨胀水平）和合理的资本回报率。2000—2005年中国的年平均国民生产增长率达到8.7%，这是全球最快的增长之一，也是美国的增长率2.6%的3倍。不过如果中国更多关注环境问题、保护劳工权益问题和知识产权问题，其增长率可能会低些。

外国观察家总是过分关注中国的问题而低估了中国认识和解决这些问题的能力。很多权威在1989年天安门事件、1992—1995年发生高通胀、1997—1998年发生亚洲金融危机以及2003年SARS流行时都预言中国经济将陷入困境。中国的金融体系也被描述为中国经济的致命弱点，处于崩溃的边缘。尼克·拉蒂在1998年的著作《中国未竟的经济革命》中对中国银行体系问题的分析是完全正确的，但是那些引述该书内容来预言金融危机的人是错误的。很多人不仅低估了中国认识和解决问题的能力，还低估了中国达成关键目标的决心。比如1999年4月克林顿总统拒绝了中国总理朱镕基的入世申请之后，很多人担心中国入世会就此止步。不过当年年底双方便就入世条件达成了协议。中国认为会员国资格有益于其国家利益，所以即使作出让步也要加入WTO。

对现状的理解：中国第二次转型的挑战

虽然严重的宏观经济失衡、地区和部门发展问题以及日益严峻的社会不平等和农村不稳定等问题困扰着中国，但现阶段中国经济发展的条件仍然是非常好的：2003 年以来生产率保持高水平增长；城镇人口工资迅速增长；2005 年公司的盈利能力显著增强（2006 年的数据还未得到）；商业信用水平高；国际收支状况良好；中国的外汇储备超过了 10 000亿美元，其国际投资状况迅速转好；1994 年财税改革以来国家财政状况明显好转；金融改革成绩不俗；近年来农业增长稳定；城镇住房私有化（1998—2003 年）促进城镇住房建设出现前所未有的高速增长和比以往更高的劳动（和社会）流动性；低通货膨胀率；外国直接投资保持较高水平；消费支出虽然还是比较低，但在 GDP 中保持了一个稳定的比例；短期的经济预期态势良好。

现在中国人对现状并不满意。中国政府意识到了环境破坏严重、农村不安定因素增长和其他的社会危机，他们将国家发展的重心从粗放式的增长转移到建设和谐社会和可持续发展上来。中国新增长模式的目标是要更多依靠内需和自主创新，以及在全球产业链上获取更大份额的附加价值。保持高速增长新近也被加入到了核心任务中。

这个新的增长模式不亚于开启了第二次转型。1978—2003 年第一次转型的主要目的是确立市场原则、建立市场机制、最大可能地发展经济以增强国家实力并为劳动力从农村和低效的国有部门转移到非国有企业创造条件。第二次转型主要是为了提高中国经济增长的质量。人们期待这次转型能够降低低端、低附加值制造业的比重，并提高服务业和高端制造业的比重。新战略中增加的关键因素之一就是使中国经济的能源使用效率更高。于是两个主要的疑问就是：胡锦涛政府是否能兑现第二次转型的承诺，以及尝试失败会带来怎样的后果。

新的发展重心对于中国来讲是正确的，不过除非中国的政治经济体制发生重大改变，否则，这一承诺很难兑现。至少中国需要建立起使共产党和政府官员的行为与新的发展重心相一致的激励框架，并给予司法更大的独立性。实现粗放式增长比构建和谐社会和可持续增长要容易得多，尤其在这样一个自上而下的威权体系中。然而，中国政府的威信甚至是执政的合法性与实现这些更复杂、更困难的发展目标密切相关。共产党是在自找麻烦吗？它会在无意识中创造民主化的诱因吗？如果若干年之后人们没有看到在实现新目标方面取得进展，那么结果会怎样？是不是政治体制会更加独裁和压制？领导权力是否会分裂或者失去人民的信任？是否会发生一场波兰式的团结工会运动？

中国要想成功实现第二次转型，需要解决如下关键问题：减少增长对净出口和投资的依赖；降低国民储蓄率，提高消费率；加强建设社会保障体系，使之覆盖农村地区；强制执行已有的环境标准，并补充新标准；为国内外的权益人提供知识产权保护；为提高自主创新能力改革商业环境和教育体系；降低中国经济的能耗；提高司法独立性；改革财税体制，减少基层政府对预算外收入的依赖；大力降低政府对企业的影响，尤其是在金融体系内。

上届政府已经认识到了上述问题中的一些，这已经不再新鲜了。新的情况是解决这些问题已经成为衡量政府表现的众多标准中的一部分，而这个评价不仅是由国际社会，更是由中国人民作出的。

展望未来：中国能否应对第二次转型的挑战？

实现第二次转型的最大障碍可能是中国的政治化经济，其特征包括政府通过土地所有权和国有企业过多介入经济，控制金融体系，基层政府依赖于预算外收入等。如果保持这种政治化的经济体制不变，中国很难完成第二次转型。目前对共产党和政府官员的激励机制与新的发展重心并不吻合，这一点在地方政府层面尤其如此，对预算外收入的普遍依赖扭曲了发展重心，促使政府介入地方经济，导致腐败发生。政府的激励机制应该进行调整，以便于建立起对人民的责任感，而人民会受益于一个更和谐的社会、更清洁的环境和更公平的社会。为了推动真正的自主创新，需要改革教育体制和企业层面的激励机制，以鼓励和促进独创性的思考。

至此，还没有多少证据表明始于2003年的第二次转型已经得以实现。中国的对外贸易顺差还在增长。世行最近的一次研究显示，不仅中国的分配不平等还在继续扩大，而且2001—2003年期间收入最低的10%的人群遭遇了收入的绝对下降。积极方面，有证据显示投资增长已下降到一个更正常的水平，居民消费在GDP中的份额保持稳定并可能上升，而且研发投入增长显著（经合组织认为中国经济总量位列世界第二，仅次于美国），不过大部分专家认为中国真正的自主创新尚未有建树。

在第二次转型中，把握好趋势、处理薄弱环节、控制风险会因为各方面的发展而变得复杂，而政府对这些发展的控制相当有限。中国的劳动力大约在2015年左右将保持稳定，之后开始减少。这一变化会给工资带来更大的上涨压力，尤其是考虑到新劳动法即将出台。生产率提高可能会随着始于1995年的大型企业重组即将完成而下降。当这一现象出现时，在不减少工作岗位的前提下工资增长和人民币升值的空间将缩小。日益严重的土地稀缺情况会持续推高成本，尤其在东部地区。如果经济突然衰退或者资产（包括房地产）价格崩溃，那么都有可能爆发金融危机，而经济衰退可能是由外国的贸易制裁、或者某种流行性疾病、或者与环境相关的灾难导致的。国外的石油和天然气供给可能受阻。如果外贸顺差持续增长而中国的央行无法处理过剩的流动性，通货膨胀可能再次成为问题。台湾地区或者朝鲜可能会做出令人不愉快的突然之举。

如果第二次转型失败了，结果会怎样？各种不利的发展汇集在一起会导致严重的政治和经济问题，即使对政府领导能力没有争议。需要注意的几个核心经济指标是生产率、实际工资和城市就业率。生产率下降，同时实际工资和土地成本增加很快会导致大量企业破产和大规模的城镇失业，尤其在能够支撑产业向高附加值转型的自主创新迟迟没有出现的情况下。这一局面会扼杀襁褓中新生的社会保障体系。城市的不稳定会恶化农村的不稳定，从而导致严重的社会动荡。如果这些不安定因素导致群体性的反抗、镇压或者政权的分裂，最终的结局就是政治革命和严重的经济衰退。

如果第二次转型成功了，结果会怎样？这种可能性将带来一种更美好的景象：中国的领导层在改革过程中继续先行一步，并由于及时正确地调整了政治和激励机制的框架（比如对人民更加负责，更多的自主创新，更好地保护环境和知识产权，司法更加独立，贪腐现象更少）而获得广泛支持。同时，如果北京逐步推动汇率改革、加强知识产权保护、进一步实现贸易自由化、完全遵守 WTO 和其他国际组织的规则并履行义务，中国也可以避免来自主要贸易伙伴的惩罚性贸易制裁。这即使需要对政治化的经济体制作出调整，但也不必然引发全面的政治改革。如果能成功地实现第二次转型，中国将为持续稳定的经济发展，对外投资的稳定增长，并在 2020 年之后成为全球领袖占据有利地位。

有没有中间道路？第三种可能就是出现“危机管理”（crisis management）的情况：成功的第二次转型中断或拖延到 2020 年之后，这进一步加强了政治与经济之间的紧张关系。共产党政权熟练地但也越来越困难地处理着各种危机，这在某种程度上会避免动荡或者将其拖延至 2020 年之后。在这种情况下，生产率下降，实际工资增长，土地成本上升会带来挑战，但体制内的各种压力不会引发大危机。日益严重的城市不稳定和农村的不安定结合在一起，不过这个有极强适应能力的政权还是能避免一场使之陷于衰败的危机并艰难前行。

（敖文　吴剑奴 译）

中国经济调整的可能选择及其后果*

〔美〕乔治·弗里德曼

中国经济高速增长的阶段注定要结束：因为中国过去的高速增长中有太多的非理性因素。

中国很多企业在经济上是没有效率的，但是依靠大量的信贷投入或依靠国家出口补贴以极低的价格出口继续维持。结果就是资源的大量浪费和挥霍。如果利率上调和信贷收缩，那么很多中国企业可能关闭，这将会带来很多后果。首先，它将带来大量的失业。倒闭的将不只是国有企业，而且是外资投资的企业，因为如果中国考虑发展的可持续性从而执行劳工标准和环境标准的话，即使后者在经济上也是不可能再运行下去的。

其次，扩大贷款是中国维持精英阶层团结的重要手段。贷款不仅可以避免失业，而且贷款可以使经济快速增长，当蛋糕在做大时，每个人将都能得到可观的一份。但是，一旦贷款压缩，经济增长减慢，上层阶层中就会出现受损失的成员和阶层，这将导致政治不稳定。

中国有大量的储蓄，这可以使政府能继续扩大贷款而暂时不引发金

---

* 本文来源于2006年6月20日“战略预报”网站（http：//www.stratfor.com）。乔治·弗里德曼（George Friedman）是著名的战略预测公司Stratfor的创立者。

融危机。但是中国经济增长内在的非理性因素仍然存在，问题拖得愈久，后果将愈严重。

日本在1990年左右，东亚和东南亚在1997年左右都遇到过与中国当前类似的问题。日本当时避免采取激烈手段以引发大规模破产和失业，因此导致十多年的经济停滞。韩国由于问题并不严重加上国内冲突不是很大，经过激烈调整，几年就走出了困境。印尼缺少应对危机的资源，加上国内本来政治矛盾重重，终于引发精英内部和地区之间激烈冲突，导致大规模政治动荡。日本能用渐进办法缓慢处理危机，是因为日本是一个有纪律的、内部高度稳固的国家，共同承担痛苦被人们认为比社会动荡更可取。

中国的未来可能不是这三种中的任何一种。中国政府不再享有以前那样的道德权威，但是仍有很强大的政治权力，仍具有管理危机的力量。中国有两条路可以选择：一是重新加强中央政府的权威，这样就可以管理经济政策调整后的后果。但是，这样做面临这样的障碍：沿海地区的上层阶层已经深深卷入沿海经济圈，他们沉溺于引进外资带来的好处之中，并希望沿海的这种非理性繁荣尽可能地持续下去。与北京相比，他们和东京、纽约、伦敦的关系更紧密。而内地的上层阶层的要求可能和沿海的正相反。北京于是就面临这样的困境：同时要驾驭两匹马，而这两匹马却跑向不同的方向。北京可能因此被摔于马下。

北京的另一个选择是接受沿海和内地的分裂，这将导致北京的权威进一步削弱，地方离心趋势将愈演愈烈。

在前一种选择下，中国将在一定程度上回归毛泽东的一些发展战略，在后一种选择下，中国将逐渐分裂，并成为有外国军事政治力量支持的外国经济利益争夺的战场，而中国地方官员继续和外国人合作，以维持经济发展。但是，第二种选择可能给世界的稳定带来更大的威胁，因为外国利益集团都想维持并扩大它们的在华利益，它们之间将激烈争夺，中国将再一次成为世界问题的集中地。

中国经济进入停滞、危机阶段对美国经济的影响是什么呢？很多人认为中国将撤回在美的资金。这是不太可能发生的。当中国金融发生危机时，中国不会把钱从美国这样一个安全的避风港撤回动荡的国内。很有趣的先例是 1990 年日本金融发生危机后，日本资金大量涌入美国，使美国经济摆脱萧条。1997 年东亚和东南亚金融危机后，又有大量资金涌入美国，又一次导致美国经济繁荣。

总之，中国经济已经不可能通过经济手段得到调整，因此未来中国在政治和社会领域将面临较大的转变或危机。

（丁海 摘译）

图书在版编目(CIP)数据

增长的迷思:海外学者论中国经济发展/周艳辉主编
—北京:中央编译出版社,2011.8
(海外当代中国研究丛书/魏海生主编)
ISBN 978-7-5117-0711-6

Ⅰ.①增…
Ⅱ.①周…
Ⅲ.①可持续发展-研究-中国
Ⅳ.①X22

中国版本图书馆 CIP 数据核字(2010)第 253147 号

增长的迷思:海外学者论中国经济发展

出 版 人 和 龑
丛书统筹 贾宇琰
责任编辑 李小燕
责任印制 尹 珺
出版发行 中央编译出版社
地　　址 北京西城区车公庄大街乙 5 号鸿儒大厦 B 座(100044)
电　　话 (010)52612345(总编室) (010)52612340(编辑室)
(010)66161011(团购部) (010)52612332(网络销售)
(010)66130345(发行部) (010)66509618(读者服务部)
网　　址 www.cctpbook.com
经　　销 全国新华书店
印　　刷 河北下花园光华印刷有限责任公司
开　　本 787 毫米×960 毫米 1/16
字　　数 300 千字
印　　张 22.5
版　　次 2011 年 10 月第 1 版第 1 次印刷
定　　价 65.00 元

本社常年法律顾问:北京大成律师事务所首席顾问律师 鲁哈达